信息社会必修的 12 堂

Python通识课

何敏煌 著

清华大学出版社
北京

内 容 简 介

全书系统地讲述活用 Python 语言最需要的基础内容以及各种实用范例,并以 12 堂课的方式展开。

全书的内容包括:Python 程序设计语言的快速认识和快速上手;文件处理与操作;Python 绘图;字符串和文字处理;列表操作应用实例;使用数据库;网络公开信息的使用;网络信息提取基础;数据可视化与图表绘制;Python 数据分析入门。

本书是一本方便好用且分量适中的程序设计教材,既适合有一定程序设计基础的学习者作为自学参考书,也适合非信息专业本科生作为学习第一门程序设计语言的教材。

本书为荣钦科技股份有限公司授权出版发行的中文简体字版本

北京市版权局著作权合同登记号:图字 01-2019-7758

图书在版编目(CIP)数据

信息社会必修的 12 堂 Python 通识课/何敏煌著. —北京:清华大学出版社,2021.1

ISBN 978-7-302-57044-8

Ⅰ. ①信… Ⅱ. ①何… Ⅲ. ①软件工具—程序设计 Ⅳ. ①TP311.561

中国版本图书馆 CIP 数据核字(2020)第 238202 号

责任编辑:夏毓彦
封面设计:王 翔
责任校对:闫秀华
责任印制:吴佳雯

出版发行:清华大学出版社
    网   址:http://www.tup.com.cn,http://www.wqbook.com
    地   址:北京清华大学学研大厦 A 座   邮   编:100084
    社 总 机:010-62770175   邮   购:010-62786544
    投稿与读者服务:010-62776969,c-service@tup.tsinghua.edu.cn
    质量反馈:010-62772015,zhiliang@tup.tsinghua.edu.cn

印 装 者:三河市铭诚印务有限公司
经   销:全国新华书店
开   本:190mm×260mm   印   张:21.25   字   数:544 千字
版   次:2021 年 2 月第 1 版   印   次:2021 年 2 月第 1 次印刷
定   价:79.00 元

产品编号:086418-01

改编者序

对于初学程序设计的人而言，最怕看到的一类程序设计语言图书就是还没有动手写程序语句就已经被书中林林总总的语法弄得"云山雾罩"和"头晕目眩"了。这有点像我们以前学习英语的落后方式，还没有开口学怎么说，就已经被英语语法的学习弄得"暗无天日"而心生畏惧，最后成了无法实用的"哑巴"英语。

那么到底怎么学习"语言"才是既有趣又有效的方式呢？就是开始时不用管语法，就像我们学母语一样，先学会怎么说，可以实用。在学习程序设计语言上，这也是相通的，因为都是语言，所以学习程序设计语言也可以先从"说"开始，只不过这种"说"就是在计算机上先动手编写程序语句。

本书的最大特点就是，从头到尾基本看不到专门的语法章节，娓娓道来的是各种有趣且易于上手的示范程序片段，以及具有实用性的完整范例程序，让初学者在学习的过程中不会心烦意乱、枯燥乏味，反而成就感满满。书中充满课堂式的详细程序代码说明、执行结果的展示和分析，让初学者可以随时上机实践，动手修改和扩展程序功能，做到"学得活泼，用得精彩"。再加上 Python 语言简洁、强大、用途广泛等特性，让初学程序设计的人不必重复前人的工作，让自己从一开始就站在巨人的肩膀上。

本书各个章节的范例程序大多是在 Jupyter Notebook 上编写、测试和调试完成的，可以顺利运行。这些范例程序运行所需的源代码、测试数据文件、模拟数据文件等都打包在压缩文件中，可以通过扫描右边的二维码获得。如果下载有问题，请联系 booksaga@163.com，邮件主题为"信息社会必修的 12 堂 Python 通识课"。

如果读者使用的是其他的 Python 运行环境，则可以从用 Jupyter Notebook 格式存储的文件中提取源代码，再转存成 .py 文件在其他 Python 运行环境中运行。

资深架构师 赵军
2020 年 3 月

前　言

感谢出版社的邀约，让我有机会把手边授课中的讲义与素材重新加以整理，成为非信息专业学生适用的 12 堂 Python 程序设计入门教材。这本教材的内容也很适合对 Python 新奇应用感兴趣但是不知道如何入门的初学者。

初学程序设计的学习者最怕的就是用错工具、学错教材、选错方向，好在你选择了 Python，基本上可以说是在走向成功的路上选对了方向。在网络上有非常多的有关 Python 的资源可以参考，本书帮学习者整理出活用 Python 最需要的基础内容以及可以马上应用的范例，并以 12 堂课的方式呈现出来，除了便于想要快速入门的学习者自学之外，也让教授非信息专业本科学生程序设计课程的老师们有一个方便好用且分量适中的教材。

在信息科技（IT）融入生活的现代社会，懂得程序设计语言就等于是多了一个可以和计算机沟通的技能，不管你现在或者将来处在哪一个行业，它都会是你用来提升工作效率的最佳自动化工具。因此，对于不管是因为学业上的需要或是对于程序设计语言感到好奇而翻阅本书的你来说，作者希望可以借由本书作为一个好的出发点，先学习 Python 程序设计的基础技巧，借助一些实例进行更多的实践和挑战，了解 Python 语言各个方面的应用，再进一步活用 Python，让它成为你个人专业起飞的推进器。

作者根据多年的程序设计教学经验，在课余之时编写本书，编著的过程中致力于维持本书的实用性以及正确性，然而 IT 工具快速地更迭和改版，使得本书的内容疏漏难以避免，如书中有谬误之处，还望读者及授课教师海涵，并不吝来信指正。最后，衷心感谢在本书写作、审阅和校对过程中给予大力协助的各位朋友，使得这本教材有机会和大家见面，希望这是一个好的开始，以本书抛砖引玉，可以协助更多非信息类专业的同学进入程序设计语言多姿多彩的世界。

何敏煌

目　录

第1课

认识程序设计语言与程序设计

　　欢迎大家开始学习程序设计，这是一个很好的开始。在本章中，作者将带领读者认识程序设计语言的来龙去脉，了解程序设计为什么在遍布着人工智能应用的信息社会中扮演着重要的角色，最重要的是，越来越多的人也可以随手编写一些自己的应用程序，不管是基于有趣好玩，或是为了应付学业，还是为了解决生活中的一些琐事，目的都是让身边的工作和生活可以用更有效率以及自动化的方式解决。

1.1 什么是程序设计语言

简单地说，语言是人们用来沟通的工具，程序设计语言则是模仿语言的特性，是人们用来和计算机之间沟通的工具。但是，现阶段的科技还没有达到让计算机完全听得懂人类的自然语言，因此想要让计算机帮我们做事，聪明的计算机工程师们就开发出了一种比较严谨、语法限制比较多却可以让计算机比较容易解析和理解的语言，这一类的语言就是我们所说的程序设计语言。

就像是不同国家、地区或民族的人讲话有不同的语言、文法和习惯，和计算机沟通用的语言随着不同的应用场景和计算机设备的限制，以及当初设计计算机语言的科学家或工程师（发明人）的想法，也有许许多多不同种类的语法格式和惯例，有些陈述方式是相类似的，有些陈述方式却是非常不一样的，各有各的名称、用途以及优缺点，这也是为什么没有一个全世界都统一的计算机语言的原因。

各种不同的计算机语言活跃在各自的领域，所以在学习程序设计语言之前，就如同人类的语言一样，也有非常多不同的种类可以选择。计算机语言因为可以用来编写程序（Program），所以又被称为程序设计语言（Programming Language），常见的程序设计语言有 Assembly（汇编语言）、ASP、BASIC、C、C++、C#、Java、JavaScript、Pascal、Python、Ruby、Forth、Perl、PHP 等，前前后后在不同的年代至少出现过上百种。不过不用担心，随着时代的演进，程序设计语言只会朝着功能越来越强大、越来越容易理解和学习的方向迈进，其中的佼佼者就是我们在本书中要介绍的 Python 程序设计语言。

程序设计语言虽说是人与计算机之间沟通的"语言"，但是却不像人类一样用说的方式让计算机听，这需要额外的技术才能实现，而且对于要求高效率的程序开发工作来说，目前用说的方式来编程并不符合实际的意义和效益，因此要让计算机去执行某些我们要求的工作，必须要用编写的方式，编写出来的内容也就是我们所说的"程序"。

"程序"可以看作是一个"脚本"，或是一张（工作复杂的话，也可能会有好多张）上面写满了要计算机工作的工作列表，当计算机收到这个"脚本"时，会按照脚本上的指示逐项把它们做完，就如同图 1-1 所示的样子。

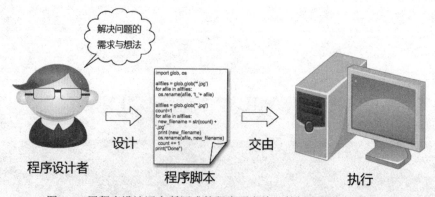

图 1-1　用程序设计语言所写成的程序要交给计算机去执行的概念图

　　此种场景可以想象成计算机就是一堆组合在一起可以提供许多功能的电子元件和电路板（统称为"硬设备"，当然其中最重要的就是 CPU），如果没有特别的指示和要求，它们并不会主动地去解决任何问题，所有的行为都需要人们（更精确地说，懂得编写程序的人）把所有需要计算机做的事项编写在可执行文件（一种二进制文件）中，当计算机启动后读取了这些可执行文件，就会照着文件上的指示去执行特定的工作，而这些可以在可执行文件中存放的就是之前编写程序的人所编写的程序代码（或程序脚本），再经过一层层"翻译"之后，就可以让计算机内的中央处理单元（CPU）执行这些机器语言指令的集合。

　　从非常微观的角度来看，所有计算机部件的运行都需要不同层级的程序，每一件大小事都要通过计算机工程师所编写好的程序去执行。然而，对于初学者来说，如果每一件事都要亲力亲为，那么只能是厉害的计算机工程师才会有足够的能力使用计算机了。所幸的是，大部分底层的技术工作都已经由计算机工程师解决了，计算机用户所接触到的层级已经到了 Windows 10 / Mac OS X 这一类的高级图形化接口的操作系统，以及像是 Chrome、Edge、Microsoft Office 这一类的应用程序，人们只要使用鼠标和键盘，就可以开始工作或进行计算机游戏娱乐等了。

　　如今，人们桌子上的个人计算机都是属于通用型的计算机（General Purpose Computer），意思是计算机本身没有特定的应用目的，就是提供它的计算能力以及硬件资源给操作者使用，能够解决什么问题就看操作者执行了什么应用程序：执行了浏览器就可以上网，执行了游戏软件就可以娱乐休闲，执行了会计软件可以协助处理会计事务，执行了统计软件可以协助处理大量的统计数据以及绘制出分析的结果，等等。这些程序和应用软件都是通过计算机工程师的辛苦创作所编写出来的。

　　至于想要学习程序设计语言的朋友，也可以直接从高级的程序设计语言（比较接近人类思考模式的程序设计语言）入手，在程序开发用的集成开发环境（Integrated Development Environment，IDE）或是文本式的程序编辑器中，把要计算机做的工作事项以特定的程序设计语言语句编写出来，然后会有一个负责翻译的程序（程序设计语言编译器或解释器）把这个编写好的程序代码或脚本编译或解释成计算机看得懂的格式，再让计算机去执行，其概念如图 1-2 所示。

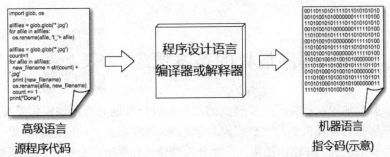

高级语言源程序代码　　程序设计语言编译器或解释器　　机器语言指令码(示意)

图 1-2　程序要经过翻译才能够被计算机执行

　　那么这些程序设计语言要编写在哪里才有程序可以协助翻译并让计算机去执行呢？传统的程序设计语言，如 BASIC 或是 C/C++等，因为需要翻译的以及交付计算机执行的操作多且复杂，所以要安装特定公司开发的程序设计语言开发环境，如 Microsoft 公司的 Visual Studio；想要编写 Java 程序，则要有 JDK 以及设置好开发环境，如 Eclipse 等。

进入网络时代之后，可以开发的方式多了许多，比如 JavaScript 就是一个在浏览器中执行的程序设计语言，几乎所有的图形化操作系统（Windows、Mac OS、Linux 的 X Window）都提供了浏览器，其实我们熟悉的 Chrome 浏览器在这三大种类的操作系统中都有相对应的版本，安装之后界面几乎一样。我们只要使用文本编辑器（用"记事本"这一类的小程序都可以）编写好 JavaScript 的脚本，就可以通过浏览器（Internet Explorer、Chrome、Firefox、Safari）来加载执行，省去建立程序执行环境的困扰。如果编写好的程序所要执行的环境没有特别的要求，只是要进行运算并显示出结果的话，或是要以网页来作为输出的界面，那么也有许多在线的编译器可以直接在网页上执行，例如 repl.it、OnlineGDB、JDOODLE、CodeGround 等。

与许多其他的大型程序设计语言相比较，本书的主角 Python 则更进一步地直接提供交互式的界面，只要完成安装之后（有许多不同的安装选择，读者只要选择其中之一即可），就可以在它的交互式文本界面中执行以及编写程序，如果使用的操作系统是 Mac OS 或是 Linux，那么连安装都不需要，操作系统默认就内建了 Python 解释器。因为 Mac OS 和 Linux 中很多好用的内部公用程序也都是使用 Python 语言编写的。

因此，如果读者的个人计算机操作系统使用的是 Mac OS 或是 Linux（CentOS、Ubuntu、Fedora 等），那么就不用考虑安装的问题，直接在命令提示符（终端程序 Terminal）中输入"python"（或是"python3"以运行第 3 版的 Python 解释器），就可以立即使用 Python 程序设计语言来设计程序。如果读者的操作系统是 Windows 系列，就需要一些简单的安装步骤（当然，如果读者使用的是 repl.it 这一类的在线程序学习环境，也不需要安装），在后面的章节中会有安装步骤的详细说明。

综上所述，选用 Python 这个程序设计语言不但容易上手，而且功能强大，最重要的是在网络上有非常多的用户以及可用的网络资源，有任何不理解的地方或是想要一些新增的功能，几乎都可以在网络上找到解答。如果想立即试试 Python 的程序威力，可以使用浏览器连接到 Python 在线编辑程序，开始在网站所提供的窗口中开始编写程序、执行程序以及观察程序执行的结果。如果想要更进一步练习所有的功能，只要选用 1.4 节介绍的任一种方式把 Python 环境下载安装到自己的计算机中即可。最重要的是，不管选用的是哪一种，统统不需要额外的费用，全部都是免费的资源。

1.2　程序设计的基本概念

程序设计，简单地说，就是把想要解决的问题加以详细地分析，抽象化要被处理的数据，然后把这些数据化身为计算机中的一些代码存储起来，再根据解决此问题的步骤一步一步地针对这些代码做必要的运算，并输出结果。只要分析到位，几乎所有分析过的问题都能够被处理和解决，最重要的是，因为计算机拥有非常高速的计算能力，而且可以每天 24 小时不间断地运行而不会有任何怨言，等于是只要设计部署得当计算机就可以自动地随时为我们工作，这是如今网络时代的特点。

想象一下，启动计算机之后，操作系统（不管是 Windows 还是 Mac OS）本身就是一个庞大而复杂、由一大堆程序代码所组成的系统程序的集合，根据网站 http://www.informationisbeautiful.

net/visualizations/million-lines-of-code/显示的数据，Windows 7 有 4000 多万行的程序代码，
Facebook 有约 6100 万行程序代码，Mac OS 10.4 版则有 8500 多万行，而 Google 的所有网络
服务加起来，大概有 20 多亿行的程序代码。在操作系统启动完成之后，一般的用户会执行 Office、
Photoshop、Acrobat Reader、QQ、Movie Maker 或是浏览器来处理工作上的业务，这些系统和
应用程序都是程序设计人员辛苦工作的成果，有了程序，用户只要动动鼠标和键盘就可以开始
日常的工作了。

　　要成为一位程序设计人员或计算机专业人员，程序设计的能力是非常重要的一项专业技能。
但是，对于一般的不是以计算机为主要专业的用户来说，程序设计重要吗？如果是在以前还没
有出现 Python 这一类快速弹性化的程序设计语言出现之前，答案也许是否定的，但是在功能
强大且易于上手的 Python 问世之后，这个问题的答案就是肯定的了。原因在于"执行计算机
程序"背后所代表的精髓：个性化和自动化。

　　使用现有的应用程序可以迅速地通过鼠标和键盘的操作来实现用户的想法，许多工作项目
其实隐含着高度的重复性和时间性。举例来说，正在关注投资信息的个人投资者想要在股市收
盘时立刻汇集和整理特定类股票或个股的相关成交信息并加以分析，如果这些工作要人工来完
成，工作情况将会如何呢？除非已购买了相关服务或请程序设计人员代为定制化了相关的程序，
否则就需要用户自行在特定的时间通过浏览器去各相关网站搜索和查看这些数据，然后把这些
数据复制到 Word 或是 Excel 等程序中，再加以整理分析才行。这其中的工作不但步骤重复和
烦琐，而且以人工的方式去完成也容易出现疏漏。更重要的是，如果关注的是欧美股市，这些
市场都是在中国北京时间的深夜或凌晨才收盘，因此人工操作不只是精确度不佳，对人而言也
太过劳累。

　　熟悉计算机系统的用户可以通过操作系统的各种设置来自动化执行某些程序，如果熟悉程
序设计，那么通过适当的程序代码可以自动化完成更多的事情。在 Python 出现之前，这样的
程序解决方案不是没有，但是程序的设计都比较复杂和琐碎，不适合普通的计算机用户；在
Python 出现之后，就算是普通的计算机用户也可以通过简短的 Python 程序来实现一些工作的
自动化。这也是作者撰写本书推广 Python 语言最大的原因——让非信息类专业的普通计算机
用户也可以通过编写简短的程序代码，让计算机自动完成一些工作，从而提升自己的工作效率。

　　如果决定要开始学习程序设计，那么需要知道哪些逻辑概念呢？以下几点是作者比较浅显
的看法：

　　（1）会分析问题是什么，要被处理的对象是谁，以及预期得到什么结果。
　　（2）知道如何把数据抽象化成计算机可以处理的方式。
　　（3）设身处地的思维逻辑。
　　（4）了解输入和输出的地方以及注意事项。
　　（5）理解如何控制程序流程的各种方法和技巧。
　　（6）要有"不要重新发明轮子"的基本认识。

　　在解决问题之前，要知道要解决的问题是什么、要解决这个问题需要处理哪些数据，以及
处理了这些数据之后预期要有什么样的结果。计算机科学领域习惯把解决问题的程序称为一个
系统。任何一个软件系统简单来看就是图 1-3 所示的样子——输入数据，加以处理，输出数据。

图 1-3　数据处理模型

解决问题的第一个步骤就是所谓的"设计规格"的工作，明确地知道这个程序或系统要扮演的功能和角色才有办法真正开始进行计算机科学领域中所说的 SA（System Analysis，系统分析）和 SD（System Design，系统设计）的工作，也就是真正去分析以及设计如何具体有效地解决在设计规格中详细描述的问题。初学者开始学会程序设计时，因为要解决的问题都很小，所以还不用急着学会系统分析和系统设计的方法与技巧，只要能明确地厘清问题的本质和要处理的对象即可。

抽象化是学会程序设计最重要的概念之一，在解决问题之前先要知道如何把问题中所有可计算的项目抽取出来，以便放在计算机中加以处理并输出。

举个例子来说明一下，假设想要用计算机来协助我们计算出某一次旅程中的所有花费。在收集到所有花费的单据或发票之后，希望能够在计算机中输入所有的费用，然后计算出总的金额，以及交通费、住宿费、餐费、其他购物费用的金额和比例。

待解决的问题是旅游花费及比例的计算。

请设计一个程序，在执行之后，会提供一个输入的界面，用户可以根据每一项费用单据的种类和金额逐一输入，在输入完毕之后，即可列出此次旅程花费的总金额以及交通费、住宿费、餐费、其他购物费用的分项金额和所占用的比例。

根据题目的叙述，我们需要一个输入的界面，每一个花费项目需要输入两项数据，分别是费用类别以及实际的金额。关于费用的部分，在这个问题中只分为 4 类，分别是交通费、住宿费、餐费以及其他费用，我们可以选择使用 1~4 的数字来代表费用的分类，也可以使用字母（T，L，M，O）来代表，视个人的习惯而定（高级的输入还有二维码扫描输入等，但这不在本书的讨论范围内）。

在用户输入每一条数据之后，就需要有一个地方可以记录这些数据以便于后续的计算。这个工作就好像是我们用纸笔在计算这些数据时会把所有单据上的数字都按序分门别类地写在纸上一样。

使用计算机来记录这些数字，当然不能用笔把它们写进去。在程序设计的术语中，我们把计算机中用来存放这些数字和数据的地方叫作存储器。存储器分内存和外存两大类。程序运算时计算机使用的是内存，当今的计算机都有容量很大的内存，内存空间的排列是连续的，每一个内存空间都有其独一无二的数字编号，通过存取内存的指令就可以按照编号把数据"存"进去或是"取"出来（在计算机专业的术语中把这一类型的操作称为内存的存取）。

然而，以图 1-4 所示的方式去存取内存是非常底层的操作，现代的程序设计语言并不需要具体到执行这么细节的操作。取而代之的是以"变量"的概念来执行数据的存取操作，至于变量中的数据实际上是如何存放在内存中以及具体存放在内存中的哪个位置，对于高级程序设计语言的程序设计工作而言并不重要，也就是说不是程序设计需要关心的重点。如上述的例子，我们可以把记录在纸上用来统计旅游花费的数据表格设计为一个变量,为这个变量取一个名字,以便于后续的操作和计算。

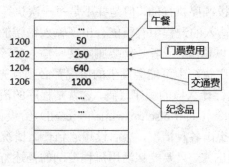

图 1-4　内存存取的概念图

在此,我们把这张表格的变量叫作 expense(大部分程序设计语言的变量名只支持英文字母和数字以及少数符号的组合,而习惯上我们都会用有意义的英文来命名变量)。用来记录每一个数据项的变量被称为表项(Item),用于记录花费类型的表项就称为 type,记录花出去的钱的表项则称为 amount。以变量的形式来存储数据的概念图,如图 1-5 所示。

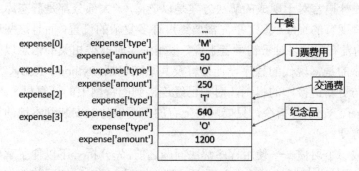

图 1-5　使用变量来记录花费表格中的数据

通过这一系列的思考,只要把数据放到计算机程序中成为一个个的变量,接下来就可以使用程序设计语言中的计算指令存取这些变量来执行相关的计算和统计,最后把计算的结果输出,这些方法会在接下来的内容中陆续说明。

诚如之前所言,把自己的思考逻辑设想为计算机程序,就会有清楚的输入和输出的概念。把数据交由计算机程序进行处理,将数据送入计算机的操作就叫"输入"。把处理好后的结果显示出来,或是把它写到磁盘文件中,这个操作就叫"输出"。在不同的设备上设计程序,输入的接口和方法以及输出的接口和位置不同,就会用到不同的函数(Function,即程序中的一些内建或自定义的功能模块)。

同样的概念也适用于在程序中未和用户交互的代码段。在大多数时候,因为要解决的问题比较大,所以程序都会被切割成许多片段,如果这些片段是可以被重复使用的,就会把这些代码段命名为一个日后可以被调用的名字,将它定义为一个模块(可以使用函数或类的形式来定义)。然而,这些模块每一次执行的时候可能需要处理的数据是不同的,因此模块本身也会定义输入(称为接收参数)和输出(称为返回值)的机制以方便每一次的调用。

　　了解了输入和输出的概念之后，接下来要掌握什么是流程控制。读者可以再回想一下，程序可以简单地看作是一个"脚本"，而这个脚本就是要交给计算机去按部就班执行的指令集合。一开始，指令是一行一行地按顺序执行的，但是并不是每一次执行都会是这类相同的情况，就如前面所述的例子，在用户输入的过程中有可能会出现输入错误的情况，或是用户也许会想要查看之前输入过的内容再加以修改，或者是想要删除某些输入项等。这些就是程序设计人员预先要想好的情况，所有在程序执行中可能会发生的情况都必须预先写在"脚本"中，告诉计算机遇到什么样的情况就要执行什么样的程序代码，这就是程序的流程控制。几乎所有的程序设计语言都会提供流程控制指令（如 if-else/for/while/for each）给设计程序的人使用。

　　对于初学者来说，事先想出各种情况，然后设想遇到什么情况要如何处理，再把这些处理的方式以流程控制指令描述出来，只要能够活用流程控制的描述方法，就可以解决大部分的程序问题。

　　最后一点就是"不要重新发明轮子"。道理很简单，世界上需要解决的问题很多，但是大部分的问题都不会是这个世界有史以来第一次出现的，也就是我们要解决的问题，其实在世界上的某处已经有人解决过了。对于初学者来说，既然有人解决了，直接拿来使用就好了，不需要自己重新再设计一遍。

　　早期的程序设计语言对于现成的解决方案是以链接库（大部分都是静态库）的方式来存储，为了能够使用这些现有的程序代码，事先需要经过许多复杂的设置，而且这些现有的链接库并没有公开、一致的发布渠道，对于初学者来说，很难去实时取得相关的信息以及大家贡献出来的程序资源。所幸的是，现代的程序设计语言及其系统包括 Python、Ruby、JavaScript、Perl等都有在线安装与更新链接库的机制，对于已经连接到因特网上的计算机，通过 brew、pip、gem、npm、apt-get、yum 等指令，只要网络上有的都可以马上安装到本地的计算机中，随后便能使用，十分方便。

　　初学者要养成一个习惯——使用程序解决问题之前，先分析一下以便了解要解决的问题是什么，然后想想在解决此问题的过程中需要面对哪些情况、每一种情况打算如何处理以及处理的方法在网络上是否有解决方案和现成的链接库。这样的话，大部分工作上的小问题就可以迎刃而解了。

1.3　为什么需要自己动手编写程序

　　只要一启动计算机，程序就开始运行了。各种各样的程序快速地在硬件上运行，如果没有这些程序，计算机只是毫无用途的电子元器件，所以程序设计的目的其实就是更好地使用计算机硬件。以用户使用计算机来解决问题的方式可以把程序分成两大方向：商业应用程序和用户自行设计的程序。

　　商业应用程序就是我们在操作系统桌面上以及菜单中可以看到的，如微软的 Office 系列应用程序、游戏程序、会计程序、计算机辅助教学程序、浏览器等。这些程序本身就具备各种各样的功能，可以用来完成一些事情，解决工作或生活上的问题。例如，使用 PowerPoint 制作会议上要用的简报或小小的动画，使用 Word 制作上课要用的讲义或是要交给老师的作业及报告，或是使用 Excel 来解决 1.2 节中所提到的统计及分析旅行所有花费的金额以及花费种类所占比例等，甚至还可以在 Excel 中画出统计的图表。每一个应用程序都提供了易用的、各具特色的界面，用户只要按照该应用程序的界面，使用鼠标点选即可调用它所提供的功能，进行各种操作来完成自己的工作。

第二个方向则是自行设计程序来解决问题。其实这又可以分为两种：使用应用程序所提供的自定义功能来解决问题；完全使用程序设计语言编写程序来解决问题。前者在许多高级的应用程序中可以看到，这些应用程序本身功能强大，除了直接在它们所提供的界面中操作之外，也可以通过用宏指令、VBA、脚本语言等简易语法编写的指令来发挥应用程序中所有的功能，或是实现自动执行一些任务的目的。对于这一点，微软的 Office 软件被发挥得淋漓尽致，甚至还有人用 VBA 写出计算机病毒程序。然而，因为它们是附属于某一个应用程序的小型程序，一般来说提供的功能并不完备，而且必须依附于这些应用软件，所以先天就受到许多的限制。如果我们要解决的问题比较多元或是功能较多，最终还是需要自行使用全功能的程序设计语言来编写程序以完成工作任务。

自己动手用计算机语言来编写程序解决问题时，可以不受应用程序本身的功能和设计方向的限制，具有非常大的弹性，不过也意味着所有的事情都要自己动手了。例如，我们在 Excel中设计了一个 VBA 的程序，可以直接使用 Excel 中的工作表作为数据输入接口，程序中进行计算需要的数据直接从单元格中取出即可。然而，如果我们使用的是通用的程序设计语言，就需要自己动手设计输入输出接口，建立自己存储数据的方式。为了更具弹性，自己要做的事情就会比较多。

尽管在理论上自行设计程序时所有的事情都要自己动手做，不过以 Python 这一类先进的程序设计语言来说也不真的是所有的事情都要从无到有、一步步从头开始设计，因为业界有许多优秀且热心的程序设计师，源于他们的努力和贡献，所以有许多的模块（程序包）实现了一些应用程序所提供的功能。另外，自行设计程序也避开了学习许多应用程序操作界面的麻烦，便于进一步提供自动化和整合应用的能力。

以前文计算旅费的例子来说，如果是通过 Excel 应用程序，用户可以用一个漂亮的交互界面输入所有的数据并计算出图表，但前提是用户必须要会操作 Excel 才行。假设用户不会操作Excel，或是不想要操作 Excel，他想要协助朋友或家人计算以及分析旅费，并绘出分析图表，这些功能都是固定且不需要根据不同的用户而有所改变的。那么，我们就可以编写一个程序，简单地让用户根据单据的项目分类以及逐项输入花费金额，一旦输入完毕就自动显示出分类金额及比例，并且绘出图表，所有的过程都可以采用一问一答的交互方式来完成。在这种情况下，用户只要"执行程序→输入数据→得到结果"，根本就不需要操作 Excel。更有甚者，我们还可以让程序读取"记事本"中的数据，把所有的单据数据以指定的格式排列放在标准的文本文件中，然后让程序读取该文本文件进行计算并绘图。这样可以更高效的一次读取很多不同用户的旅游花费数据，在效率上显然会比进入 Excel 再进行输入、分析以及绘图更好。

综上所述，只要我们学会了编写程序，有些事情在计算机上处理起来就更有效率，生活也会变得更轻松自如。

1.4 开始编写自己的程序

在正式开始编写程序之前，对于初学者来说，最重要的一件事是要了解自己所使用的计算机操作系统的文件系统架构，这样才能够更清楚地知道自己之后所编写的程序会被存储在哪里以及要到哪里才能够找到它们（相信这是这一代计算机学习者经常会遇到的问题，因为被图形界面的操作系统"宠坏"了，一旦离开了自己熟悉的计算机操作环境，可能会连从网站下载的文件被放到哪里都找不到）。

首先要了解的是，现在非信息专业的计算机用户会接触到的计算机操作系统大约就是两大类，分别是 Windows 和 Mac OS，后者只存在于 Apple（苹果）公司所推出的笔记本电脑（目前市面上常见的主要有 MacBook Pro、MacBook Air）和台式机（目前市面上主要有 iMac、iMac Pro 以及 iMac mini）上，除了这种情况外，用户遇到的基本都是 Windows 操作系统。Mac OS 不同版本的大部分操作界面大同小异，而 Windows 系列则有 Windows 10、Windows 7，甚至还有古老的 Windows XP 还在使用，不过目前大部分系统都陆续升级为 Windows 10 了，所以本书以 Windows 10 为说明的对象。

为什么要先了解操作系统的种类和文件系统呢？因为按照计算机初学者的理解，所有要执行的应用程序（如 Microsoft Word、"画图"程序）只要到 Windows 的程序集中去寻找就行，而所有的文件（使用 Word 所编辑的文件、照片文件）则是到"我的文档"中或是文件资源管理器中去寻找。那么为什么需要了解文件究竟被存放在哪里呢？

主要的原因是，程序设计语言所编写的源程序文件，如前面的章节所述，是计算机不能直接看懂的文本文件，它是根据某一种程序设计语言（在本书中即为 Python 语言）的语法所编写的，用来表达我们要让计算机去执行某些工作的指令和程序语句的集合，并命名了的程序文件（例如 test101.py），这些程序代码若要在计算机中顺利执行，则需要通过翻译程序（Python 语言的解释器为 python 或是 python3）翻译后再交由计算机底层去执行。这就是说，在开发和设计程序的过程中，正在编写的源程序文件（*.py）需要存放在计算机中的某处，需要执行这些程序时，翻译程序要能够找到它们。程序开发人员的习惯都是在磁盘驱动器中准备一个文件夹，把所有的源程序文件存放到该文件夹中，必要时再前往（使用命令行或终端程序的方式，这是许多高级的程序设计人员最喜欢且熟悉的方式）该文件夹，或是在 IDE（集成开发环境，例如 IDLE、Spider、Thonny、PyCharm、Microsoft Visual Studio 等）中打开该文件夹中的源程序文件。

基于上述原因，让我们从了解什么是"路径"开始，迈出学习程序设计的第一步。

路径（Path）

计算机系统中的任意一个文件都有它在磁盘驱动器中存放的位置，这个位置信息清楚地表示文件存放在哪一个磁盘驱动器中的哪一个目录下，我们把这个信息称为路径（Path），在 Windows 操作系统中对于任意一个文件选取其属性，即可看到如图 1-6 所示的内容，反白的地方就是路径。

图 1-6 在 Windows 操作系统中查询某一特定文件的路径

如果是在 Mac OS 操作系统上，到任意一个文件上单击"信息"即可看到如图 1-7 所示的窗口，其中反白的地方也是路径。

图 1-7 在 Mac OS 操作系统中查询特定文件的路径信息

从图 1-6 和图 1-7 所示的内容可以看出，路径在不同的操作系统中有不同的表示方法，现说明如下：

Windows 10 操作系统

从微软（Microsoft）公司第一代最受欢迎的操作系统 DOS（Disk Operating System）开始就有了软盘驱动器，微软公司为了保持每一代操作系统的向上兼容性，这个磁盘驱动器的机制一直延续到今天的 Windows 10 操作系统。想要把文件存放到磁盘驱动器中，先要决定把文件存放到哪一台磁盘驱动器中。在早期，磁盘驱动器分为软盘驱动器（Floppy Disk，FD，目前已经没有人使用这个过时的技术）与硬盘驱动器（Hard Disk，HD，这是目前所有计算机系统中仍在广泛使用的磁盘驱动器技术）两种。另外，还有光盘驱动器，但它不是用来存取文件的主要设备，而移动硬盘、U 盘等因为速度过慢，也少有人用来存放程序文件进行实时的存取。在 DOS 的文件系统规划中，以字母加上冒号作为磁盘驱动器的代码，而且把"A:"和"B:"这两个代码分配给软盘驱动器，"C:"及其之后的代码分配给硬盘以及光驱、U 盘、网络加挂的磁盘驱动器使用。这也是为什么在 Windows 操作系统中要指定文件路径时大都是以 C:作为开头字符的原因。

在指定的路径中，紧接在磁盘代码后面的第一个符号"\"被称为根目录，接下来按序以"\"符号来隔开每一层子目录（也称为文件夹）。在图 1-6 的例子中，first.py 这个文件就位于 C:磁盘驱动器中的 myPython 文件夹中，因此它的完整路径是"C:\myPython\first.py"。要特别注意的是：在 Windows 中，文件夹的名称并不会区分字母的大小写，因此该路径其实和"c:\mypython\first.py"是一样的。

Mac OS 操作系统

不同于 Windows 操作系统，来自于 Apple 公司的 Mac OS 操作系统源自于 Linux 操作系统，因此其对于文件系统的设计和 Linux 操作系统基本上是一致的。在 Mac OS 操作系统中，文件系统的最起始点是根目录"/"（注意，在这里是除号，而不是 Windows 操作系统中用的反斜线"\"），之后才会根据文件的类型添加于各个不同的子目录中，如果不是特殊的路径（如 /dev、/proc 等），所有的数据都存放在计算机的硬盘驱动器中（其他形式的磁盘驱动器也会以挂载的方式成为文件系统的一部分）。这一点和 Windows 操作系统非常不一样，要指定磁盘驱动器，是在根目录之下指定的，而且在大部分的情况下 Mac OS 是以有意义的名称来指明要存储数据的文件夹位置，而每一个磁盘驱动器也不是以 A、B、C 这样的磁盘代码来指定，而是使用有意义的名称（例如用户的名字），所以是哪一台磁盘驱动器在 Mac OS 的路径中反而不是那么重要，而且每一台磁盘驱动器除了它的设备位置之外（如/dev/sda），都有自己的磁盘驱动器名称。

以图 1-7 为例，这个 Mac OS 的主磁盘驱动器叫作 Macintosh HD，用户叫作 skynet，文件夹名称是 myPython，文件名是 test1.py，则其路径为"/Users/skynet/myPython/test1.py"，是区分字母大小写的，因此在指定文件的时候字母大小写如果写错了是找不到该文件的。

在了解了路径的概念之后，接下来要选择一个可以执行 Python 程序的环境或工具。下面有几种，初学者只要选用一种即可。

（1）直接使用浏览器前往 Python 的在线编辑执行环境。

（2）到 Python 官网安装 Python 解释器，安装完毕之后，执行 IDLE。

（3）到 Anaconda 官网安装 Anaconda3，然后使用 Spider 开发环境，或是 Jupyter Notebook、IPython 都可以，这是作者最推荐的方式。

（4）安装 Thonny 这个 Python 的 IDE 环境，然后在它的环境中执行 Python 程序。

另外，还有许多其他的方法，有兴趣的读者可以自行到网络上去搜索。

额外的安装操作留到下一课加以说明，现在读者可以直接启动自己计算机中的浏览器（建议使用 Google Chrome 浏览器，兼容性较好），然后连接到 https://repl.it 这个在线学习程序设计的网站（练习编写程序的网址为 https://repl.it/languages），其页面如图 1-8 所示。

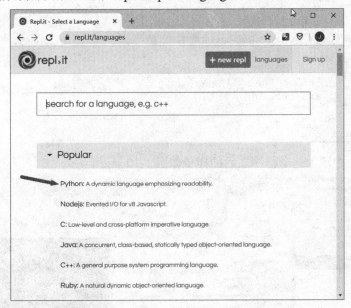

图 1-8　repl.it 网站练习编写程序的选择页面

页面下方列出了可选用的程序设计语言，在此我们选用 Python（图 1-8 中箭头指示的地方），选择之后即会转换到如图 1-9 所示的程序编辑界面。

图 1-9　repl.it 的 Python 程序编辑界面

首次启动这个环境，网站会希望用户创建自己的账号，使用常见的社区网站账号即可创建，在这个例子中先不予理会。网站把编辑页面分成 3 个部分：最左侧是文件管理器；中间是编辑程序代码的地方；右侧黑背景的部分则是执行程序的输出结果会显示的位置，同时也是逐行执行 Python 程序代码的 Shell 界面（习惯上会用 Shell 这个单词来称呼系统和人之间的输入输出操作界面）。要编写程序，可以在左侧一口气编写完所有的程序代码再加以执行，而右侧则是可以一次执行一行输入的程序指令。作为初学者，我们先来输入下面的范例程序 1-1。这个程序提供一个接口让用户输入连续的数字，直到输入 0 才结束，并把所有输入的数字显示出来。

范例程序 1-1

```python
numbers = list()
while True:
    number = int(input("请输入一个数字："))
    if number == 0:
        break
    numbers.append(number)

print(numbers)
```

在 repl.it 界面中输入这个程序之后的样子如图 1-10 所示。

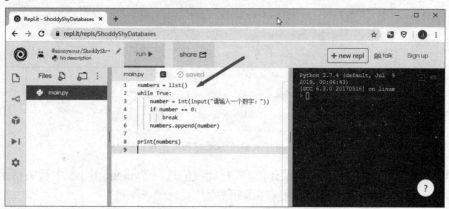

图 1-10　在 repl.it 中输入程序 1-1 之后的样子

输入完毕之后，单击"run"按钮（或是按【Ctrl】+【Enter】组合键）开始执行，执行的结果会显示在右侧。由于这个程序的功能是要用户输入数字，直到输入 0 才结束，因此执行的结果如图 1-11 所示。

图 1-11　程序 1-1 的执行结果

再来挑战一下在前面所提到的旅程花费的例子，可参考范例程序 1-2 的内容。先执行这个程序，细节会在后续章节加以说明。

范例程序 1-2

```python
expense = list()
while True:
    item = dict()
    item['type'] = input("请输入类型(T, L, M, O), 输入 E 则结束: ")
    if item['type'].upper() == 'E':
        break
    item['amount'] = int(input("请输入金额: "))
    expense.append(item)


total = 0
subtotal_T = 0
subtotal_L = 0
subtotal_M = 0
subtotal_O = 0
for item in expense:
    if item['type'].upper() == 'T':
        subtotal_T = subtotal_T + item['amount']
    elif item['type'].upper() == 'L':
        subtotal_L = subtotal_L + item['amount']
    elif item['type'].upper() == 'M':
        subtotal_M = subtotal_M + item['amount']
    else:
        subtotal_O = subtotal_O + item['amount']
    total = total + item['amount']
```

```
    print("交通支出：{}, {:.0%}".format(subtotal_T, float(subtotal_T)/
float(total)))
    print("住宿支出：{}, {:.0%}".format(subtotal_L, float(subtotal_L)/
float(total)))
    print("餐饮支出：{}, {:.0%}".format(subtotal_M, float(subtotal_M)/
float(total)))
    print("其他支出：{}, {:.0%}".format(subtotal_O, float(subtotal_O)/
float(total)))
    print("总计：", total)
```

范例程序 1-2 使用了许多程序设计的技巧，包括使用循环让用户不断地输入数据，直到特定的字母出现才结束输入的操作。此外，在输入数据的过程中，每一次都将输入的数据存放到变量当中，等到全部数据输入完毕之后再通过一个循环把之前存储的数据逐一取出加以计算，最后列出计算的结果。在显示数据的过程中，我们还加上了让小数点的数字以百分比的方式呈现的输出格式化技巧等。

范例程序 1-2 的执行结果如图 1-12 所示。

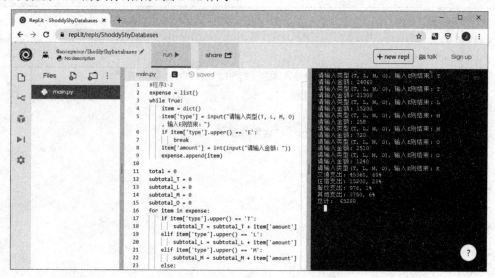

图 1-12 范例程序 1-2 的执行结果

从图 1-12 所示的执行结果可以看出，有了这个程序，用户要做的就是依照单据逐一地把数据输入，最后就可以看到计算和统计的结果。当然，在输入的过程中如果发生了错误，这个程序就会被立刻中断，之后只能再重新输入一遍，非常不方便。因此，这个程序还有许多可以改进的地方（例如加入菜单、加入错误预防和处理、加入编辑或删除的功能，以及把输入的数据都存储到磁盘文件或是数据库中等），这些等读者在后续章节中学习相关的知识之后再一个一个地添加到程序中，让这个程序可以更加好用。

1.5　习题

1. 前往 repl.it 练习范例程序 1-1。
2. 前往 repl.it 练习范例程序 1-2。
3. 除了 repl.it 之外，试着找出另外一个 Python 在线编辑器，指出两个网站的异同。
4. 前往 Python 官方网站（http://python.org），下载并安装最新的 Python 版本。
5. 前往 Sublime Text 或是 Notepad++网站下载并安装其中一个程序代码编辑器，并说明这两个编辑器和 Windows 附带的"记事本"应用程序的差别是什么。

第 2 课

快速认识 Python 程序设计语言

      Python 语言之所以这么受欢迎（目前是受欢迎的程序设计语言前三名），除了其功能强大而且支持的系统众多之外，语言本身的易学易懂特性也是非常重要的因素之一。在这一堂课中，作者将以非信息专业学习者的角度，用简单易懂的解说，带领读者很快地了解这个有趣的程序设计语言，希望读者在阅读完本章之后，就有能力编写一些有趣的小程序。

2.1   Python 执行环境的安装
2.2   变量、常数与数据类型
2.3   Python 的表达式
2.4   认识流程控制
2.5   输入与输出
2.6   习题

2.1　Python 执行环境的安装

虽然现在许多操作系统（Mac OS、Linux）均内建了 Python，但是由于兼容性的因素（Python 2 和 Python 3 有一些兼容性上的问题，Python 2 的程序不一定能够在 Python 3 上顺利地执行），如果不打算安装任何程序只是想试试 Python 语言的基本功能，如上一课所述，那么直接使用浏览器前往可以支持 Python 程序设计语言的在线执行网站即可。在搜索引擎中输入关键词"Python online editor"可以找到很多这类在线编辑器，几个常用的网站如下所示：

- Python.org: https://www.python.org/shell/。
- JDOOLE: https://www.jdoodle.com/python-programming-online。
- OnlineGDB: https://www.onlinegdb.com/online_python_compiler。
- repl.it: https://repl.it。
- Python tutor: http://www.pythontutor.com/visualize.html#mode=edit。

通过浏览器，从上面的网址任选一个就可以在网站上直接编写并执行 Python 程序了。

然而，使用浏览器在编写 Python 程序的时候会有一些像是存取本地文件、安装模块或程序包等的限制，所以最好的方式是把环境安装在自己的计算机中。由于 Python 是非常受欢迎的程序设计语言，因此学习及开发环境有非常多的选择，反而让初学者无所适从，不知道要从何开始。作者推荐直接安装 Anaconda，虽然它的安装文件比较大（超过 500MB），但是它包含了很多日后会用到的、非常好用的模块或程序包，因此在这方面多花上一些存储空间也是值得的。如果读者不打算一次安装这么多，那么官网（https://python.org）的基本解释器套件或是小巧的 Thonny（https://thonny.org/）也是不错的选择。不管是 Anaconda、Python.org 或是 Thonny，只要选择其中一个安装即可。下面就以 Anaconda 作为安装 Python 环境的示范。

首先，前往官网的下载页面（https://www.anaconda.com/download/），如图 2-1 所示。

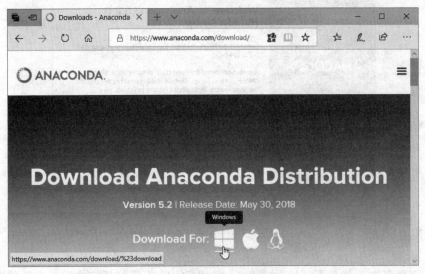

图 2-1　Anaconda 的下载页面

根据自己使用的操作系统（图 2-1 从左到右分别是 Windows、Mac OS、Linux）选择要下载的版本，这里我们选择 Windows 版本，随后就会出现如图 2-2 所示的 Windows 下的不同 Python 版本。

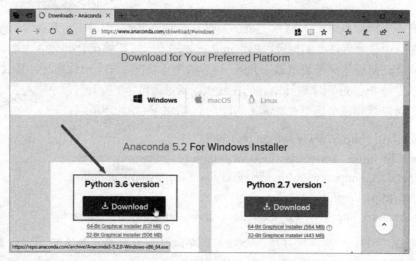

图 2-2　Windows 下的不同 Python 版本

选择下载 Python 3.6 或以后的版本即可。特别要注意的是，在 Anaconda 中已经包含了 Python 的解释器，不需要在安装 Anaconda 之前再去官网下载安装 Python 解释器，所以直接执行 Anaconda 安装包即可。另外，在开始下载之后，官方网站还有一个询问电子邮件的页面，可以直接忽略离开该网页。

下载完毕之后就如普通的 Windows 应用程序，直接启动下载后的程序文件，就会出现如图 2-3 所示的开始安装界面。

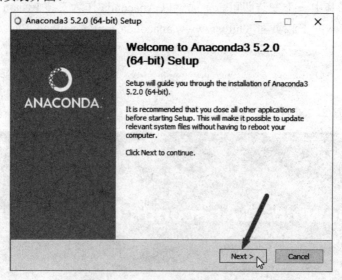

图 2-3　Anaconda 的开始安装界面

后续的步骤基本上就是不断地单击"Next""I Agree"等按钮完成整个安装的过程。当出现如图 2-4 的选择界面时，按图中箭头所指示的位置勾选对应的选项即可。

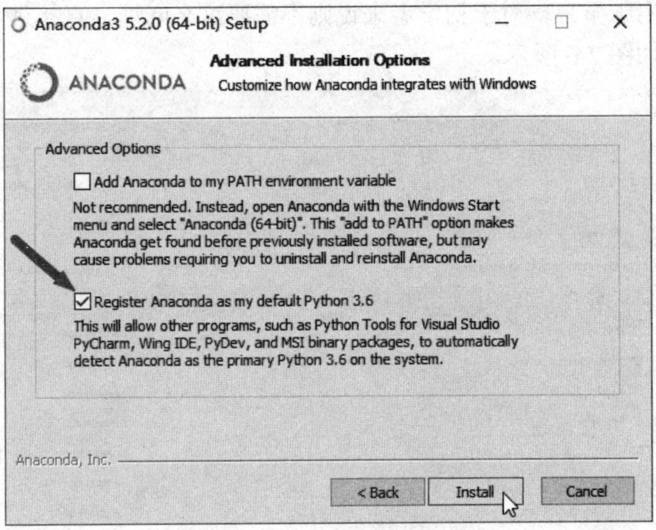

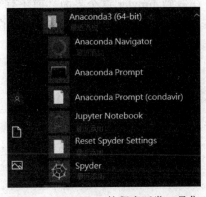

图 2-4　勾选下方的复选框

这个选项的主要目的是让其他的 Python 集成开发环境可以检测到我们现在安装进去的 Anaconda Python。单击"Install"按钮，接下来要等待几分钟的安装时间。顺利安装完成之后，会在 Windows 的程序集中看到如图 2-5 所示的菜单栏，里面就是所有可以使用的程序开发工具。

图 2-5　Anaconda3 的程序开发工具集

其中，Anaconda Prompt 是用于进入具有 Python 开发环境的"命令提示符"虚拟环境，是执行 Python Shell、Python 安装程序包以及使用 Python 高级应用的地方。Jupyter Notebook 是 Python 最有名的 IPython 浏览器交互界面，通常在进行交互式程序测试以及学习相关指令时非常好用，本书中的大部分例子及范例程序都是在这个环境下进行测试和执行的，当想要使用 Python 进行交互数据分析、可视化图形绘制以及渐进式展示时，Jupyter Notebook 通常也是首选工具。Spyder 是一个集成的 Python 程序开发环境，用于编写复杂一些的 Python 程序。

作者习惯在 Anaconda Prompt 下操作并执行程序，先使用自己熟悉的程序代码编辑器（以 Sublime Text 2 为主）编写程序源代码，把编辑好的程序代码（例如"2-1.py"）存储在 Anaconda

Prompt 的目录中，再到 Anaconda Prompt 中加以执行（在命令行中输入"python 2-1.py"命令即可执行并看到输出结果）。对于初学者来说则不需要这么麻烦，直接进入 Jupyter Notebook 的开发环境即可，如图 2-6 所示。

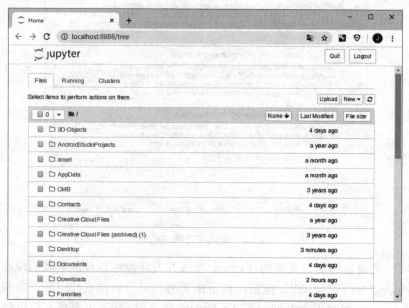

图 2-6　从程序集中选择 Jupyter Notebook 以启动 Jupyter

此时读者应该会注意到，在看到 Jupyter 这个界面之前还有一个 Jupyter Notebook 的窗口（默认为黑底白字，为了本书印刷后看得更加清楚，我们设置成白底黑字了），如图 2-7 所示。

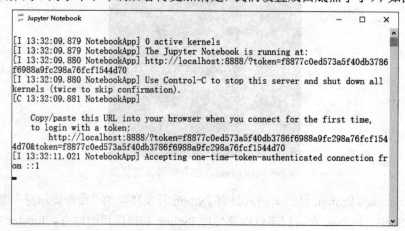

图 2-7　Jupyter 背后的网页服务器程序执行的界面

要能够通过浏览器来执行 Jupyter，需要在背后额外启动一个运行中的网页服务器，如果把这个白色背景的窗口关闭，当我们再执行 Jupyter 中的任意一个操作时就可能会遇到如图 2-8 所示的错误信息了。

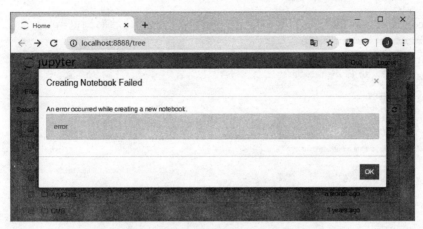

图 2-8　关闭网页服务器所造成的执行错误

直接在程序集中执行"Jupyter Notebook"的话，它会自动把目录转到用户的根目录，这是在图 2-6 中首次进入此环境时居然会看到那么多文件夹的原因。对初学者而言，作者并不建议直接在菜单栏中执行"Jupyter Notebook"。比较好的方式是，在 C: 或者 D: 磁盘驱动器中使用文件资源管理器创建一个练习 Python 程序的专用文件夹（例如 myPython），然后执行"Anaconda Prompt"进入"命令提示符"窗口中，切换到该目录（在此假设是 C: 磁盘驱动器，如果要使用 D: 磁盘驱动器，那么在进入"命令提示符"窗口之后先输入"D:"，再按【Enter】键），而后再执行"Jupyter Notebook"命令，如图 2-9 所示。

图 2-9　进入 Anaconda Prompt 后切换到 myPython 文件夹

在按【Enter】键之后就会开始执行 Jupyter，而原来的"命令提示符"窗口就会变成如图 2-10 所示的样子。

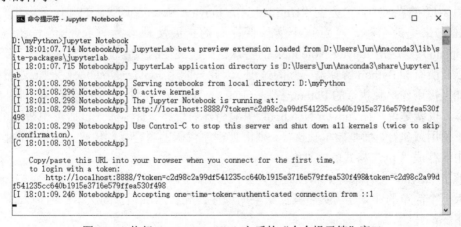

图 2-10　执行 Jupyter Notebook 之后的"命令提示符"窗口

在 Anaconda Prompt 的新文件夹中执行 Jupyter Notebook 之后的浏览器界面如图 2-11 所示。

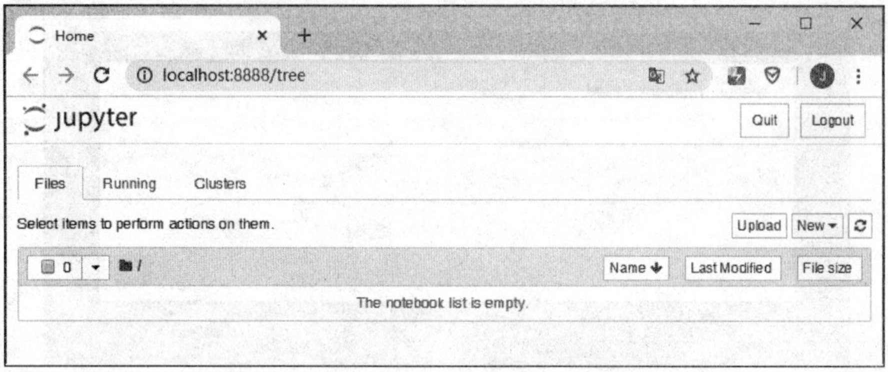

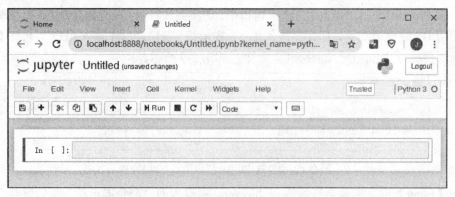

图 2-11　在新文件夹中执行 Jupyter Notebook 之后的样子

与之前从程序集中执行 Jupyter Notebook 的情况不同，在这一次执行的界面中文件夹里面没有任何其他不相干的内容了。下面的介绍将基于这个主要的执行环境。在每一次开始执行程序时，用鼠标单击屏幕中间右侧的"New"下三角按钮，选择"Python"或是"Python 3"，随后就会创建一个新的 Notebook，如图 2-12 所示。

图 2-12　开始在 Jupyter Notebook 中编写 Python 程序

在图 2-12 的界面中，上方的"Untitled"是 Jupyter Notebook 默认的文件名，我们可以用鼠标单击它来更改名称，注意这个文件保存时的扩展文件名为".ipynb"（此例就会是 Untitled.ipynb），这是 Jupyter Notebook 的特殊格式，文件的内容包括编写的程序代码、执行的结果以及所有和 Python 解释器交互的过程，因此只能用 Jupyter Notebook 来加载使用，这个文件不能直接用作单独执行的 Python 程序（Python 程序文件的扩展文件名是.py，是标准的文本文件）。也就是说，在 Jupyter Notebook 中编写好的程序文件，如果日后不想在这个浏览器的环境下使用或执行，而是要单独执行，则需把程序代码的内容复制出来，在其他的程序代码编辑器中保存成".py"格式的文件。

了解了".ipynb"文件内容的特性之后，接下来我们把文件名从 Untitled 改名为 Chapter02，然后输入一个简单的计算连续数字累加结果的程序。先在"In[ ]"的文本框内输入这个程序，解说从下一节开始。

范例程序 2-1

```
1: n = int(input("N="))
2: sum = 0
3: for i in range(1, n+1):
4:     sum = sum + i
5: print("1+2+3+...+N=", sum)
```

注意，范例程序 2-1 的第 4 行要以缩进 4 个空格的方式排列，这种程序缩进编写的方式在
Python 语言中不能随意，具有程序层次逻辑的含义。在整个程序中只要某一行或某几行程序
语句属于上一个程序区块时就需要保持相同的缩进格式。不管是使用制表符（Tab）、4 个空
格或是 2 个空格来进行缩进，在整个程序文件中都要遵循相同的方式（本书的 Python 程序中
统一采用缩进 4 个空格的方式作为一个程序层次）。范例程序 2-1 在 Jupyter Notebook 中输入
之后如图 2-13 所示。

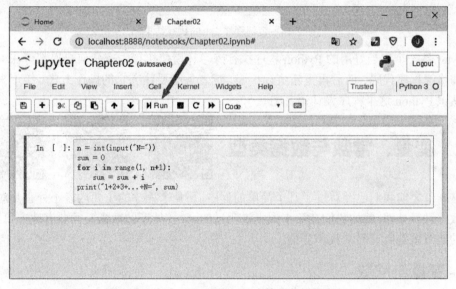

图 2-13　在 Jupyter Notebook 中输入范例程序 2-1

在图 2-13 中箭头所指的地方单击"Run"按钮，开始执行这个程序，也可以在键盘上按【Ctrl】
+【Enter】组合键。程序执行后，我们首先看到程序要求输入"N="的内容，输入一个数字
再按【Enter】键，随后就可以顺利得到"1+2+3+...+N="累加的计算结果（计算累加有更简便
的程序，在此只是做一个示范），如图 2-14 所示。

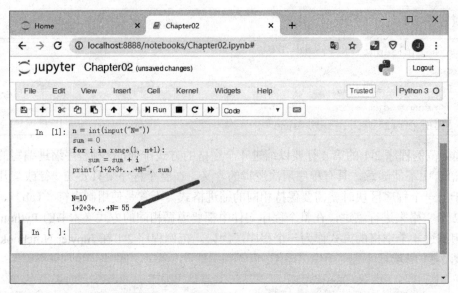

图 2-14　范例程序 2-1 的执行结果

Jupyter 是一个相当好用的 Python 程序执行练习环境，执行中有任何错误都可在编辑窗口中编辑和修改程序代码，而后再重新执行一遍。读者务必要熟练它的操作方式。接下来就让我们正式认识 Python 这个程序设计语言吧！

2.2　变量、常数与数据类型

在这一节之前我们已经看过了几个简单的程序，那几个程序的主要内容不外乎是对于一些输入的数据进行处理。就如我们在第 1 课中说明过的，要被处理的数据必须要有地方可以存储，而存储的地方就是所谓的常数和变量。

2.2.1　变量与常数

要学会程序设计，掌握常数和变量的概念非常重要。在前面的章节中曾经简单说明了一个概念，就是任何一个程序通常都是为了要处理某些目标数据对象而存在的，而这些目标数据在被处理之前要以一些特定的方式存放在计算机内存的某一个位置，需要的时候再取出来进行处理。内存的这个概念对大部分非信息类专业的人们来说并不直观，因此程序设计语言就给存放数据的那些内存位置命名，并把它称为"变量"（Variable），顾名思义，存放在这些内存位置中的数据是可以随着处理的需求和运算的过程被改变的。

相对于"变量"的概念，另外一种经过赋值之后就不能被改变的数据叫作"常数"（Constant）。有些程序设计语言可以用类似于给变量命名的方式给常数命名。不过，在 Python 语言中并不直接支持"常数"，程序设计人员习惯上会使用大写字母命名的变量来提醒自己：这个变量要以常数的方式来对待，千万不要在程序中去更改它的内容。下面举例说明如何定义变量和常数以及给变量和常数赋值：

```
weight = 63
PI = 3.14159
```

在上面这两行语句中，其中的 weight 是用来存储 63 这个数值的变量，而 63 这个数值叫作"字面值"（严格来说它不是我们定义中的常数，63 这种数值的表现方式包括后文介绍的字符串值在英文术语中都称为 literal，可以翻译成"字面值"，而常数的英文是 constant，指的是有一个名字，但是它的内容是恒定不变的值，例如用来表示圆周率的 PI，它的值应为 3.14159，而不可以是其他值）。

对于等号"="，初学者一定要特别注意，因为它是"赋值"的意思，就是把右边的值"赋给"左边的变量，并不是数学上"等于"的含义。也就是要把"="的左边当作一个变量（或是内存的地址），而将其右边视为值。如果按照"赋值"的意思去理解"="，那么看到下面这一行语句时就不会大惊小怪了：

```
count = count + 1
```

看出来了吗？左边是变量 count 在内存中的位置，右边的 count 则表示变量当前的值，所以上面这一行语句正确的解释是："把变量 count 当前的值取出来，加上 1 之后再存回变量 count 所在内存的位置"。

在 Python 程序设计中，如果要检查两个变量或常数是否相等，就要使用"=="两个连接在一起的等号，这个符号在后面的章节中会加以说明。

再看另外一个字符串赋值的例子：

```
msg = 'Hello Python'
```

在上面这一行语句中，其中的 msg 用来存储 'Hello Python' 这个字符串的变量，而 'Hello Python'表示的是字符串，也是字面值。在 Python 中，字符串的两侧可以使用单引号，也可以使用双引号，在同一个程序中可以交替使用单引号或双引号，但是在使用时一定要成对出现，而不能交叉使用，也就是说字符串前面若是单引号则在字符串的最后面只能使用单引号作为结尾。

在一对双引号的中间可以使用单引号，或在一对单引号的中间也可以使用双引号，这时中间的单引号或双引号就作为字符串中的普通符号，例如：

```
"She's a good girl"
```

在这个例子中，双引号作为字符串常数的起止符号，在其内部可以自由地使用单引号。另外，也可以使用转义字符"\"来指定一些特殊的符号。例如，通过转义字符在单引号包围的字符串中使用单引号，即把转义字符之后的字符作为它原本的字符来使用：

```
'She\'s a good girl'
```

变量的内容是可以随时改变的（在 Python 中，甚至连变量的数据类型也可以随着赋值数据的类型而改变），例如：

```
a = 38
b = 49
c = 13
d = a + b + c
```

把 a、b、c 分别赋值为 38、49、13，然后把这 3 个变量的值取出来进行加法运算，再把运算的结果（a+b+c）存放到变量 d 中，很显然，d 的内容应该是 100。上面的范例程序片段如果改写如下：

```
a, b, c = 38, 49, 13
a = a + b + c
```

这两行语句执行完毕之后，a、b、c 的内容分别是 100、49、13。其中，变量 a 本来是 38，但是在执行第 2 行语句时被重新赋值为 100（把 a、b、c 这 3 个变量的值取出来进行加法运算，再把运算的结果赋值给变量 a）。

有了变量的概念之后，初学者就可以暂时先抛开计算机内存存储数据的概念，直接把变量看成是一个可以存放各种数据类型的容器。在 Python 中，使用变量之前不需要像其他的程序设计语言那样事先声明数据类型，所以在使用变量时要一直知道自己在哪一个变量里面存放了哪些值或内容，因此为变量命名就显得特别重要。

在前文中使用了很多简单的字母作为变量的名称，但在程序设计的实践中并不常这么做，而是使用有实际含义的英文单词或组合单词来代表每一个要处理的数据，主要原因是，每一个数据其实在现实生活中都有其代表的意义，只有一个能代表其意义的命名才能让程序执行的逻辑流程易于被人理解，这样不仅便于自己进行程序设计，还利于日后对这个程序的维护工作（不用怀疑，就算是自己编写的程序，3 个月之后回来再看，也不一定能记得当初设计该程序片段时使用的算法逻辑）。

2.2.2 变量的命名与保留字

变量命名的原则除了使用英文字母（区分英文字母的大小写）和数字之外，也可以利用下画线来作为变量名字中不同组合词之间的分隔符。注意，自定义变量名称的第一个字符一定要是英文字母，后续的字符可以是英文字母、数字以及下画线符号（其他符号都不要使用），中文也可以作为变量名，但是强烈建议不要这么做，变量中的各个字符之间也不可以有任何空格。下面为计算 BMI 的范例程序。

范例程序 2-2

```
1: height = 1.74
2: weight = 63
3: BMI = weight / (height * height)
4: print("Your BMI is", BMI)
```

这个范例程序的执行结果如图 2-15 所示。

```
In [2]: height = 1.74
        weight = 63
        BMI = weight / (height * height)
        print("Your BMI is", BMI)

Your BMI is 20.808561236623067
```

图 2-15　范例程序 2-2 的执行结果

在范例程序 2-2 中用来存储身高的变量是 height，用来存储体重的变量是 weight，而存储 BMI 的变量就叫作 BMI。这样的变量命名就算是不懂程序设计的人也可以理解范例程序 2-2 的运算过程。

变量的名字取得长一些没有关系，因为许多好的程序代码编辑器在我们输入变量的时候会提示给我们在前面曾经输入过的变量名，反而是怕变量名取得太过于精简（太短或是使用太多的缩写）、过于模糊或是容易拼错的英文单词（或是有复数形式）。别忘了，计算机是非常精确的，只要字母大小写不同或是一两个字母拼错都会被当成是另外一个变量。由于 Python 语言在变量的使用之前不需要进行声明，因此在任何时候误拼了变量名称都会被当成是另外启用了一个新的变量而造成程序执行的错误，这是初学者常犯的错误之一，要特别注意。

为了统一变量命名的原则与程序编写的规范，以利于不同的程序设计人员之间的交流与维护，在 Python 的官网上（https://www.python.org/dev/peps/pep-0008/）有一份非常完整的程序编写规范可以遵循。如果是多人的共同协作项目或是大型的程序开发项目，建议以此规范来编写程序，这样写出来的程序易于合作以及日后的维护，不少软件公司都要求程序设计人员一定要使用此规范来编写每一个程序。

总之，对于初学者来说，一定要掌握如下的变量命名原则：

- 第一个字符必须是英文字母。
- 在第二个字符以后可以使用数字。
- 不要使用除了下画线以外的其他符号。
- 名称要有明确意义，每一个字母的大小写会被视为是不同的符号。
- 可以使用下画线分隔每一个英文单词。
- 变量的名称长一点没有关系。

然而，就像是在替新生儿命名时，我们不会把小孩子的名字叫作"先生""小姐""佛祖""关公"等词一样，有些约定俗成的名词是不适合作为人名的。Python 也不例外，有些词在 Python 语言中已经被使用了（这些词被称为关键词 Keyword 或是保留字 Reserved Word），因此不能拿来作为变量的名称。以下的程序语句可以列出 Python 中所有的关键词：

```
import keyword
print(keyword.kwlist)
```

执行的结果如下，所有列出的词都是关键词，不能拿来作为变量名使用：

```
['False', 'None', 'True', 'and', 'as', 'assert', 'async', 'await', 'break',
'class', 'continue', 'def', 'del', 'elif', 'else', 'except', 'finally', 'for',
```

```
'from', 'global', 'if', 'import', 'in', 'is', 'lambda', 'nonlocal', 'not', 'or',
'pass', 'raise', 'return', 'try', 'while', 'with', 'yield']
```

除了关键词之外，还有默认的系统模块保留字，它们是内建模块的函数名、变量名或是常数名，也不能再用于变量的命名，列出这些模块保留字的程序语句如下：

```
import builtins
print(dir(builtins))
```

执行的结果如下：

```
['ArithmeticError', 'AssertionError', 'AttributeError', 'BaseException',
'BlockingIOError', 'BrokenPipeError', 'BufferError', 'BytesWarning',
'ChildProcessError', 'ConnectionAbortedError', 'ConnectionError',
'ConnectionRefusedError', 'ConnectionResetError', 'DeprecationWarning',
'EOFError', 'Ellipsis', 'EnvironmentError', 'Exception', 'False',
'FileExistsError', 'FileNotFoundError', 'FloatingPointError', 'FutureWarning',
'GeneratorExit', 'IOError', 'ImportError', 'ImportWarning',
'IndentationError', 'IndexError', 'InterruptedError', 'IsADirectoryError',
'KeyError', 'KeyboardInterrupt', 'LookupError', 'MemoryError',
'ModuleNotFoundError', 'NameError', 'None', 'NotADirectoryError',
'NotImplemented', 'NotImplementedError', 'OSError', 'OverflowError',
'PendingDeprecationWarning', 'PermissionError', 'ProcessLookupError',
'RecursionError', 'ReferenceError', 'ResourceWarning', 'RuntimeError',
'RuntimeWarning', 'StopAsyncIteration', 'StopIteration', 'SyntaxError',
'SyntaxWarning', 'SystemError', 'SystemExit', 'TabError', 'TimeoutError',
'True', 'TypeError', 'UnboundLocalError', 'UnicodeDecodeError',
'UnicodeEncodeError', 'UnicodeError', 'UnicodeTranslateError',
'UnicodeWarning', 'UserWarning', 'ValueError', 'Warning', 'WindowsError',
'ZeroDivisionError', '__IPYTHON__', '__build_class__', '__debug__', '__doc__',
'__import__', '__loader__', '__name__', '__package__', '__spec__', 'abs', 'all',
'any', 'ascii', 'bin', 'bool', 'breakpoint', 'bytearray', 'bytes', 'callable',
'chr', 'classmethod', 'compile', 'complex', 'copyright', 'credits', 'delattr',
'dict', 'dir', 'display', 'divmod', 'enumerate', 'eval', 'exec', 'filter',
'float', 'format', 'frozenset', 'get_ipython', 'getattr', 'globals', 'hasattr',
'hash', 'help', 'hex', 'id', 'input', 'int', 'isinstance', 'issubclass', 'iter',
'len', 'license', 'list', 'locals', 'map', 'max', 'memoryview', 'min', 'next',
'object', 'oct', 'open', 'ord', 'pow', 'print', 'property', 'range', 'repr',
'reversed', 'round', 'set', 'setattr', 'slice', 'sorted', 'staticmethod', 'str',
'sum', 'super', 'tuple', 'type', 'vars', 'zip']
```

如果在给变量命名前不太确定，可以执行上述的程序语句再查阅一下，为了避免命名上的冲突，建议多使用下画线来搭配有意义的文字来为自己程序中的变量命名。

2.2.3　简单的数据类型

如同前面章节所述，存放在变量中的值可以是数值或是字符串，这就是所谓数据类型的差别。不同的数据特性使用不同的数据类型来存储，只有了解了数据类型的不同才能正确地将它们应用于程序中的运算。

最基本的数据类型是数值和字符串，细分之后，数值本身还可以区分为浮点数（就是带有小数点的数值）以及整数。在 Python 语言中，使用任何类型的变量都不需要事先声明，要看指令当时把什么类型的数据赋值给变量方能确定。因此，执行下面的语句之后：

```
a = 38
```

a 就自动被指定为整数（int）类型。如果是：

```
a = 38.0
```

则 a 就被指定为是浮点数（float）类型。如果程序语句为：

```
a = "38"
```

这时变量 a 就成了字符串（str）类型了。在 Python 的交互式界面中，随时可以通过 type() 函数来查询任意一个变量当前的数据类型。在 Python Shell 的界面中操作如下（注意，以下是在 Mac OS 下执行的例子，"$"是 Mac OS 终端程序的命令提示符，如果是在 Windows 操作系统下，命令提示符看起来会像是"C:\Users\skynet>"这种形式。此外，">>>"是 Python Shell 的命令提示符）：

```
$ python
Python 3.5.1 |Anaconda 2.4.1 (x86_64)| (default, Dec  7 2015, 11:24:55)
[GCC 4.2.1 (Apple Inc. build 5577)] on darwin
Type "help", "copyright", "credits" or "license" for more information.
>>>a = 38
>>>type(a)
<class 'int'>
>>>a = 38.0
>>>type(a)
<class 'float'>
>>>a = '38'
>>>type(a)
<class 'str'>
>>>
```

在上面的操作过程中，具有下画线的文字才是练习时需要输入的字符，其他的部分则是系统所显示的文字信息。

为变量设定一个正确的类型非常重要，不然有时候会发生预期不到的计算错误。为了确保运算的正确性，可以通过 int()、float()、str() 等函数来进行数据类型的转换，如下所示（注意，以下为 Python 2.7 的操作示范，在 Python 3.x 中会自动进行类型的适当转换）：

```
$ /usr/bin/python
Python 2.7.10 (default, Aug 22 2015, 20:33:39)
[GCC 4.2.1 Compatible Apple LLVM 7.0.0 (clang-700.0.59.1)] on darwin
Type "help", "copyright", "credits" or "license" for more information.
>>> a = 38
>>> b = 5
>>> print a / b
7
>>>print float(a/b)
7.0
>>>print float(a)/b
7.6
>>>
```

在数学的计算中，a / b 的结果应该是 7.6，但是在 Python 2.x 版本中默认只要两个变量都是整数，得到的结果就会是整数，因此得到的计算结果是 7，只有对其中一个变量先转换成 float 之后再计算才会得到正确的值。注意，此种情况在新版的 Python 3 中并不会出现，它会根据情况选择正确的数据类型。

同样的情况也发生在字符串和数字的类型转换上。以在前面章节中出现的程序为例，若要把计算所得的数字和文字信息一起显示出来，则需要把数字转换成字符串之后再使用"+"串接两个字符串（当然还有其他的方式），如下例（以下的例子均在 IPython 中执行，读者只要输入"In"单元格冒号后面的程序语句即可，In 和 Out 以及其后的中括号内容是输入和输出单元格的提示字符，不用输入）：

```
(d:\Anaconda3_5.0) C:\Users\USER\Documents>ipython
Python 3.6.2 |Anaconda custom (64-bit)| (default, Sep 19 2017, 08:03:39) [MSC
v.1900 64 bit (AMD64)]
Type 'copyright', 'credits' or 'license' for more information
IPython 6.1.0 -- An enhanced Interactive Python. Type '?' for help.
In [1]: pre_msg = "The sum is "

In [2]: sum = 1 + 2 + 3 + 4 + 5

In [3]: print(pre_msg + sum)
---------------------------------------------------------------------------
--
TypeError                                 Traceback (most recent call last)
<ipython-input-3-74676f2b7b5c> in <module>()
----> 1 print(pre_msg + sum)
```

```
TypeError: must be str, not int
In [4]: print(pre_msg + str(sum))
The sum is 15
```

在没有转换 sum 的类型之前，若使用 print pre_msg+sum 则会得到一个错误的信息；在使用 str(sum)之后，问题就可以解决了。

此外，字符串类型搭配一些默认的处理函数以及列表（List）等数据类型就可以有非常多的变化，例如可以把字符串拆成一个一个的字符再组成列表，或是把字符串的第一个字母变成大写，或是全部都变成大写或小写，如下所示（练习时只要输入有下画线的程序语句即可）：

```
(d:\Anaconda3_5.0) C:\Users\USER\Documents>ipython
Python 3.6.2 |Anaconda custom (64-bit)| (default, Sep 19 2017, 08:03:39) [MSC
v.1900 64 bit (AMD64)]
Type 'copyright', 'credits' or 'license' for more information
IPython 6.1.0 -- An enhanced Interactive Python. Type '?' for help.
In [1]: quote = "how to face the problem when the problem is your face"

In [2]: quote.upper()
Out[2]: 'HOW TO FACE THE PROBLEM WHEN THE PROBLEM IS YOUR FACE'

In [3]: quotes = quote.split()

In [4]: for s in quotes:
   ...:     print(s.capitalize())
   ...:
How
To
Face
The
Problem
When
The
Problem
Is
Your
Face
```

有关字符串函数的使用方法以及程序的内容，将会在后文进行文字数据处理应用时进行更详细的说明。

除了前述的 int、float、str 类型之外，在程序中也经常会使用到布尔（boolean，bool）类型，这种数据类型的主要用途在于记录某些条件是否成立的真假值。布尔类型的变量值只有两种可能：要么是 True（真值或条件成立），要么是 False（假值或条件不成立）。

注意 True 和 False 的大小写。这两个单词都是保留字，任何变量一旦赋予了其中之一就为布尔类型的变量。

2.2.4 列表类型

前面介绍的变量的内容或值只有一个，但是在程序设计的过程中经常会有一个变量名称，但是里面存放了许多数据。例如，班上同学某一次月考的语文成绩，或是某一个同学在某一次考试的所有科目的成绩等。要记录同性质或是需要同时处理的一组数据项，就需要使用列表（List）数据类型。以班上同学的月考语文成绩来说，可以表示如下：

```
chi_scores = [98, 56, 89, 88, 90, 74, 56, 34]
```

Python 的列表（list）类型以中括号来包含所有的数据项（或称为元素），在中括号中的数据项以半角逗号作为分隔符，所有的数据项按序放入，Python 会自动为这些数据项加上索引（类似于数组的下标）。索引编号是从 0 开始的，因此第 1 个数据项的索引是 0，第 2 个数据项的索引是 1，以此类推。

在输入了列表的数据项之后，在后续的程序中如果需要存取其中的数据项就是以中括号加上索引编号的方式来指定。以下的程序语句会列出不同组合的 chi_scores 数据项：

```
print(chi_scores[3])
print(chi_scores[3:])
print(chi_scores[2:5])
print(chi_scores[-1])
```

上述程序语句的执行结果分别如下：

```
88
[88, 90, 74, 56, 34]
[89, 88, 90]
34
```

第 1 条语句和最后 1 条语句指定了列表中的单个数据项，因此输出的是一个数值，也就是指定位置存储的数值，其中索引值为负数表示是从列表尾部倒数回来的第几个。第 2 条语句和第 3 条语句指定数据项的方式表示列表中一个范围内的数据项，因此输出的结果也会是一个列表。

指定索引可以存取列表中对应位置的数据项（或元素值），当然也可以改变该元素的值，例如：

```
scores = [56, 77, 67, 45, 89]
print(scores)
scores[3] = 99
print(scores)
```

上面程序语句的执行结果如下：

```
[56, 77, 67, 45, 89]
[56, 77, 67, 99, 89]
```

列表本身也有许多方法（Method），也称为函数（Function），在面向对象的程序设计语言中习惯称为方法，不过本书并不严格区分方法和函数，没有特别指明就是指同一个意思，可以互换。为列表定义的这些函数可以操作列表中的元素，最常用的是 append()附加函数，它可以用于把所需要的数据项作为元素附加到当前列表元素的最后面，程序语句如下所示：

```
1: scores = [89, 74]
2: scores.append(45)
3: scores.append([34, 56])
4: scores += [55, 66]
5: print(scores)
```

第 1 行程序语句创建一个列表 scores 并进行了初始化赋值，它有 2 个元素，分别是 89 和 74。第 2 行程序语句把 1 个元素附加到列表 scores 后面。第 3 行语句附加了另外 1 个元素，而这个元素本身就是一个列表。第 4 行语句是另外一种添加元素的方式，它使用加法把两个列表串接在一起。第 5 行语句把最终的结果打印出来，大家可以比较一下第 3 行语句和第 4 行语句的差异。

```
[89, 74, 45, [34, 56], 55, 66]
```

除了 append()函数之外，列表还有许多可用的函数，在程序中调用 dir()函数就可以查询到，如下所示：

```
scores = [56, 77, 67, 45, 89]
print(dir(scores))
```

列表可用的函数说明如表 2-1 所示，假设操作的列表变量是 lst、lst1 以及 lst2，在表格中有使用范例。

表 2-1　Python 列表可以使用函数

函数名称	用　途	使用范例
append	在列表的后面附加上更多的元素	lst.append(x)
clear	清除列表中的所有元素	lst.clear()
copy	把列表的内容复制一份到另外一个列表中	lst2 = lst1.copy()
count	计算指定元素在列表中出现的次数	lst.count(65)
extend	把两个列表串接成一个列表	lst1.extend(lst2) lst.extend([55, 66, 77, 88])
index	找出指定元素在列表中首次出现的位置所对应的索引值	lst.index(88)

（续表）

函数名称	用　途	使用范例
insert	把某一元素插入到指定的位置	lst.insert(4, 100)
pop	返回列表中的最后一个元素，并把它从列表中移除	lst.pop()
remove	删除列表中指定元素的第一个	lst.remove(99)
reverse	把列表中的元素位置对倒	lst.reverse()
sort	把列表中的元素按从大到小的顺序排列	lst.sort() lst.sort(reverse=True)

　　特别要提的是 copy()这个函数，它会把列表"复制"一份给另外一个列表。为什么要特别强调它的"复制"功能呢？因为如果没有调用这个函数，两个列表之间只是使用链接方式把指针指向同一个列表内容，这样实际上对其中一个列表进行操作就会影响到另外一个列表，可参考下面的范例程序。

　　范例程序 2-3

```
lst1 = [65, 45, 98, 48, 87]
lst2 = lst1
lst3 = lst1.copy()
lst2[3] = 100
lst3[2] = 100
print("lst1:", lst1)
print("lst2:", lst2)
print("lst3:", lst3)
```

　　范例程序 2-3 的执行结果如下所示，其中列表 lst2 和列表 lst3 使用不同的方法获取列表 lst1 的内容，当针对列表 lst2 的内容进行更改时列表 lst1 的内容也跟着改变，而对列表 lst3 所进行的更改对列表 lst1 却没有任何影响：

```
lst1: [65, 45, 98, 100, 87]
lst2: [65, 45, 98, 100, 87]
lst3: [65, 45, 100, 48, 87]
```

　　表 2-1 中的最后两个函数 reverse()和 sort()的差别是：reverse()只是把列表中元素原来放置的位置颠倒过来，即只是把摆放的位置对调了，并不会检查和比较列表中元素的值；sort()则是按照元素值的大小来排列其顺序。此外，如果 sort()函数要改为从大到小进行排序，就要加上 reverse=True 这个参数来实现反序排序（因为 sort()函数默认为从小到大排序）。

　　除了列表对象本身可用的函数之外，还有一些函数是以列表作为对象进行操作的，常见的这类函数如表 2-2 所示。

表 2-2   可以用于列表操作的函数

函数名称	用途	使用范例
len	返回此列表的元素个数	len(lst)
max	返回此列表中元素值的最大值	max(lst)
min	返回此列表中元素值的最小值	min(lst)
list	创建一个列表变量：如果没有给参数，就会创建一个空的列表；如果给的参数是一个字符串，则会把字符串的每个字符拆开变成列表中的每一个元素	lst = list() lst = list("I love Python")
sorted	返回排序过的列表	sorted(lst)
reversed	返回和原列表反向序列的列表	reversed(lst)

虽然在前面的例子中列表里的每一个元素都是数值，但是 Python 的列表提供了非常大的弹性，最显而易见的就是同一个列表中的不同元素可以是任意类型，因此以下的这个列表也是合法可用的：

```
students = ['林小明', True, 89, 45, 67, 'A23001', '林先生']
```

在上面列表的元素中就包含了学生的姓名、True（代表男性）、3 科成绩、学号以及家长的姓名。如果打算加上第 2 位学生的数据，可以利用列表中的列表这种方式来设置，可参考下面的范例程序。

范例程序 2-4

```
student1 = ['林小明', True, 89, 45, 67, 'A23001', '林先生']
student2 = ['王小华', False, 99, 85, 72, 'A23002', '王太太']
students = [student1, student2]
print(students)
```

上面的程序代码准备了 2 位学生的数据，再用一个列表变量 students 把这两个列表放到另外一个列表中，形成列表中的列表，最后用 print() 把它们打印出来，其内容如下：

```
[['林小明', True, 89, 45, 67, 'A23001', '林先生'], ['王小华', False, 99, 85, 72,
'A23002', '王太太']]
```

仔细观察打印出来的内容就可以看出列表中的列表的数据格式。如果有更多的学生数据，为了让输出的样子美观一些，在 Python 中有一个可以让输出变得美观的 pprint 模块，可参考下面的范例程序。

范例程序 2-5

```
import pprint
student1 = ['林小明', True, 89, 45, 67, 'A23001', '林先生']
student2 = ['王小华', False, 99, 85, 72, 'A23002', '王太太']
```

```
student3 = ['刘明明', False, 67, 45, 92, 'A23003', '刘先生']
student4 = ['曾小花', False, 99, 99, 100, 'A23004', '曾先生']
students = [student1, student2, student3, student4]
pprint.pprint(students)
```

范例程序 2-5 的执行结果如下：

```
[['林小明', True, 89, 45, 67, 'A23001', '林先生'],
 ['王小华', False, 99, 85, 72, 'A23002', '王太太'],
 ['刘明明', False, 67, 45, 92, 'A23003', '刘先生'],
 ['曾小花', False, 99, 99, 100, 'A23004', '曾先生']]
```

在一个维度的列表中，使用一个索引编号可以找出列表中的任意一个元素，而在 2 个维度的列表中，如果使用一个索引编号，那么找出的是列表中的另一个列表，如果要找出其中任意一个元素的内容，则需要使用 2 个索引编号，可参考下面的范例程序。

范例程序 2-6

```
student1 = ['林小明', True, 89, 45, 67, 'A23001', '林先生']
student2 = ['王小华', False, 99, 85, 72, 'A23002', '王太太']
student3 = ['刘明明', False, 67, 45, 92, 'A23003', '刘先生']
student4 = ['曾小花', False, 99, 99, 100, 'A23004', '曾先生']
students = [student1, student2, student3, student4]
print(students[3])
print(students[3][0])
```

范例程序 2-6 的执行结果如下，是否和你想的一样呢？

```
['曾小花', False, 99, 99, 100, 'A23004', '曾先生']
曾小花
```

2.2.5 元组类型

在 Python 的数据类型中还有一个和列表非常像的数据类型，叫作元组（tuple）类型。这个类型的元素以小括号包括所有的数据项（或称为元素）。除了在定义的时候不太一样之外，其他的操作几乎都一样，一旦给元组设置了内容之后，它的内容就不允许在程序中加以变更，可参考下面的程序语句：

```
tup = (45, 65, 88, 44)
print(dir(tup))
```

dir(tup)会返回 tup 对象可调用的函数，执行结果如下：

```
['__add__', '__class__', '__contains__', '__delattr__', '__dir__',
'__doc__', '__eq__', '__format__', '__ge__', '__getattribute__', '__getitem__',
'__getnewargs__', '__gt__', '__hash__', '__init__', '__init_subclass__',
```

```
'__iter__', '__le__', '__len__', '__lt__', '__mul__', '__ne__', '__new__',
'__reduce__',    '__reduce_ex__',    '__repr__',    '__rmul__',    '__setattr__',
'__sizeof__', '__str__', '__subclasshook__', 'count', 'index']
```

除了下画线开头的特殊函数之外，真正可以用的就只剩下用来查询元素出现个数的 count() 函数以及查询出现的位置 index()函数，所有会改动元素值的函数在元组上都不能使用，因此如果执行以下的程序语句去修改元组的内容，就会出现错误提示信息：

```
tup = (45, 65, 88, 44)
tup[1] = 100
```

错误提示信息如下：

```
--------------------------------------------------------------------------
TypeError                         Traceback (most recent call last)
<ipython-input-29-93284903123d> in <module>()
    1 tup = (45, 65, 88, 44)
----> 2 tup[1] = 100

TypeError: 'tuple' object does not support item assignment
```

那么，既然元组的限制这么多，为什么还要设计这种数据类型呢？答案是为了效率以及便利性。因为不允许更改其元素值，所以在内部数据结构的设计上就可以更加精简，不用顾虑未来需要修改元素的数据类型、元素值的可能性，如此在内存占用量就会比较小，执行的速度也比较快。

另外，在程序内部传递变量时，原本可能需要设置数个变量的这种情况，则可以使用元组把它们打包起来，这样就把多个变量变成了 1 个变量，让子程序之间变量的传递更加方便，也使得在指定参数时减少了参数的个数，如下所示：

```
coordinates = [(100, 200), (200, 200), (250, 250)]
print(len(coordinates))
```

在上述程序中，列表变量 coordinates 存储了 3 个坐标点，虽然每个坐标点都有(x, y)坐标，但是我们只要使用 3 个元组常数即可，因此在打印输出此列表的元素个数时，得到的输出结果是 3。

有许多的情况我们需要以文字来作为索引，这时需要使用的就是字典类型。

2.2.6　字典类型

字典（dict）类型的定义方式如下，注意它的外围是以大括号作为边界的，其中的 Key（键）和 Value（值）可以是任何类型，在创建并设置了字典的初始元素值之后，还可以用指定"键-值"的方式给字典添加新的元素：

```
dict_var = {
    key1 : value1,
    key2 : value2,
    key3 : value3,
    ...
}
```

也可以调用 dict 函数创建一个空的字典变量, 之后再通过程序指令给字典添加每一个元素值:

```
dict_var = dict()
dict_var['key1'] = value1
dict_var['key2'] = value2
...
```

以下是一个含有星期元素值的字典变量的例子:

```
1: week = {
    'Sunday': "星期日",
    'Monday': "星期一",
    'Tuesday': "星期二",
    'Wednesday': "星期三",
    'Thursday': "星期四",
    'Friday': "星期五",
    'Saturday': "星期六",
    }
2: print(week)
3: print(week['Sunday'])
4: print(week.keys())
5: print(week.values())
6: print(week.items())
```

在这个例子中创建了一个名为 week 的字典类型的变量, 它的所有键都是星期的英文名称, 而其对应的值是中文的星期名称, 第 2 行程序语句用于列出这个 week 字典变量的所有元素值, 第 3 行语句打印出 "'Sunday'" 这个键对应的值, 也就是 "星期日", 第 4 行语句用于列出 week 的所有键, 第 5 行语句列出了元组中的所有值, 第 6 行语句则是以元组对的方式, 把 "键-值" 都打印出来。这段程序的执行结果如下:

```
{'Sunday': '星期日', 'Monday': '星期一', 'Tuesday': '星期二', 'Wednesday': '
星期三', 'Thursday': '星期四', 'Friday': '星期五', 'Saturday': '星期六'}
星期日
dict_keys(['Sunday', 'Monday', 'Tuesday', 'Wednesday', 'Thursday', 'Friday',
'Saturday'])
```

```
dict_values(['星期日', '星期一', '星期二', '星期三', '星期四', '星期五', '星期六'])
dict_items([('Sunday', '星期日'), ('Monday', '星期一'), ('Tuesday', '星期二'),
('Wednesday', '星期三'), ('Thursday', '星期四'), ('Friday', '星期五'), ('Saturday',
'星期六')])
```

字典变量可以通过索引的方式加入新的元素，范例程序语句如下：

```
data = {'宋远桥':56, '俞莲舟':55, '俞岱严':53}
data['张松溪'] = 50
data['张翠山'] = 45
data['殷梨亭'] = 40
data['莫声谷'] = 28
print(data)
```

最终的元素共为 7 个，除了初始化赋值的 3 个元素之外，另外 4 个元素都是逐个加入的。有关字典类型的其他函数，我们将在后续的应用范例中再加以介绍。

2.2.7　集合类型

集合（set）类型对应的就是数学上的集合定义和操作，它也是以大括号来包含其中的元素，和数学上集合的定义一样，如果在某一个集合变量中加入了重复的数据项或元素值，那么在该集合变量中只会记录一个元素，重复的元素会舍弃，请参考下面的范例程序。

范例程序 2-7

```
chi_set = {'皮卡丘', '可达鸭', '鲤鱼王', '胖丁'}
chi_set.add('绿毛虫')
chi_set.add('皮卡丘')
eng_set = {'妙蛙种子', '可达鸭', '比比鸟', '皮卡丘'}
print("chi_set:", chi_set)
print("eng_set:", eng_set)
print("chi_set 和 eng_set 的交集:", chi_set.intersection(eng_set))
print("chi_set 和 eng_set 的并集:", chi_set.union(eng_set))
print("chi_set 和 eng_set 的差集:", chi_set.difference(eng_set))
```

范例程序 2-7 的执行结果如下：

```
chi_set: {'胖丁', '皮卡丘', '鲤鱼王', '可达鸭', '绿毛虫'}
eng_set: {'比比鸟', '皮卡丘', '妙蛙种子', '可达鸭'}
chi_set 和 eng_set 的交集: {'皮卡丘', '可达鸭'}
chi_set 和 eng_set 的并集: {'胖丁', '皮卡丘', '鲤鱼王', '比比鸟', '绿毛虫', '妙蛙
种子', '可达鸭'}
chi_set 和 eng_set 的差集: {'胖丁', '绿毛虫', '鲤鱼王'}
```

其他更多的操作，可参考官网上的说明：https://docs.python.org/3/library/stdtypes.html#set-types-set-frozenset。

2.3 Python 的表达式

在了解了什么是变量和常数之后，下一个要先认识的就是让计算机执行的"表达式"（Expression）。表达式在之前的程序范例中就已经一直在使用，在程序中几乎每一行语句都有表达式。

表达式包含 3 种，分别是算术表达式、关系表达式以及逻辑表达式，在此分别说明如下。

2.3.1 最基本的算术表达式

表达式中最基本的一个运算符就是"="（赋值运算符），在前面的章节中已经使用过很多遍了，这里还是要再次强调，这个"="的右边是取出变量的值或是表达式的计算结果，而"="的左侧则表示内存的一个位置，也就是把"="右边的值或计算的结果存储到这个内存位置。

在"="的右侧最常使用的是算术表达式。几个比较常用的算术运算符如表 2-3 所示。

表 2-3　Python 主要的算术运算符

运 算 符	作 用	运 算 符	作 用
=	给变量赋值	+, -, *, /	加，减，乘，除
//	整除	**	次方
%	求余数	+, -	正数，负数

标准的表达式看起来像是如下的样子：

```
a = 25 / 5 + 72 * 3 + 3 ** 3 + (76 % 9) // 2
```

每一个操作数都有其运算的先后顺序，即所谓的运算优先级（也就是数学上一样的概念，如先乘除后加减），通过小括号的使用可以改变运算的顺序。上述表达式的执行结果如下：

```
(d:\Anaconda3_5.0) D:\mypython>ipython
Python 3.6.2 |Anaconda custom (64-bit)| (default, Sep 19 2017, 08:03:39) [MSC v.1900 64 bit (AMD64)]
Type 'copyright', 'credits' or 'license' for more information
IPython 6.1.0 -- An enhanced Interactive Python. Type '?' for help.
In [1]: a = 25 / 5 + 72 * 3 + 3 ** 3 + (76 % 9) // 2
In [2]: a
Out[2]: 250.0
```

有一点要特别说明，Python 语言其中的一个特色就是在给变量赋值时左侧的变量可以超过一个，只要左右两侧对应的个数一致即可。如同以下的例子，可以一次给 a、b、c 三个变量分别赋值为 1、2、3，也可以使用"a, b = b, a"互换两个变量的值或内容。但是，如果赋值运算符"="左右两边的个数不一样，就会发生错误，并显示出错误提示信息：

```
In [3]: a, b, c = 1, 2, 3
```

```
In [4]: print(a, b, c)
1 2 3

In [5]: a, b = b, a

In [6]: print(a, b, c)
2 1 3

In [7]: a, b = 1, 2, 3
------------------------------------------------------------------------
--
ValueError                          Traceback (most recent call last)
<ipython-input-7-f840016b8414> in <module>()
----> 1 a, b = 1, 2, 3

ValueError: too many values to unpack (expected 2)
```

除了算术运算之外，还有用来比较大小关系的关系表达式，以及进行逻辑判断的逻辑表达式，通常在程序中会根据关系表达式或是逻辑表达式的计算结果进行程序执行流程的变更。就运算的优先级来说，算术表达式 > 关系表达式 > 逻辑表达式。不能确定顺序的话，可以使用括号来设置优先级。

2.3.2　关系表达式

比较两个变量之间的大小关系以改变程序的控制流向是非常重要的程序设计概念，通常关系表达式都会和 if/elif 流程控制指令配合使用。

Python 语言中比较大小关系的运算符如表 2-4 所示。

表 2-4　关系运算符及其作用

运 算 符	作 用	运 算 符	作 用
<	小于	<=	小于或等于
==	等于	!=	不等于
>	大于	>=	大于或等于

比较特别的是"=="和"!="，分别用来比较运算符两边的结果值或变量值是否相等或是不相等，比较后得到的结果为 True（成立）或是 False（不成立）。在关系运算符的两边可以是数据、变量或是表达式。以下为一些比较表达式运算的结果（以下的练习是在 IPython Shell 中进行的，读者也可以在 Jupyter Notebook 上执行）：

```
In [9]: a, b = 1, 2

In [10]: a == 1
```

```
Out[10]: True

In [11]: a != 1
Out[11]: False

In [12]: a == b
Out[12]: False

In [13]: a <= b
Out[13]: True

In [14]: a + 1 == b
Out[14]: True

In [15]: a == b / 2
Out[15]: True

In [16]: a + 1 != b / 2
Out[16]: True
```

搭配 if/elif 程序指令的关系表达式的例子如下：

```
In [17]: a, b = 1, 2

In [18]:if a == b:
   ...:     print("a==b")
   ...: elif a > b:
   ...:     print("a>b")
   ...: else:
   ...:     print("a<b")
   ...:
a<b
```

2.3.3 逻辑表达式

逻辑表达式主要用于"是""否""而且""或者"逻辑运算的结果，或是用来组合不同的关系表达式。例如，询问用户是否要让程序再执行一遍时，使用 input() 来获取用户的回复：

```
user_answer = input("Run the program again? (Y/N)")
```

尽管提示信息中要求用户用大写字母来回答，在 user_answer 中仍然可能会收到小写的 y，按照正常的逻辑，不管是大写的 Y 还是小写的 y 都必须要视为肯定的回答，此时逻辑运算符就派上用场了，如下所示：

```
if user_answer == 'Y' or user_answer == 'y':
```

当然，上述程序语句也可以有其他的判断方法（例如先把 user_answer 中的字母转换成大写字母再进行比较），此范例主要是为了示范逻辑运算符的使用。Python 语言中的逻辑运算符如表 2-5 所示。

表 2-5　逻辑运算符

运 算 符	作　用	运 算 符	作　用
and	与	or	或
not	非		

为了示范逻辑表达式与关系表达式的搭配使用，下面设计了一个范例程序，根据输入的年龄来判断目标观众可观看不同分级电影的情况。

范例程序 2-8

```
 1:
 2: # -*- coding: utf-8 -*-
 3:
 4: age = int(input("请输入你的年龄："))
 5: with_parent = input("和父母一起来吗？(Y/N)")
 6:
 7: if age >= 18:
 8:     print ("可以看成人级电影")
 9: elif age >=12:
10:     print ("可以看辅导级电影")
11: elif (age >= 6 and age < 12) and (with_parent=='Y' or with_parent=='y'):
12:     print ("可以看保护级电影")
13: else:
14:     print ("只能看普遍级电影")
```

注意判断是否可以看"保护级电影"那行程序语句（第 11 行），同时使用了括号、关系表达式和逻辑表达式，这是一般程序设计中常见的用法。

2.4　认识流程控制

接下来要认识的是 Python 的流程控制。当程序开始执行时，程序语句是一行一行地执行下来的，但是在程序的执行过程中，经常需要根据程序执行的不同情况进行处理，因此就要事先写出所有可能的决策逻辑，告诉程序应对每一种情况的处理方式，就像 2.3.3 小节的范例程序 2-8 会检查观众的年龄，再根据输入的年龄来决定输出的信息。

2.4.1 用于流程控制的条件判断语句

在 Python 语言中，条件判断语句的基本语法如下：

```
if <条件判断表达式>：
    条件判断表达式成立时要执行的程序语句
```

其中，条件判断表达式成立时要执行的程序语句可以是一条语句，也可以是多条语句，只要处于同一个程序区块即可（注意：在 Python 中用相同的缩进格式表示同一个程序区块）。以下是一个简单的例子：

```
score = int(input("请输入你的成绩："))
if score >= 60:
    print("成绩是", score, "分")
    print("太好了，你及格了！")
```

上面这个程序片段在当 score 变量大于或等于 60 时会显示出两行文字。如果想在 score 小于 60 分时也给一些评语，就要将程序修改如下（可以改写得更精简些，不过目前先这样改）：

```
score = int(input("请输入你的成绩："))
if score >= 60:
    print("成绩是", score, "分")
    print("太好了，你及格了！")
else:
    print("成绩是", score, "分")
    print("不行喔，成绩不及格。")
```

不过，仔细看看上面的这段程序代码，读者有没有发现其实有两行是一模一样的？没错，就是"print("成绩是", score, "分")"这一行被重复写了两次，这样当然不好，更好的方式是改成如下形式：

```
score = int(input("请输入你的成绩："))
print("成绩是", score, "分")
if score >= 60:
    print("太好了，你及格了！")
else:
    print("不行喔，成绩不及格。")
```

上面的两个程序片段的功能一模一样，之前那一行重复写两次的程序语句和判断的结果其实不相关，所以可以把它放在 if 语句的前面。

在前面的程序中我们只判断了及格或不及格的两种情况，如果需要按成绩区分出 A、B、C、D、E、F 不同等级呢？在程序逻辑设计上有多种方法，第一种是先判断是否及格，如果及格再分等级（A~D），如果不及格就直接输出为 F，程序代码如下：

```
score = int(input("请输入你的成绩："))
```

```
print("成绩是", score, "分")
print("你的等级是: ", end="")
if score < 60:
    print("F")
else:
    if score >=90:
        print("A")
    elif score >=80:
        print("B")
    elif score >=70:
        print("C")
    else:
        print("D")
```

　　这个程序片段有一个要注意的地方，如果只有"如果/否则"，使用的则是"if/else"；如果有多重选择，也就是"如果/否则如果/否则如果/否则如果/否则"，那么使用的指令是"if/elif/elif/elif/else"。此外，这个程序片段算是嵌套的 if 语句，也就是在第一层的"if/else"的 else 区块之内还有另外一个"if/elif/elif/elif/else"，一般来说，嵌套 if 最多就 3 层，再多的话程序就不容易理解了。

　　关于成绩按等级输出，有些人采用以下的设计方法，只用一层条件判断语句就完成了，从下面这个程序片段我们可以了解到，只要熟知程序设计和算法，程序的功能可以用许多不同的方式来实现。

```
score = int(input("请输入你的成绩: "))
print("成绩是", score, "分")
print("你的等级是: ", end="")
if score >=90:
    print("A")
elif score >=80:
    print("B")
elif score >=70:
    print("C")
elif score >=60:
    print("D")
else:
    print("F")
```

　　上面的程序片段在一般的情况下是可以顺利执行的，但是它并没有考虑到用户输入错误数据的情况，当用户输入的不是数字，或是数字超过 100，或是负数的话，目前这个程序是无法做出正确判断的，因为这里只是用于练习，如果是正式的程序，就需要实现诸多预防和处理错误的功能。

　　虽然使用条件判断语句可以实现按成绩划分等级的问题，但是通过列表和运算的方法可以获得同样的结果，下面即为不使用条件判断语句来实现按成绩划分等级的程序片段：

```
score = int(input("请输入你的成绩："))
grade = ['F', 'F', 'F', 'F', 'F', 'F', 'D', 'C', 'B', 'A', 'A']
print("成绩是", score, "分")
print("你的等级是：", grade[int(score/10)])
```

2.4.2　用于进行重复工作的循环语句

除了条件判断语句之外，用计算机解决问题最常见的操作就是"反复执行"。在 Python 中最常见的重复执行控制语句是 for 循环语句。在其他程序设计语言（如 C、BASIC 或是 Java）中，它们在设置 for 循环时，语法中要明确地指定循环的次数，并且在大部分的情况下还要至少再设置一个索引用的数值变量。然而，Python 并不是这样，它比较像是"for each"，也就是对某一个具有多个元素的变量逐一取出它的元素来使用。标准语法如下：

```
for i in range(10):
    要在循环中执行的程序语句
```

range(10)是一个函数，会产生一个没有名字的列表，其内容是[0, 1, 2, 3, 4, 5, 6, 7, 8, 9]，因此上面的程序语句其实和以下的程序语句功能相同：

```
for i in [0, 1, 2, 3, 4, 5, 6, 7, 8, 9]:
    要在循环中执行的程序语句
```

至此，相信读者明白其所代表的意义了。因为这个列表共有 10 个元素，所以在循环体中的程序语句会被执行 10 次，而每一轮循环在执行时，变量 i 都会按序扮演这个列表中的第 0 个元素、第 1 个元素、...、第 9 个元素，我们可以在循环中使用它，也可以不理会它。以下的程序片段就是按序显示出 i、i 的平方值以及 i 的三次方值：

```
for i in range(10):
    print(i, i**2, i**3)
```

当然也可以不理会变量 i，把它只作为一个计数用的变量。以下的程序语句可以打印 10 次"I love Python!"。

```
for i in range(10):
    print("I love Python!")
```

如果要打印出奇数、偶数等不同的数列变化，可以用 range 来实现。例如以下的程序语句可以列出 1~100 的偶数：

```
for i in range(2,101, 2):
    print(i)
```

除了数字之外，也可以是文字：

```
title = "How to face a problem if the problem is your face?"
for word in title.split():
    print(word)
```

上面这个程序片段先调用 split() 函数把 title 这个字符串变量中的内容分割成以单词组成的列表，然后把列表中的内容逐一放到 word 这个变量中，再由 print() 函数把它们打印出来。

由于 for 循环操作的对象是列表变量，因此只要改变列表变量的内容，就可以实现许多的变化。以常见的编程练习题"九九乘法表"为例，以下是最简单地把"九九乘法表"各个式子都列出来的范例程序。

范例程序 2-9

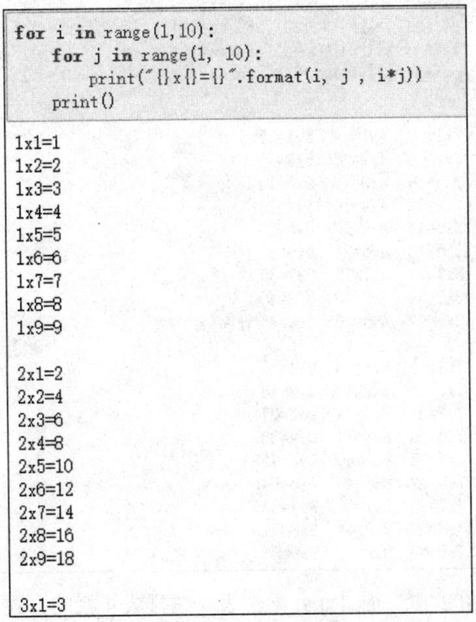

```
for i in range(1,10):
    for j in range(1, 10):
        print("{}x{}={}".format(i, j , i*j))
    print()
```

最后一行的 print() 语句是为了要区分"九九乘法表"组成的部分，在 Jupyter Notebook 中执行的部分结果如图 2-16 所示。

图 2-16　"九九乘法表"程序的部分输出结果

由于程序执行之后的结果太长，在显示上并不方便，因此可以把程序修改如下，让它变成 4 个字段来显示：

```
1: for i in [2, 6]:
2:     for j in range(1, 10):
3:         print("{}x{}={:2d}".format(i, j , i*j), end="")
```

```
4:        print("\t{}x{}={:2d}".format(i+1, j , (i+1)*j), end="")
5:        print("\t{}x{}={:2d}".format(i+2, j , (i+2)*j), end="")
6:        print("\t{}x{}={:2d}".format(i+3, j , (i+3)*j))
7:    print()
```

在这个程序中使用了几个小技巧。

首先，由于“九九乘法表”变成 4 栏之后只显示两组就够了，因此在变量 i 这个循环中，只使用[2, 6]创建了一个具有两个元素的列表，分别是 2 和 6，也就是两组乘法项的起始值。

另外，在输出的 format()字符串设置中，为了要让乘法的结果固定为 2 个位置，在大括号中使用了“{:2d}”，并注明要输出的是整数，且要使用两个位置来显示，如果结果为一位的数字，就会让该数字靠右显示。

第 3 个技巧是为了对应排版格式，避免第 2 组紧接着前一组输出，在第 2、3 及 4 个 print 语句中的字符串格式前面使用"\t"来输出制表符（第 4 行、第 5 行及第 6 行），如此输出时就可以放在下一个制表符定位的位置，第 7 行的 print()则是在两组输出之间加上一个空白行，让界面变得比较美观。上述程序的执行结果如图 2-17 所示。

```
for i in [2, 6]:
    for j in range(1, 10):
        print("{}x{}={:2d}".format(i, j , i*j), end="")
        print("\t{}x{}={:2d}".format(i+1, j , (i+1)*j), end="")
        print("\t{}x{}={:2d}".format(i+2, j , (i+2)*j), end="")
        print("\t{}x{}={:2d}".format(i+3, j , (i+3)*j))
    print()
```

```
2x1= 2  3x1= 3  4x1= 4  5x1= 5
2x2= 4  3x2= 6  4x2= 8  5x2=10
2x3= 6  3x3= 9  4x3=12  5x3=15
2x4= 8  3x4=12  4x4=16  5x4=20
2x5=10  3x5=15  4x5=20  5x5=25
2x6=12  3x6=18  4x6=24  5x6=30
2x7=14  3x7=21  4x7=28  5x7=35
2x8=16  3x8=24  4x8=32  5x8=40
2x9=18  3x9=27  4x9=36  5x9=45

6x1= 6  7x1= 7  8x1= 8  9x1= 9
6x2=12  7x2=14  8x2=16  9x2=18
6x3=18  7x3=21  8x3=24  9x3=27
6x4=24  7x4=28  8x4=32  9x4=36
6x5=30  7x5=35  8x5=40  9x5=45
6x6=36  7x6=42  8x6=48  9x6=54
6x7=42  7x7=49  8x7=56  9x7=63
6x8=48  7x8=56  8x8=64  9x8=72
6x9=54  7x9=63  8x9=72  9x9=81
```

图 2-17　把“九九乘法表”编排成 4 栏的方式

程序中间 4 个 print 函数可以进一步用一层循环把它简化，变成 3 层嵌套循环，如下所示，读者可以执行看看和上面的程序有什么差别：

```
for i in [2, 6]:
    for j in range(1, 10):
        for k in range(4):
            print("\t{}x{}={:2d}".format(i+k, j , (i+k)*j), end="")
```

```
     print()
```

要重复程序中的一些步骤，除了使用 for 循环语句之外，还有一个 while 循环语句也很常见。不同于 for 循环是把列表中（其实不一定必须是列表，只要是具有多个元素的变量都可以）的元素逐一取出，while 循环则是依照"条件是否成立"来决定是否要重复循环内的语句。其语法如下：

```
while <条件判断表达式>:
    要重复执行的程序语句
```

由于 while 循环语句是以条件判断表达式作为执行的依据，只有条件成立才会进入 while 循环体执行循环体内的程序语句，因此在循环体内的程序语句会被执行几次是无法事先知道的。但是有一点必须要特别注意，在循环体内一定要有可以变更循环条件的语句，否则就有可能会出现永远离不开循环的情况——无限循环，也称为"死循环"。当程序陷入无限循环时，尤其是在 Jupyter Notebook 的环境下，可能会让浏览器宕机、挂起没有任何响应。如果真的不幸出现了这种情况，就选择 Kernel 菜单中的 Restart 菜单项，让 Jupyter Notebook 的核心重新开始执行，让 Jupyter Notebook 恢复正常运行。

以下是一个使用随机数的例子，我们使用随机数模块生成 1~6 之间的数字，只有在数字是 6 的时候才会停止，由于是随机数的关系，因此没办法知道何时才会停止循环的执行：

```
1: import random
2: value = random.randint(1,6)
3: while value != 6:
4:     print(value)
5:     value = random.randint(1,6)
```

在上面程序的第 2 行语句中调用了 random 模块中的 randint(1, 6)函数来生成 1 到 6 之间的随机整数，生成的数字会放到 value 变量中。接着在第 3 行程序语句，也就是 while 循环的进入点检查该变量是否不等于 6（"!="表示不等于的意思）：如果不等于，就进入循环，执行循环体内的程序语句（第 4 行和第 5 行）；如果等于就不进入循环体，也就是停止了循环的执行。

这个程序执行之后会显示出任意个 1 到 5 之间的整数（因为遇到 6 就会停止，所以没有机会显示出来 6），会显示几个 1 到 5 之间的整数并不一定，因为它们是随机生成的，读者可以自己执行看看。

由于 while 循环重复执行的次数是不固定的，因此也常用在猜数字游戏上，可参考下面的范例程序。

范例程序 2-10

```
1: import random
2: answer = random.randint(1, 99)
3: guess = int(input("请猜一个数字（1-99）: "))
```

```
4: while guess != answer:
5:     print("猜错了，再猜一次！")
6:     guess = int(input("请猜一个数字（1-99）："))
7: print("真厉害，你猜对了！")
```

上面的程序片段先调用 random.randint(1, 99) 函数生成 1 到 99 之间的整数，并存放在变量 answer 中，然后调用 input() 函数让用户输入一个数字并存放在变量 guess 中。有了这两个变量就可以在 while 条件判断表达式中检查它们是否相等，如果相等就不会进入 while 循环，直接执行最后一行语句（第 7 行），也就是告诉用户他猜中了。如果不相等，就打印输出"猜错了，再猜一次！"，在循环体内的最后一行（也就是第 6 行）当然就是要让用户再猜一次的程序语句。

上面的程序要是认真玩的话还真不好猜，如果一直猜不中，程序就没办法结束，这时只好单击屏幕上方的停止按钮（见图 2-18），强制中断程序的执行（其实就是停止它的核心 Kernel 程序的执行）。

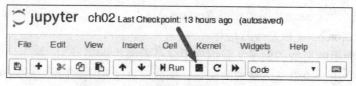

图 2-18　用于停止程序执行的停止按钮

上面这个猜数字的游戏没告诉参与者猜的数是大了还是小了，这样的话基本玩不下去的。因此，我们在这个程序中再加上前面学习过的一条条件判断语句，给玩猜数字游戏的用户一些提示：

```
import random
answer = random.randint(1, 99)
guess = int(input("请猜一个数字（1-99）："))
while guess != answer:
    print("猜错了，", end="")
    if answer > guess:
        print("数字要大一点喔！")
    else:
        print("数字要小一点喔！")
    guess = int(input("请猜一个数字（1-99）："))
print("真厉害，你猜对了！")
```

在程序中加入的"if/else"指令判断"answer > guess"是否成立，如果不成立，那就是"answer < guess"，为什么呢？因为 answer 等于 guess 的话，根本就不会进入这个循环体内。

2.4.3　控制循环内流程的 break 和 continue 指令

有时候在循环执行某些运算或是操作时会需要根据当时的情况进行调整，而 break 和

continue 这两个指令可以用于更进一步控制循环的流程。break 顾名思义就是中断的意思，也就是遇到这个指令就要"立即退出"，是直接从当前循环退出，直接跳到当前循环体外的下一条程序语句继续执行。延续之前 while 循环范例程序，这次改用 break 指令来停止循环的执行：

```
1: import random
2: while True:
3:     value = random.randint(1,6)
4:     if value == 6:
5:         break
6:     print(value)
```

上面程序的第 2 行是 "while True："，这是一个恒成立的条件语句，使用时要特别小心，也就是在循环中必须要有能够离开循环的指令，不然的话就会陷入无限循环。第 4 行语句就是用于判断是否让循环停止的指令，它检查 value 的值是否为 6，如果是就执行第 5 行的 break 指令，一旦执行到 break，当前循环就会停止执行，由于在这个范例中 while 循环是本程序的最后一个区块，因此就等于是结束程序执行了。此外，因为条件判断表达式是在循环体内，所以不需要在进入循环之前先执行 "value = random.randint(1, 6)" 这一行语句，而是在进入循环体内再执行，读者可以看出它们在逻辑上的差异吗？

同样是这个程序，把 break 指令换成 continue 指令，看看执行结果。相信读者可以很清楚地发现，continue 指令只是停止循环当前这一轮次循环体内后续程序语句的执行，而不会把整个循环都停止掉。因为 continue 指令不会退出当前的循环体，只会跳过当前轮次循环体内后续未执行完的程序语句，所以我们把 "while True:" 改为 "for i in range(15):"，只让这个循环执行 15 遍就好了，否则这个用 continue 指令替代 break 指令的程序会进入无限循环而无法结束：

```
1: import random
2: for i in range(15):
3:     value = random.randint(1,6)
4:     if value == 6:
5:         continue
6:     print(value)
```

上面这个程序的执行结果如图 2-19 所示。

```
import random
for i in range(15):
    value = random.randint(1,6)
    if value == 6:
        continue
    print(value)
```

```
1
4
5
1
2
3
4
3
5
1
4
4
3
```

图 2-19　演示 continue 指令执行的效果

　　仔细数数打印出来的数字个数，有没有发现其实不到 15 个？而且所有的 6 都不见了？这是因为 continue 的关系，只要随机生成的数字是 6，continue 指令就会放弃当前循环轮次在循环体内未执行的所有指令，在这个例子只有第 6 行语句是负责输出结果的语句，因此 continue 起作用的时候后面的那一行 print(value)语句就不会被执行，这批生成的随机数中有几个 6，就会少打印输出几次，这就是 continue 指令的作用。

2.5　输入与输出

　　虽然前文还没有正式介绍输入与输出函数，但是在前面的范例中已经用了不少次了。对于一个程序来说，输入和输出必不可少。

　　Python 常用的输入方式就是调用 input()函数，似乎也是大家从键盘输入数据的唯一选择，它的标准语法如下：

```
变量= input("提示文字")
```

　　执行之后，在屏幕上就会出现提示文字，然后等待用户输入数据，在用户按下【Enter】键之后，用户刚刚输入的数据就会赋值给变量。

　　需要注意的是，使用变量之前，对于所有输入的数据，不管用户使用了什么符号，input()函数都把它们作为一串字符串来对待。可参考下面的范例程序。

范例程序 2-11

```
user_input = input("请输入一些数字：")
print(len(user_input))
numbers = user_input.split()
print(len(numbers))
```

```
print(numbers)
```

执行范例程序 2-11，若输入的是一串以空格为间隔的数字，则执行的结果如下所示：

```
请输入一些数字: 25 65 74 82 65 15
17
6
['25', '65', '74', '82', '65', '15']
```

第一个打印输出的数字 17 指的是输入的字符串中总的字符数，共有 17 个字符，split()函数会按照空格把用户输入的一长串切分成一个一个的子字符串，也就是 6 个字符串形式的数字。使用这种方式可以让用户一次输入多个数据。不过，需要假定的是，用户要按照我们这样的想法来输入数据（也就是以空格作为数据之间的间隔），否则有可能会变成如下这样的结果：

```
请输入一些数字: 25,65,85,41,85,65
17
1
['25,65,85,41,85,65']
```

输入的数据没有被顺利地分割，最终还是被当作一个整体（数据）。不过，别担心，其实 split()函数适用各种不同的分隔符，只要数据的分隔方式具有规律就可以。

另外，在调用 input()函数时还要注意一点，就是用户有可能直接按下了【Enter】键而没有输入任何数据，因此在使用变量之前要先检查一下变量的内容或值是程序设计人员必要的编程习惯。

有数据输入就必然要对数据进行处理，处理完毕之后当然是要输出，否则就没有意义。在 Python 2.x 的时代，print 是一个指令，所以后面不用加上"()"；而在 Python 3.x 时代，它被定义为函数，所以别忘了要加上括号。

在 print()的括号中可以加上想要输出的数据，任何数据类型的变量放在括号中都可以将其内容打印输出。需要注意的是，有些比较高级的对象只会把它的类型打印出来，例如 range 函数所生成的列表，在 Python 2.x 时是打印出其结果，但是在 Python 3.x 之后则只会打印出其类型。例如以下的程序语句：

```
print(range(10))
```

它只会输出如下结果：

```
range(0, 10)
```

而列表的真正内容只能通过如下所示的循环把它打印出来：

```
for i in range(10):
    print(i)
```

要输出的数据当然不会只有一个，所以在 print 函数的括号中也可以放入多个想要打印出来的数据，每一个数据之间只要用逗号分隔开即可，因此我们常常会看到类似如下所示的程序代码：

```
name = input("请问你的名字是：")
color = input("你喜欢的颜色是：")
age = input("你今年贵庚？")
print("你好，", name, "听说你今年", age, "岁")
print("你喜欢", color, "色")
```

图 2-20 是上面程序片段的执行结果。

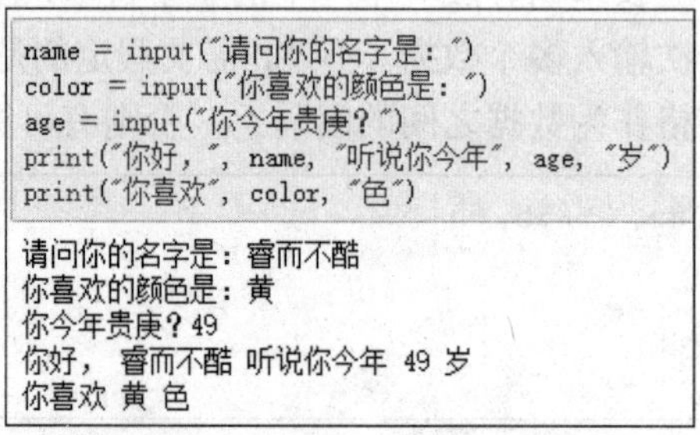

```
name = input("请问你的名字是：")
color = input("你喜欢的颜色是：")
age = input("你今年贵庚？")
print("你好，", name, "听说你今年", age, "岁")
print("你喜欢", color, "色")

请问你的名字是：睿而不酷
你喜欢的颜色是：黄
你今年贵庚？49
你好，睿而不酷 听说你今年 49 岁
你喜欢 黄 色
```

图 2-20　print 函数范例输出的结果

由于在 print()函数中字符串、数值等变量和常数经常被混合着顺序输出，因此在之前我们就调用了 format()函数来协助解决这个问题。通过调用 format()函数，上述程序代码可以改写如下：

```
1: name = input("请问你的名字是：")
2: color = input("你喜欢的颜色是：")
3: age = input("你今年贵庚？")
4: print("你好{}，听说你今年{}岁\n 你喜欢{}色".format(name, age, color))
```

在第 4 行 print()函数的字符串中，我们用大括号来"挖洞"，之后再于 format()函数中逐一指定前面的"洞"要填入什么数据，如此就可以让输出的内容更加清晰。一般来说，在字符串中只要是大括号放置的位置，就是接着在 format()函数中提供的参数要按序放进去的地方。在上面的范例程序片段中，第 1 个大括号放的就是 format()函数中的 name，第 2 个大括号要放的是 age，第 3 个大括号要放的是 color。前面大括号的数量一定要和 format()函数所提供的参数数量一样才行。

如果在大括号中没有指定顺序，则后面的参数是按序填入的，不过有时候 format()所提供的参数并没有按照顺序，甚至会有一个参数用于 2 个以上的大括号位置，此时就需要使用在大括号中提供的数字来指定参数的顺序，例如：

```
print("{0}这个月中了{1}元的奖金，{0}真是个幸运的人！".format("林小明", "一百万"))
```

在上面的程序语句中，大括号用了 3 个，但是 format 只提供了 2 个参数，其中第 1 个"林小明"被用了 2 次。请猜猜看以下的例子，3 个输出的数字是一样还是不一样呢？

```
import random
print("三个随机数分别是{0},{0},{0}。".format(random.randint(1,99)))
```

答案是 3 个数字都是相同的，因为后面的函数只会被执行 1 次，然后把执行的结果应用 3 次。

大括号的内容除了指定顺序之外也可以指定要输出数据的类型以及输出格式，最常见的例子是输出字符串，当我们要对齐输出的位置时就会用到。例如，要输出姓名时，常见的方式如下：

```
data = {'Tom':2230, 'Richard':28000, 'Judy':1890, 'Mary':25430}
for name, bonus in data.items():
    print(name, bonus)
```

上述程序语句的输出结果如下：

```
Tom 2230
Richard 28000
Judy 1890
Mary 25430
```

因为姓名的长度不一样，所以导致输出的格式没有对齐，不够美观。这时就可以调用 format()函数，我们可以把输出姓名的地方设置为 15 个字符位置，并且指定后面的数字显示到小数后两位，即全部加起来共 9 个位置的浮点数字，并且要求它的输出结果在整数的部分要用 0 来全部填满所有的位置，程序代码如下：

```
data = {'Tom':2230, 'Richard':28000, 'Judy':1890, 'Mary':25430}
for name, bonus in data.items():
    print("{:15s}${:9.2f}".format(name, bonus))
```

执行的结果如下所示：

```
Tom             $002230.00
Richard         $028000.00
Judy            $001890.00
Mary            $025430.00
```

要注意的是，格式设置要放在“:”之后，因为在冒号之前指定的数字是参数的引用索引。格式设置还有非常多的种类，有需要的读者可以在这个网址中找到详细的说明：https://pyformat.info/。

最后要特别说明的是，format()函数虽然常被用于和 print()函数搭配，但是实际上它主要是用于设置字符串格式的，因此设置好的结果也不一定要拿来用 print()函数进行输出，也可以直接把设置好的结果放在数据文件中或是放到数据库数据表的字段中存储起来。例如，当我们要创建一个.html 网页文件时，可以用 3 个连续引号字符串先准备好网页文件的架构，然后搭配循环指令建立出网页的实际内容，最后把它存储成.html 的格式。

举个例子，假设现在我们有 10 个图像文件，分别是 1.jpg、2.jpg、...、10.jpg，它们都存放在 images 目录下，现在想要创建一个 index.html 文件，它可以使用列表的方式把这些图像文件分别呈现在网页上，可参考下面的范例程序。

范例程序 2-12

```
1: def my_index():
2:     ret = ""
3:     for i in range(1,11):
4:         ret = ret +
5:         "<tr><td><img src='images/{}.jpg' width=200/></td></tr>".format(i)
6:     return ret
7: html = '''
   <html>
   <head>
   <meta charset='utf-8'/>
   <title>图像索引范例</title>
   </head>
   <body>
   <table>
   {}
   </table>
   </body>
   </html>
   '''.format(my_index())
8: print(html)
```

第 1 行到第 6 行语句是子程序的定义，主程序从第 7 行开始执行，它以 format 函数来植入字符串内容。在 format 函数中的参数则是这个子程序，在这个子程序中会利用循环创建一连串的 HTML 图像文件链接格式的字符串，返回值再送入第 7 行的 format 函数中作为参数，最后于第 8 行中把 html 这个字符串的内容显示出来。上述程序片段的输出结果如下所示：

```
<html>
<head>
<meta charset='utf-8'/>
<title>图像索引范例</title>
</head>
<body>
<table>
<tr><td><img src='images/1.jpg' width=200/></td></tr><tr><td><img
src='images/2.jpg' width=200/></td></tr><tr><td><img src='images/3.jpg'
width=200/></td></tr><tr><td><img src='images/4.jpg'
width=200/></td></tr><tr><td><img src='images/5.jpg'
```

```
width=200/></td></tr><tr><td><img src='images/6.jpg'
width=200/></td></tr><tr><td><img src='images/7.jpg'
width=200/></td></tr><tr><td><img src='images/8.jpg'
width=200/></td></tr><tr><td><img src='images/9.jpg'
width=200/></td></tr><tr><td><img src='images/10.jpg' width=200/></td></tr>
    </table>
    </body>
    </html>
```

此时只要用文本编辑器把上述的输出内容存储成 index.html 文件，并在该文件所在的目录处加上一个 images 文件夹，在文件夹中准备好 1.jpg 到 10.jpg 这 10 个图像文件，此时启动 Chrome 浏览器打开 index.html，就可以在浏览器中看到这些图像文件了，如图 2-21 所示。

图 2-21　调用 format 函数制作 index.html 文件后在浏览器中的显示结果

在上面这个程序中我们使用了子程序的定义以及调用，不明白的话也没关系，在后面的章节中我们会陆续介绍这些知识点。此外，我们把程序的输出结果用人工复制的方式保存为 index.html 文件，其实在 Python 程序中可以直接调用 open 函数打开文件并存盘，这种方式在后面的章节中会详细介绍。

2.6　习题

1. 在操作系统中练习安装 Anaconda 程序开发环境，并执行 Jupyter Notebook。
2. 选择一个自己最熟悉的 Python 在线程序编辑器，并说明主要的优点。
3. 修改范例程序 2-1，将它的计算改为阶乘，也就是输入 N 之后，要计算出从 1 乘到 N 的结果。
4. 进行实践，看看在程序中命名标识符时用到了保留字或关键词之后会出现什么情况。

5. 编写一个程序，可以显示如下所示的九九乘法表的结果：

1	2	3	4	5	6	7	8	9
2	4	6	8	10	12	14	16	18
3	6	9	12	15	18	21	24	27
4	8	12	16	20	24	28	32	36
5	10	15	20	25	30	35	40	45
6	12	18	24	30	36	42	48	54
7	14	21	28	35	42	49	56	63
8	16	24	32	40	48	56	64	72
9	18	27	36	45	54	63	72	81

第 3 课

Python 程序设计快速上手

在本堂课中将继续介绍一些经常使用在程序设计中的语法及技巧，协助读者快速编写一些有趣的程序。此外，Python 是一个非常容易上手的程序设计语言，有许多解决问题所需的函数、模块都已经内建在语言的解释器中，可以直接拿来使用，在这一堂课中我们也将会介绍一些这样的函数和模块。

3.1　子程序和模块的概念

在前面两堂课的范例程序中曾经使用到子程序,现在就来正式地探讨子程序的优点并学习如何利用子程序来简化程序设计的工作。

我们在编写程序的时候经常会有一些重复的操作需要反复执行,例如计算某数是否为质数。下面先来看看质数的定义:

> 在大于 1 的自然数中,除了 1 和该数自己之外,无法再被其他的自然数整除的数,就被称为质数。

根据这个定义,可以设计一个程序来判定该数是否为质数(这只是给读者的练习作业,其实 Python 已有许多现成的模块可以用于判定质数):

```python
n = int(input("请输入一个数: "))
is_prime = True
for i in range(2, n):
    if n % i == 0:
        print("{}不是质数! ".format(n))
        is_prime = False
        break
if is_prime:
    print("{}是质数! ".format(n))
```

上面的程序执行之后会要求用户输入一个数,先通过 int() 函数把它转变成整数类型再存放到变量 n 中。is_prime 变量是布尔类型,初值设置为 True,也就是先假设这个 n 是质数,如果在后面的循环中发现任何可能会整除的情况就把 is_prime 变量设置为 False,那么在循环之外就可以通过这个变量来确定 n 到底是不是质数了。

那么如何判断是否为整除呢?我们使用 "%" 求余数运算符,在此用 "n % i" 表示使用 i 去除 n,然后返回其余数。如果余数为 0 就表示 n 可被 i 整除,就可以确定 n 不是质数,除了要显示该数不是质数的信息之外,还要把 is_prime 变量设置为 False,再加上 break 指令,也就是直接告诉 Python 解释器不要再运算了,因为只要有一个数可以整除该数,则该数就不符合质数的条件。

在离开循环之后,用一个 if 来检查 is_prime 变量:如果 is_prime 没有被设置为 False,也就是说还是 True,那么就显示 n 是质数的信息;反之,不会执行最后一条输出语句。

编写完这个质数的程序之后,如果想使用这个程序多检查一些自然数是否为质数,例如找出 100~200 之间的所有质数,可以再加上一个 for 循环来实现,代码如下:

```python
for n in range(100,201):
    is_prime = True
    for i in range(2, n):
        if n % i == 0:
            print("{}不是质数! ".format(n))
```

```
            is_prime = False
            break
    if is_prime:
        print("{}是质数！".format(n))
```

这个程序会检查 100 到 200 之间的每一个自然数（n 从 100 到 200），并且指出每一个数是否为质数，执行结果如下：

```
100 不是质数！
101 是质数！
102 不是质数！
（略）
198 不是质数！
199 是质数！
200 不是质数！
```

这样的输出应该不是大家想要的，而且中间的循环会增加程序的复杂度。为了简化主程序的内容，子程序就可以在这里派上用场了。子程序的定义方式如下（简单版本）：

```
def 子程序名称(参数列表):
    要执行的程序代码区块
    return 返回值
```

子程序的名称和变量的命名方式基本上相同，都是以英文为主，选择的名称要能反映出这个子程序的用途。程序设计的习惯一般都是把子程序放在整个程序文件的最前面，所有的子程序（一个程序可以定义一个以上的子程序）都定义完毕之后再开始编写主程序。

初学者要注意是，虽然子程序定义在程序文件的前面，但是这并不代表它会先被执行或是它一定会被执行到，因为子程序只是一段取了名字的程序片段，定义的意思是让它"放在某处备用"，一定要调用它，它才会被执行。

先来看一个简单的子程序的例子（请注意下画线的符号也要输入，它是子程序名称的一部分）：

```
def sub_a():
    print("我是子程序 A")

def sub_b():
    print("我是子程序 B，我有一个返回值")
    return 5

sub_a()
print(sub_b())
sub_a()
print(sub_b())
```

这个程序定义了 2 个子程序，分别叫作 sub_a()和 sub_b()。其中，sub_a()被调用时只会打印输出"我是子程序 A"，而 sub_b()子程序不只会打印输出一条信息"我是子程序 B，我有一个返回值"，还会返回一个数值 5。

定义了子程序之后，直接使用它的名称 sub_a()就可以调用该子程序（别忘了括号也是必需的），而 sub_b()因为有返回值，除了打印出信息之外，还可以得到返回值并通过 print()打印出来。这个程序执行的结果如下：

```
我是子程序 A
我是子程序 B，我有一个返回值
5
我是子程序 A
我是子程序 B，我有一个返回值
5
```

从上面的程序片段可以发现，子程序只需要定义一次，之后要调用几次都可以，而且是从调用的时候才开始执行子程序。

除了调用子程序以执行其中的程序代码之外，也可以传递一些数据给子程序进行处理，再根据处理的结果决定输出的信息或是返回值。传递的数据通常叫参数，其实比较正式的名称是：放在子程序定义中的叫作参数（Parameter），而在调用时实际放置的变量或数据叫作自变量（Argument）。不过，对于初学者来说，都把它们叫作参数就好了。当需要传递参数给子程序时，可以把这些想要传进来的参数放在定义名称后面的括号中，要多少个参数都可以，也可以给定任意的变量名称。当子程序有定义的参数之后，在程序中调用子程序时就要指定给子程序相同数量的变量。以下是一个具有参数的子程序的范例程序。

范例程序 3-1

```
def draw_bar(n):
    print("*" * n)


for i in range(1, 11):
    draw_bar(i)
```

上面的程序中用来输出由"*"所组成的长条形状，至于要打印多长则由输入的变量 n 来决定。在主程序中，通过一个循环指定变量 i 从 1 变化到 10，分别以当时变量 i 的值来调用 draw_bar()函数。这个范例程序的执行结果如下：

```
*
**
***
****
*****
******
*******
```

```
********
*********
**********
```

有了上面子程序的概念，接下来就可以把之前用来判断是否为质数的程序代码定义为一个子程序，或者把它作为自定义的函数来调用，我们把它命名为 is_prime(x)，其中的参数 x 就是要用来判断是否为质数的对象。

这个子程序的设计是，当 x 参数传进来了就用一个循环去检测它是否为质数。就如同之前编写的程序代码一样，一开始，把变量 ret 设置为 True，也就是默认为质数，而后在循环中如果发现任一不是质数的条件，就把 ret 设置为 False，最后把 ret 这个值返回给调用这个子程序的人。对于调用这个子程序的人来说，只要检查返回值是否为 True 就可以知道作为参数传进去的那个数是否为质数。此子程序的定义如下：

```python
def is_prime(x):
    ret = True
    for i in range(2, x):
        if x % i == 0:
            ret = False
            break
    return ret
```

有了子程序 is_prime(x)，接下来在主程序中就可以使用循环逐一把要检测的数字交给子程序，所以主程序可以简化如下：

```python
print("以下是 100~200 之间的所有质数：")
for n in range(100,201):
    if is_prime(n):
        print("{} ".format(n), end="")
```

在程序的倒数第 2 行语句用 if 检查返回值，如果返回值为 True，就会执行最后一行程序语句，也就是把变量 n 打印出来作为质数列表的一项，以下是这个程序的执行结果：

```
以下是 100~200 之间的所有质数：
101 103 107 109 113 127 131 137 139 149 151 157 163 167 173 179 181 191 193
197 199
```

在设计子程序的时候一般都是把子程序放在程序文件的最前面，所有定义的子程序结束之后才是主程序开始的地方，虽然大家都知道这个道理，但是这样会让程序的进入点（开始执行的点）不太好找。因此，有些程序设计人员会将主程序也定义成一个函数（通常都叫作 main()），然后使用以下方法标示出主程序开始的位置：

```python
def is_prime(x):
    ret = True
    for i in range(2, x):
```

```
        if x % i == 0:
            ret = False
            break
    return ret


def main():
    print("以下是 100~200 之间的所有质数：")
    for n in range(100,201):
        if is_prime(n):
            print("{} ".format(n), end="")


if __name__ == "__main__":
    main()
```

简单地说，这种做法隐含着程序进入点的意思，但是更进一步代表的含义是可以识别出当前执行程序的情况，即是由用户直接执行（像我们一直以来操作的方式）还是由 import 导入以模块的方式执行，只有在直接执行的时候才会去执行 main()函数，以模块导入的方式则要调用该函数。

接下来试着把前面编写的程序变成一个模块文件，把前面的程序代码命名为 myprime.py 文件并保存在文件夹中。在 Jupyter Notebook 中默认的编辑内容不是标准的 Python 文件，因此要先复制该程序代码的内容，接着在 Jupyter Notebook 界面中的右上角选择打开一个新的 Text File，如图 3-1 所示。

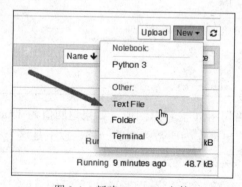

图 3-1　新建 Text File 文件

在打开的空白文件编辑器中粘贴之前的程序代码，再把文件名修改为 myprime.py，如图 3-2 所示。

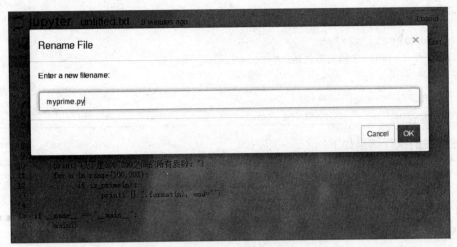

图 3-2　创建 myprime.py 文件并存盘

保存完毕之后即可关闭此分页面,回到主页面中就可以看到这个新建的文件在文件列表中,如图 3-3 所示。

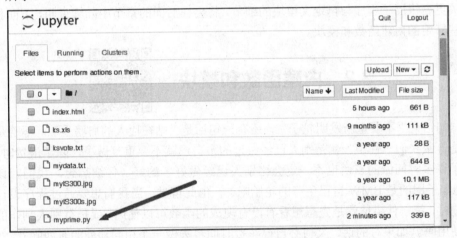

图 3-3　创建完成的 myprime.py 出现在文件列表中

此时再打开一个新的 Jupyter Notebook 的 Python 3 编辑环境,即可在该文件中以 import 导入 myprime.py 文件(注意,在导入时不需要加上.py 的文件扩展名),程序代码如下所示:

```
import myprime
myprime.main()
```

现在只要这两行程序语句即可执行之前列出质数的程序。如果不执行 main(),也可以在程序中调用 is_prime()这个函数来判断质数,建立如下所示的对话式查找质数的功能(注意,在 is_prime()之前要加上 myprime 模块名称,明确地告知 is_prime()是属于哪一个模块内的函数):

```
import myprime
```

```
n1 = int(input("n1="))
n2 = int(input("n2="))
print("介于{}和{}之间的质数是: ".format(n1, n2))
for n in range(n1, n2+1):
    if myprime.is_prime(n):
        print("{} ".format(n), end="")
```

上述程序的执行结果如下:

```
n1=500
n2=600
介于 500 和 600 之间的质数是:
503 509 521 523 541 547 557 563 569 571 577 587 593 599
```

运用上述编程技巧,之后所有自己编写的自定义函数都可以分别放在不同的文件中,自己的主程序也就可以不用"包罗万象"了,日后要维护程序也会方便得多,因为每一次都只要专心修改某一两个模块中的程序。此种编程技巧就是所谓的"模块化"概念。

有关更高级的子程序与自定义模块的细节,将会在后面的章节中陆续说明,下面我们先来介绍一些好用的内建函数和模块。

3.2　内建函数和模块

有一句话说"不要重新发明轮子",还有一句话是"站在巨人的肩膀上",不管是哪一句话,都是告诫我们一件事,就是别人已经做过的事自己就不要重复做了,除了浪费时间之外,我们花了许多时间做的东西也不一定会比别人已经做好了的好(仔细想想,我们应该没看过BMW 的车子用的是 BMW 自己生产的轮胎吧)。由此可见,当我们想要通过程序设计来解决一些问题时,第一件事情就是先想想看有没有现成的函数可以使用,或是有别人制作的模块可以拿来使用吗?如果有的话,又何必自己花费时间再去做一个相同功能的东西呢?

举个例子,在程序设计课程中学习排序算法,其实就是为了让我们了解算法逻辑背后的思维过程,在实际应用中,我们只要直接使用默认的函数 sorted()即可,如下所示:

```
a_list = [45, 34, 87, 43, 90, 45, 55, 98, 67, 94]
b_list = ["Tom", "Richard", "Judy", "Mary", "Lisa", "Gina"]
print(sorted(a_list))
print(sorted(b_list, reverse=True))
print(a_list)
print(b_list)
```

任意一个列表只要调用 sorted()函数,就可以把列表中的元素按照指定的方式(按大小或字母)排列好顺序并把结果返回。由于该函数是返回另外一个排好顺序的列表,因此原来的列表内容是不会被改变的(不像之前调用列表内建的 sort()函数,后者会直接变更原有列表中元素的顺序）。该程序片段的执行结果如下：

```
[34, 43, 45, 45, 55, 67, 87, 90, 94, 98]
['Tom', 'Richard', 'Mary', 'Lisa', 'Judy', 'Gina']
[45, 34, 87, 43, 90, 45, 55, 98, 67, 94]
['Tom', 'Richard', 'Judy', 'Mary', 'Lisa', 'Gina']
```

下面来看一些常用的内建函数。

3.2.1　内建函数

如同前文所介绍的 sorted()函数一样，Python 有许多内建的函数可以直接进行调用，所有的内建函数在这个网址都可以看到详细的说明：https://docs.python.org/3/library/functions.html。表 3-1 列出了比较常用的内建函数。

表 3-1　常用的 Python 内建函数及说明

内建函数名称	说　明
abs	返回绝对值
all	参数中序列的所有值都是 True 才会返回 True
any	参数中的序列值只要有一个是 True 就会返回 True
bin	转换成二进制数
dir	返回某一对象的所有可用属性及方法（Method）
divmod	在参数中放入被除数和除数，然后返回商和余数
enumerate	把序列中的元素逐一列举，并为每个元素加上索引编号
help	查询某一对象或函数的用法
hex	转换成十六进制数值
max	返回序列中的最大值
min	返回序列中的最小值
oct	转换成八进制数值
reversed	返回一个序列的反序
round	取小数指定位数的最接近值（四舍五入），如果不指定位数，就是取最接近的整数（四舍五入）
sum	把指定序列中的数据进行加总
type	返回指定对象的类型

all 和 any 主要是用来判断序列中所有值或是任意一值是否为 True，以下是一个简单的范

例程序：

```
lst = [1, 0, 0, 0, 1]
print(all(lst))
print(any(lst))
```

从 lst 这个列表的内容来看，调用 all 函数会返回 False，而调用 any 函数则会返回 True。

bin()、oct()、hex()这 3 个函数用来转换为不同的进制数。需要注意的是，平时在指定数字的时候指的都是十进制数，如果是二进制数，需要在前面加上 0b 这两个字符；类似的，八进制数要加上 0o，十六进制数则是加上 0x。参考如下程序片段：

```
number = 345
print(number)
print(bin(number))
print(oct(number))
print(hex(number))
```

执行的结果是：

```
345
0b101011001
0o531
0x159
```

dir()函数较少用在程序中，主要功能是查询指定的对象所拥有的属性以及可以调用的函数或方法（Method）有哪些。与 dir()函数类似的是 help()函数，它会返回指定对象的用法，也就是求助信息。这两个函数主要用于在交互式界面中临时查询函数或对象的用法。读者可以在 Python Shell 界面中执行 dir(max) 和 help(divmod)，试试会返回什么信息。

divmod(a, b)会返回商和余数，示例程序语句如下：

```
d1, d2 = 34, 3
q, r = divmod(d1, d2)
print("{}/{} = {}...{}".format(d1, d2, q, r))
```

执行结果如下：

```
34/3 = 11...1
```

enumerate 是列举函数，针对任意一个指定的序列逐一取出其中的元素，加上索引之后以元组的方式返回。但是，如果我们指定了 2 个变量去接收它们，就会自动拆解成两个独立的变量而不是元组，请参考下列的示例程序语句。如果没有指定索引的起始值，则从 0 开始，其标准语法如下：

```
enumerate(序列数据[, 索引起始值])
```

以下为示例程序语句：

```
ranking = ['Python', 'C/C++', 'Java', 'JavaScript', 'PHP']
for r, language in enumerate(ranking, 1):
    print("Rank #{} is {}.".format(r, language))
```

执行结果如下：

```
Rank #1 is Python.
Rank #2 is C/C++.
Rank #3 is Java.
Rank #4 is JavaScript.
Rank #5 is PHP.
```

reversed()函数用来返回一个序列的逆序列，并不会变更原序列的内容。如果要把它的序列元素逐一取出，则要使用循环语句，示例程序语句如下：

```
lst = [3, 6, 1, 20, 12, 5]
r_lst = reversed(lst)
for i in r_lst:
    print(i, " ", end="")
print("\nOriginal list:{}".format(lst))
```

这个示例程序片段的执行结果如下：

```
5 12 20 1 6 3
Original list:[3, 6, 1, 20, 12, 5]
```

round()函数可以用于按照所需要的精确度返回最接近的数值，示例程序片段如下：

```
x = 3.141
y = -3.641
print(round(x))
print(round(x, 2))
print(round(y))
```

该示例程序片段的执行结果如下：

```
3
3.14
-4
```

要特别注意最后一个数字，它是取最接近的整数，所以结果是-4而不是-3。

3.2.2　随机数模块 random

虽然没有正式地介绍,但在前面的程序中经常使用到随机数模块random,其中的randint(n1,

n2)函数可以让 Python 随机取出 n1 到 n2 之间的任意整数,在前面的范例程序已经用过好几次了。然而,除了 randint()函数之外,random 模块还有许多有趣且常用的函数,下面将一并介绍。random 模块常用的函数如表 3-2 所示。

表 3-2　random 模块常见的函数

random 模块中的函数	使用范例	说　明
random.seed(a, version)	random.seed(20)	设置随机数种子的值为 20
random.randint(a, b)	random.randint(1, 6)	在 1~6 之间任取一个整数值
random.choice(seq)	fruit = ['Apple', 'Cherry', 'Banana'] random.choice(fruit)	在 fruit 列表中以随机的方式任取其中一个元素返回
random.shuffle(seq)	fruits = ['Apple', 'Cherry', 'Banana'] random.shuffle(fruit)	以随机的方式打乱 fruit 列表中元素的顺序
random.random()	random.random()	标准函数,会返回 0 到 1 之间的任意一个浮点数
random.uniform(a, b)	random.uniform(10, 100)	以均匀分布的方式在 10 到 100 之间任选整数返回

因为随机取数的功能在概率相关的课题上有非常多的方法与应用,因此除了表 3-2 所列的这些函数之外还有许多和概率有关的函数,有兴趣的读者可以前往相关的网站查阅。

在之前的程序中都是直接调用 random.randint(1, 6)来生成某一个范围内的随机数。在生活中人们要取得随机数最简单、最公平的方法就是掷一个公正的骰子,每一次出现的点数都是随机的。计算机程序没有骰子可以掷,要如何随机生成一个数字呢?答案是使用一个精密的算法来生成一个伪随机数序列,在调用函数时提供一个种子值来取得那一瞬间的随机数。

为了设置种子值,random 模块提供了 seed(n)函数。如果调用 random 模块中的函数之前没有设置种子值,系统则会自动以当时的系统时间作为种子值,由于执行程序的时间都不会是相同的,因此每次在调用 randint()函数时会得到不一样的数字。有时候我们想要模拟同一个随机过程,可能就需要一个随机数序列来比较不同方法的差异,此时就要以一个固定的数字作为种子值。请参考下面的示例程序片段:

```
import random
random.seed(10)
for i in range(10):
    print(random.randint(1,6), " ", end="")
```

这个程序每次都会生成 10 个随机数,而且每次执行时都会得到相同的随机数数列。如果删除掉第 2 行语句中的 random.seed(10),就会发现每次执行时随机数数列不一样了。

虽然前面的范例程序片段每次都是调用生成随机整数的函数,但是在实际应用中一些仿真程序一般调用的都是浮点数,最基本的函数是 random.random(),它会返回 0 到 1 之间的浮点数,下面的示例程序片段会生成 10 个 0 到 1 之间的随机浮点数:

```
import random
for i in range(10):
    print(random.random(), " ", end="")
```

如果需要生成的是介于两数之间的随机浮点数，则要调用 uniform(n1, n2)，下面的示例程序片段会生成 100 个 1~100 之间的随机浮点数：

```
import random
for i in range(100):
    print(random.uniform(1,100), " ", end="")
```

在上面的示例程序片段中，所有生成的数值都直接输出了。如果想把生成的随机数值变成一个列表，该如何做呢？答案是利用列表生成式（List Comprehension）的功能，请参考下面的范例程序。

范例程序 3-2

```
1: import random
2: lst = [random.randint(1,100) for i in range(100)]
3: print(lst)
4: print("Average of the list is", sum(lst)/float(len(lst)))
```

在范例程序 3-2 中，第 2 行语句通过一个简化版的 for 循环让前面的 random.random(1,100) 函数执行 100 次，之后把得到的随机数值都放进 lst 列表中；在第 4 行语句中调用 sum 函数计算 lst 列表所有元素的总和，之后把计算得到的总和除以 lst 列表的长度，得到这个列表中所有元素值的平均值。

random 模块中还有 2 个好用的函数可用于列表，分别是 choice(列表中的元素值)和 shuffle(列表中的元素值)。choice 函数是从列表中以随机的方式取出其中的一个元素。shuffle 函数则是用洗牌的方式把列表中的元素打乱，在制作抽点、抽奖、牌类游戏时非常好用。以下是一个简单的范例程序。

范例程序 3-3

```
import random
fruit = ['Apple', 'Cherry', 'Banana', 'Strawberry']
print("Before:", fruit)
random.shuffle(fruit)
print("After:", fruit)
print("Today's lucky fruit is:", random.choice(fruit))
```

在范例程序 3-3 中，我们创建了一个具有 4 个水果元素的列表 fruit，通过 shuffle()函数把列表中的元素顺序打乱，然后在最后一行程序语句从 fruit 列表中任选一个元素并把它打印出来。比较复杂一点的扑克牌发牌范例程序如下。

范例程序 3-4

```
import random
card_type = ['Heart', 'Spade', 'Diamond', 'Club']
deck = [i for i in range(52)]
random.shuffle(deck)
print("你得到的 5 张牌是: ")
for i in range(5):
    print(card_type[deck[i]//13], end="")
    print("\t", deck[i]%13+1)
```

在范例程序 3-4 中的第 3 行生成一个 0 到 51 号的数字列表，分别代表 52 张牌。在这 52 张牌中，前面 13 张（也就是 0~12 号）是红心（Heart），接着 13~25 号是黑桃（Spade），以此类推。所有的牌按序设置好之后，在第 4 行语句调用 shuffle() 函数把牌的顺序打乱，既然顺序已经打乱，则前面 5 张牌就可以直接发给玩家了，而后面的那 3 行程序语句就是按序拿出 5 张牌，在显示的时候再以整除和取余数的方式清楚明白地告诉玩家那 5 张牌的花色和大小。范例程序 3-4 的执行结果如下：

```
你得到的 5 张牌是:
Club        13
Diamond     9
Club        2
Club        7
Heart       11
```

3.2.3　处理日期和时间的 time、datetime 及 calendar 模块

在程序中经常会使用到日期和时间数据，Python 中有 2 个用来处理时间和日期的模块，分别是 time 和 calendar。如果要使用这两个模块，则需要在程序的开头使用 import 指令导入。

从 UNIX 操作系统时代就流传下来的一个记录时间的格式为 Epoch time，每一台计算机中都会有这样的一个时间数据，它表示从 1970 年 1 月 1 日午夜以来所经过的秒数（不过，有些没有内建 Real Time Clock 的嵌入式系统则是以开机时间来开始计算秒数的）。下面的程序代码可以查看当前的这个时间戳：

```
import time
print(time.time())
```

这个程序输出的结果如下（读者看到的不一定是这个数值，因为它是根据当前的系统时间来计算的）：

```
1545795344.6228044
```

当然，这个时间数值对于我们而言是无法理解的。还有一个函数名为 localtime()，它可以显示出人们能够理解的时间数据格式，示例如下：

```
import time
print(time.localtime())
```

它的执行结果为:

```
time.struct_time(tm_year=2018,    tm_mon=12,    tm_mday=26,    tm_hour=11,
tm_min=38, tm_sec=35, tm_wday=2, tm_yday=360, tm_isdst=0)
```

从上述数据项的名称大概可以看出它们所代表的含义,其中 tm_wday 指的是星期几,tm_yday 指的是本年度的第几天,tm_isdst 则是用来判断当前是否为夏令时间。那么要如何使用这些时间数据呢?以下是取用这些时间的方法:

```
import time
year, month, day, hour, minute, second, _, _, _ = time.localtime()
print("{}-{}-{} {}:{}:{}".format(year, month, day, hour, minute, second))
```

赋值号("=")左边的变量分别对应到右边的输出值,如果有些数据项并不是我们想要的就可以略过,直接用下画线代表要略过的该数据项即可,得到的所有变量通过 format 就可以把它们重新整理成想要显示的格式,再将它们输出,结果如下:

```
2018-12-26 11:44:25
```

如果不是要取用个别时间数据,其实有一个格式化的显示日期时间的函数 asctime(),用法如下:

```
import time
print(time.asctime())
```

执行结果为:

```
Wed Dec 26 12:05:59 2018
```

如果想要设置系统时间(也就是要调整当前的系统时钟),则可以调用 strftime(格式字符串)函数,用法如下:

```
import time
print(time.strftime("%Y-%m-%d %H:%M:%S %a"))
```

strftime()函数的格式字符串中使用了许多代码,这些代码都是以"%"开头再搭配一个英文字母(注意,英文字母的大小写代表不同的意义)以表示想要显示的时间数据。上面范例程序片段的执行结果如下:

```
2018-12-26 12:11:42 Wed
```

另外,一个常见的函数是 time.sleep(秒数)。调用这个函数时,程序就会暂停指定的秒数。此函数通常用于在网站上提取网页数据时,为了避免对主机造成太大的负担而在每一次开始提取数据之前先暂停几秒钟,防止因为对某一特定网站太过于频繁的读取而遭到禁止访问该网站的"处罚"。

time 模块还有相当多的函数可以使用,有兴趣的读者可以前往这个网站找到更多的信息:https://docs.python.org/3/library/time.html。

还有一个处理日期与时间的常用模块是 datetime,在此模块中除了一些和 time 模块重复的函数之外,还有一些进行日期比较的函数。例如,在下面的范例程序 3-5 中,先列出当前的日期与时间,然后请用户输入一个日期,再计算该日期和今天总共相差几日。

范 例 程 序 3-5

```
1: from datetime import datetime
2: now = datetime.now()
3: print("今天是{}".format(datetime.strftime(now, "%Y-%m-%d")))
4: date = input("请输入一个日期(yyyy-mm-dd):")
5: target = datetime.strptime(date, "%Y-%m-%d")
6: diff = now-target
7: print("到今天共经过了{}天。".format(diff.days))
```

从范例程序 3-5 可以看出,当我们把时间或日期变成一个变量时,它就可以拿来计算了,比如在第 6 行的语句中通过减法运算计算两个日期之间的差,再于第 7 行中以.days()函数把两个日期之间的差值以"天"作为单位显示出来。

datetime 模块中还有非常多的子模块可供调用,在这里只打算使用其中的 datetime 子模块部分(注意同名的情况),因此在第 1 行的程序语句通过 from datetime import datetime 把 datetime 模块中的 datetime 子模块导入进来,之后即可使用 datetime.now()等方式来调用其中的函数。如果只使用 import datetime,那么要取得当前的时刻就需要用 datetime.datetime.now()来调用,比较麻烦。

和 time 模块一样,datetime 子模块也有内部记录时间的格式。至于是什么格式,对于初学者来说并不需要去详细了解,只要知道如何使用变量把它们记录下来,之后要输出时再通过 strftime()函数(没错,在 time 模块中也有同名的函数)指定格式即可。在程序中的第 2 行语句调用了 datetime.now()函数取得当前这个时刻的日期时间,并把它记录在 now 这个变量中。再强调一次,now 变量是 datetime 的类型,不是字符串也不是数字,因此在第 3 行程序语句要输出今天的日期时,就要调用 datetime.strftime()函数把它转换成指定格式的字符串类型才能顺利地通过 format 函数输出。

接下来在第 4 行语句要求用户输入一个日期放在 date 变量中,其中调用 input()函数输入的数据都是字符串类型。为了能够计算 2 个日期间的差值,在第 5 行语句中调用 datetime.strptime()函数把字符串类型转换为日期类型,并把转换之后的结果存放到变量 target 中。此时,now 和 target 这两个变量都是 datetime 类型,就可以直接在第 6 行程序语句中进行相减了。减完之后的结果放在 diff 变量中,此变量是 timedelta 时间差类型,可以在第 7 行语句中以 diff.days()取得时间差中的天数,再把取得的天数输出。

对每一个变量的类型好奇的话,可以在程序中通过 print(type(diff))列出指定变量的类型名称。timedelta 类型的变量除了进行两个变量间的相减之外,也可以通过四则运算计算几天前、几个月后的时间点。读者们可以自行试试。

读者可以把自己的生日输入进去，算算从你出生到现在已经经过了多少天。以下是范例程序 3-5 的执行结果：

```
今天是 2019-12-28
请输入一个日期（yyyy-mm-dd):1982-12-21
到今天共经过了 13521 天。
```

如果想要更进一步地使用日历的功能（例如哪一年是否为闰年，哪一天是星期几，或是要取得某一个月份的日历等），可以调用 calendar 模块提供的高级函数，最常用的是 calendar.month(年,月)，它会产生指定月份的日历，如果是要产生一年的日历，则使用的是 calendar.calendar(年)，程序代码如下：

```
import calendar
print(calendar.month(2018,10))
print(calendar.calendar(2019))
```

执行结果如图 3-4 所示。

```
    October 2018
Mo Tu We Th Fr Sa Su
 1  2  3  4  5  6  7
 8  9 10 11 12 13 14
15 16 17 18 19 20 21
22 23 24 25 26 27 28
29 30 31

                                  2019

      January                   February                   March
Mo Tu We Th Fr Sa Su      Mo Tu We Th Fr Sa Su      Mo Tu We Th Fr Sa Su
    1  2  3  4  5  6                   1  2  3                   1  2  3
 7  8  9 10 11 12 13       4  5  6  7  8  9 10       4  5  6  7  8  9 10
14 15 16 17 18 19 20      11 12 13 14 15 16 17      11 12 13 14 15 16 17
21 22 23 24 25 26 27      18 19 20 21 22 23 24      18 19 20 21 22 23 24
28 29 30 31               25 26 27 28               25 26 27 28 29 30 31

       April                      May                       June
Mo Tu We Th Fr Sa Su      Mo Tu We Th Fr Sa Su      Mo Tu We Th Fr Sa Su
 1  2  3  4  5  6  7             1  2  3  4  5                      1  2
 8  9 10 11 12 13 14       6  7  8  9 10 11 12       3  4  5  6  7  8  9
15 16 17 18 19 20 21      13 14 15 16 17 18 19      10 11 12 13 14 15 16
22 23 24 25 26 27 28      20 21 22 23 24 25 26      17 18 19 20 21 22 23
29 30                     27 28 29 30 31            24 25 26 27 28 29 30

        July                     August                  September
Mo Tu We Th Fr Sa Su      Mo Tu We Th Fr Sa Su      Mo Tu We Th Fr Sa Su
 1  2  3  4  5  6  7                1  2  3  4                         1
 8  9 10 11 12 13 14       5  6  7  8  9 10 11       2  3  4  5  6  7  8
15 16 17 18 19 20 21      12 13 14 15 16 17 18       9 10 11 12 13 14 15
22 23 24 25 26 27 28      19 20 21 22 23 24 25      16 17 18 19 20 21 22
29 30 31                  26 27 28 29 30 31         23 24 25 26 27 28 29
                                                    30

      October                   November                  December
Mo Tu We Th Fr Sa Su      Mo Tu We Th Fr Sa Su      Mo Tu We Th Fr Sa Su
    1  2  3  4  5  6                   1  2  3                         1
 7  8  9 10 11 12 13       4  5  6  7  8  9 10       2  3  4  5  6  7  8
14 15 16 17 18 19 20      11 12 13 14 15 16 17       9 10 11 12 13 14 15
21 22 23 24 25 26 27      18 19 20 21 22 23 24      16 17 18 19 20 21 22
28 29 30 31               25 26 27 28 29 30         23 24 25 26 27 28 29
                                                    30 31
```

图 3-4　调用 calendar 模块的执行结果

calendar 模块中还有其他可用的函数，请参考网址：https://docs.python.org/3/library/calendar.html。

3.2.4　数学模块 math

在进行数值计算时经常需要调用一些函数，如果在内建的函数中找不到，就可以到 math 模块中找找。一些数学中所需的运算以及常数也可以在 math 模块中找到。常用的 math 函数及其说明如表 3-3 所示，要注意的是，调用这些函数或使用这些常数之前要先通过 import math 导入 math 模块。此外，表格中的参数 x 指的是数值，而 seq 则是可迭代的序列类型的值。

表 3-3　math 模块常用的函数及其说明

内建函数名称	说　明
math.ceil(x)	返回大于或等于 x 的最小整数
math.fabs(x)	返回 x 的绝对值
math.factorial(x)	返回 x 的阶乘函数值
math.floor(x)	返回小于或等于 x 的最大整数
math.fsum(seq)	计算正确的序列值的加总值
math.gcd(x, y)	返回 x 和 y 的最大公约数
math.sqrt(x)	返回 x 的平方根
math.cos(th)	返回三角函数 cos 值
math.sin(th)	返回三角函数 sin 值
math.degrees(th)	把弧度转换成角度
math.radians(th)	把角度转换成弧度
math.pi	圆周率常数
math.e	指数常数

上面函数中的 math.fsum 函数也是对序列值的加总，但因为浮点数精确度的问题，使得 sum 函数会产生误差，而 math.fsum 则可以正确地加总出数值，参看下面的范例程序，比较一下就明白了：

```
import math
float_list = [.1, .1, .1, .1, .1, .1, .1]
print(sum(float_list))
print(math.fsum(float_list))
```

执行结果如下，对于初学者来说，这应该是很难想象的事：

```
0.7
0.7000000000000001
```

下面的程序语句可以把 2*math.pi 转换成角度，读者可以猜猜看会转换成什么。

```
import math
math.degrees(2*math.pi)
```

答案是 360.0，猜到了吗？math 中用来表示角度的是弧度，所以如果我们想要打印出 0~180 度的 sin 函数值，编写以下程序代码即可：

```
import math
degrees = [i*math.pi/180 for i in range(181)]
for degree in degrees:
    print(math.sin(degree))
```

根据上面的数值打印出对应的"#"号，可将程序代码修改如下：

```
import math
degrees = [i*math.pi/180 for i in range(181)]
for degree in degrees:
    print("#"*math.floor(math.sin(degree)*50))
```

执行出来的结果有 181 行，请读者自行执行这个程序片段。

3.3　程序应用范例——阶乘函数和斐波那契函数

有了前面几节的基础之后，在这一节中将介绍如何使用程序计算阶乘的结果以及斐波那契函数的值，虽然这两个函数都有现成的 Python 函数或模块可以使用，但是它们的原理简单，所以可以作为编写程序的练习。

3.3.1　连续加总程序

假设想要让用户输入任意一个数 *n*，然后计算 1+2+3+…+*n* 的结果，只要使用一个循环就可以完成了，程序代码如下：

```
n = int(input("n="))
total = 0
for i in range(1, n+1):
    total = total + i
print("1+2+...+{}={}".format(n, total))
```

之前我们学过了列表生成式（List Comprehensive），因此可以使用这个特性来产生一个列表，再求列表的和，如下所示：

```
n = int(input("n="))
numbers = [i for i in range(1, n+1)]
print("1+2+...+{}={}".format(n, sum(numbers)))
```

现有的函数、列表生成式和一些流程控制的简化写法可以大量地简化程序代码，这就是一个很明显的范例。

3.3.2　阶乘函数

先来看看在数学上对于阶乘（Factorial）的定义：

> 正整数的阶乘是所有小于及等于该数的正整数之积，如该正整数为 n，则 n 的阶乘表示为 $n!$。其中，$1!$为 1，$0!$也为 1。

其实，与上一小节所介绍的连续加总的程序类似，只是由原本的连加改为连乘而已，因此可以简单地从上一小节的程序改写而来：

```
n = int(input("n="))
factorial = 1
for i in range(1, n+1):
    factorial = factorial * i
print("{}!={}".format(n, factorial))
```

读者应该会发现，和加总的程序几乎一样，只是把变量从 total 改为 factorial，而且初始值改为 1，并在倒数第 2 行程序语句中把原来的加法运算改为乘法运算。

阶乘本身是一个函数，所以可以更进一步地把上一个程序改为子程序的形式：

```
def factorial(x):
    ret = 1
    for i in range(1, x+1):
        ret *= i
    return ret

def main():
    for i in range(10):
        print("{}!={}".format(i, factorial(i)))

if __name__ == "__main__":
    main()
```

上面的程序会列出 0~9 的阶乘值，如下所示：

```
0!=1
1!=1
2!=2
3!=6
4!=24
5!=120
6!=720
```

```
7!=5040
8!=40320
9!=362880
```

另外，有一种叫作递归（Recursive）的程序设计方法，程序代码如下：

```
def factorial(x):
    if x == 0 or x == 1:
        return 1
    else:
        return x * factorial(x-1)

def main():
    for i in range(10):
        print("{}!={}".format(i, factorial(i)))

if __name__ == "__main__":
    main()
```

这个递归程序可以实现一样的功能，但在程序代码的表达和逻辑上更加简洁明确。仔细回想阶乘的定义可知，n!=n*(n-1)!，而(n-1)!=(n-1)*(n-2)!，(n-2)!=(n-2)*(n-3)!，一直循环下去直到 n=1 为止。因此，我们在子程序 factorial(x)中一开始就先判断，如果 x=0（别忘了，在 Python 语言的条件判断表达式中，"=="才是用来判断它的左右两边的值是否相等的关系运算符）或是 x=1，就返回 1；否则，就返回当前的值与 factorial(x-1)的积。

仔细查看表 3-3，就会发现有关阶乘的计算在 math 模块中已有一个函数可以直接调用，因此在平时编写程序时并不需要自己编写阶乘函数。

3.3.3　斐波那契函数

在本小节接着来示范一下如何编写一个斐波那契函数。斐波那契函数是用来产生斐波那契数列的，下面先来看看什么是斐波那契数列（Fibonacci Sequence）：

假设数列是 $F=\{f_0,\ f_1,\ f_2,\ ...,\ f_n\}$，则 $f_0=0$，$f_1=1$，对于任意一个 $n>=2$，$f_n=f_{n-1}+f_{n-2}$。

从定义来看，很显然地就是可以像在上一小节中那样用递归的概念来定义这个函数。因此，延续之前递归阶乘函数的编写方法，如下编写斐波那契函数，以生成斐波那契数列：

```
1: def fibonacci(x):
2:     if x == 0 or x == 1:
3:         return 1
4:     else:
5:         return fibonacci(x-1) + fibonacci(x-2)
6:
7: def main():
8:     for i in range(20):
```

```
 9:        print(fibonacci(i)," ", end="")
10:
11: if __name__ == "__main__":
12:     main()
```

将上面的程序和前一小节的程序比较可以看出,在子程序中第 5 行的 return 指令由原来阶乘用的乘法改成调用自己 2 次,分别使用 x-1 和 x-2 作为参数,而且这个写法和数学函数的定义直接呼应,在逻辑上很好理解。

3.4 程序应用范例——各个不同进制之间的数字转换

各个不同进制之间的数字转换也可以作为编程练习的有趣题目,虽然有 bin、oct 以及 hex 可以使用,下面我们还是来看看如何自己编写程序完成进制之间的数字转换。

程序的设计要求是,让用户输入一个十进制的数字,然后把它转换成二进制、八进制以及十六进制的数字。假设有一个十进制数 254,以不同位的权重来表示的话,表示方式如下所示:

$$2 * 10^2 + 5 * 10^1 + 4 * 10^0$$

同样的,如果是八进制数字 254,表示方式如下所示:

$$2 * 8^2 + 5 * 8^1 + 4 * 8^0$$

当然,如果是十六进制数字 254,表示方式如下所示:

$$2 * 16^2 + 5 * 16^1 + 4 * 16^0$$

如果是二进制数 254 呢?根本不可能,因为二进制表示法在遇到 2 以上的数值就要进位,所以在二进制的世界中除了 0 和 1 以外不会有其他数字符号。因此,二进制数只可能是 111101(等于十进制数 61)这种形式,它所代表的值如下:

$$1 * 2^5 + 1 * 2^4 + 1 * 2^3 + 1 * 2^2 + 0 * 2^1 + 1 * 2^0$$

从上面这个式子读者应该可以发现,最右边那个 "1" 是被十进制数 61 第 1 次除以 2 所得的余数,而从右边数第 2 个数字 "0" 是除了 2 次 2 所得到的余数,接下来是除了 3 次 2 所得到的余数,以此类推。也就是说,如果要把一个十进制数转换成一个二进制数,只要一直让这个十进制数除以 2,把每一次除以 2 之后的余数(0 或是 1)组合起来就是这个十进制数对应的二进制数。

先来看看转换二进制数程序的第 1 个版本(这个版本是错误的,用于解说目的):

```
n = int(input("请输入一个十进制数:"))
while n > 1:
    print(n % 2, end="")
    n = n // 2
```

```
print(n)
```

在上面这个程序中，当用户输入一个数字并被存放到变量 n 之后，第 2 行语句会判断 n 是否大于 1（如果不大于 1，就不需要转换了，因为十进制数 1 的二进制数是 1，十进制数 0 的二进制数是 0）。当大于 1 时就先除以 2，并输出其余数，接着把 n 替换为 n 除以 2 的商（整除），再检查新的 n 是否还大于 1，如果是，就重复前面的操作，如果不是，就把最后这个商列出来作为转换二进制数的最后一个数字。上面的程序在输入 61 之后，会得到下面这个结果：

101111

等一下，有没有发现什么问题？二进制数的数字字符刚好和标准答案的顺序颠倒了。原因是，当我们第一次除以 2 的时候，所得的余数立刻就被显示出来了，可是它其实是二进制数中位权重最低的数字，应该在二进制数的最低位（最右边）才对。所以，上面的程序中在除以 2 取到余数之后不应急着输出数字，而应该是先放在列表中，等到全部计算完毕之后再以反序的方式输出才对。下面来看看正确的十进制数转换成二进制数的版本：

```
bin_digits = []
n = int(input("请输入一个十进制数："))
while n > 1:
    bin_digits.append(str(n % 2))
    n = n // 2
bin_digits.append(str(n))
print("对应的二进制数是：{}".format("".join(reversed(bin_digits))))
```

在上面这个示例程序片段中创建了一个名为 bin_digits 的列表，一开始声明它是一个空的列表（第 1 行），然后在 while 循环中不断地调用 append()函数把余数添加到这个列表中。由于之后需要把所有列表中的余数串接成一个字符串，因此在添加进列表之前先使用 str 函数把余数转换成字符串。

最后一行语句中有一个小小的技巧，先调用 reversed()函数把 bin_digits 这个列表中的元素进行反转，之后调用 join()函数把 bin_digits 列表中的每一个元素串接成为一个字符串。这个示例程序片段执行的结果如下：

```
请输入一个十进制数：61
对应的二进制数是：111101
```

在了解了如何把十进制数转换成二进制数之后，把十进制数转换成八进制数就应该不是什么难事了。以下是把十进制数转换成八进制数的范例程序。

范例程序 3-6

```
oct_digits = []
n = int(input("请输入一个十进制数："))
print("验证用：", oct(n))
while n > 7:
    oct_digits.append(str(n % 8))
    n = n // 8
```

```
oct_digits.append(str(n))
print("对应的八进制数是: {}".format("".join(reversed(oct_digits))))
```

除了把变量名称改了一下之外,还加上一个验证用的函数以确定转换出来的八进制数是正确的。此外,在除法和取余数运算时,当然要从 2 改为 8。还有就是要把 while 条件判断表达式改为大于 7 才继续整除运算。范例程序 3-6 的执行结果如下所示:

```
请输入一个十进制数: 1248
验证用: 0o2340
对应的八进制数是: 02340
```

那么十进制数转换成十六进制数呢?

范例程序 3-7

```
digit_mapping = ['0','1','2','3','4','5','6','7','8','9',
                 'A','B','C','D','E','F']
hex_digits = []
n = int(input("请输入一个十进制数: "))
print("验证用: ", hex(n))
while n > 15:
    hex_digits.append(digit_mapping[n % 16])
    n = n // 16
hex_digits.append(digit_mapping[n])
print("对应的十六进制数是: {}".format("".join(reversed(hex_digits))))
```

要修改代码的地方基本上差不多,只不过由于十六进制数中大于 10 时要使用 A~F 作为数字编码,在这里我们使用的技巧是,利用一个列表 digit_mapping 来进行对应,就不调用 str() 函数了。因为 str() 函数只能把数字转换成字符串,如果遇到 10,就会把它转换成'10',而这并不是我们所需要的,所以让 10 到 digit_mapping 列表中的第 10 个元素去取元素值,可以取出字符'A',达到我们要转换的目标。十进制数的 11~15 分别转换成数字编码 'B'~'F' 也是一样的原理。范例程序 3-7 的执行结果如下:

```
请输入一个十进制数: 12456
验证用: 0x30a8
对应的十六进制数是: 30A8
```

3.5 程序应用范例——简易扑克牌游戏

有了前面的程序设计经验,在这一节中就来完成一个扑克牌游戏的程序应用范例。不同于前面的例子在一个列表中产生 0~51 的数字当作是扑克牌的编号,且只有等到要输出的时候再转换成牌面的花色和编号,在本节的范例程序中直接以花色和牌面编号产生一整副牌放在列表中。

范例程序 3-8

```
card_types = ['黑桃', '红心', '梅花', '方块']
card_numbers = ['A','2','3','4','5','6','7','8','9','10','J','Q','K']
deck = list()
for card_type in card_types:
    for card_number in card_numbers:
        deck.append((card_type,card_number))
print(deck)
```

在范例程序 3-8 中先定义了 card_types 列表变量，用来存放 4 种花色；再定义另外一个列表变量 card_numbers，用来放置扑克牌的牌面编号，由 'A'、'2'、...、'J'、'Q'、'K' 所组成。所有的牌都要放在 deck 变量中，所以一开始先调用 list() 函数创建一个空的列表，之后再以循环的方式分别把上述花色和牌面编号以元组的形式组合成为一个列表，最后把整副牌打印出来，如下所示（注意，整副牌是一个列表，其中的每一个元素则是元组的数据类型）：

```
[('黑桃', 'A'), ('黑桃', '2'), ('黑桃', '3'), ('黑桃', '4'), ('黑桃', '5'), ('黑桃', '6'), ('黑桃', '7'), ('黑桃', '8'), ('黑桃', '9'), ('黑桃', '10'), ('黑桃', 'J'), ('黑桃', 'Q'), ('黑桃', 'K'), ('红心', 'A'), ('红心', '2'), ('红心', '3'), ('红心', '4'), ('红心', '5'), ('红心', '6'), ('红心', '7'), ('红心', '8'), ('红心', '9'), ('红心', '10'), ('红心', 'J'), ('红心', 'Q'), ('红心', 'K'), ('梅花', 'A'), ('梅花', '2'), ('梅花', '3'), ('梅花', '4'), ('梅花', '5'), ('梅花', '6'), ('梅花', '7'), ('梅花', '8'), ('梅花', '9'), ('梅花', '10'), ('梅花', 'J'), ('梅花', 'Q'), ('梅花', 'K'), ('方块', 'A'), ('方块', '2'), ('方块', '3'), ('方块', '4'), ('方块', '5'), ('方块', '6'), ('方块', '7'), ('方块', '8'), ('方块', '9'), ('方块', '10'), ('方块', 'J'), ('方块', 'Q'), ('方块', 'K')]
```

deck 列表的内容如图 3-5 所示。

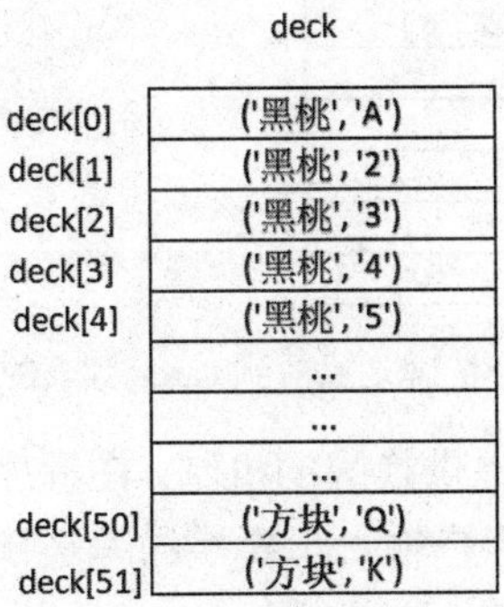

图 3-5　整副牌存储在 deck 列表变量中的示意图

有了一整副按顺序排序的扑克牌之后，接下来把它的顺序打乱。如果读者还有印象的话，在前面的小节中介绍过 random.shuffle() 函数，只要传进去一个列表，这个函数就会把列表中的元素顺序打乱，就像是洗牌一样。因此，在程序中只要在导入 random 模块之后调用 shuffle()

函数即可，请参考下面的范例程序。

范例程序 3-9

```
1: import random
2: card_types = ['黑桃', '红心', '梅花', '方块']
3: card_numbers = ['A','2','3','4','5','6','7','8','9','10','J','Q','K']
3: deck = list()
4: for card_type in card_types:
5:     for card_number in card_numbers:
6:         deck.append((card_type,card_number))
7: random.shuffle(deck)
8: cards = deck[0:5]
9: print(cards)
```

在洗牌之后只需要显示 5 张牌，所以通过第 8 行语句中的 deck[0:5]来实现。这是一个使用切片（Slice）的技巧，通过冒号前后数字的运用，可以取出在列表中某一特定范围的多个元素。就此例而言，即是从第 0 个元素到第 4 个元素（5 减 1），加起来共 5 个元素，也就是前 5 张牌，取出之后把它们存放到 cards 中以备后续处理。范例程序 3-9 的输出结果如下：

```
[('红心', '4'), ('黑桃', '4'), ('梅花', 'A'), ('方块', 'A'), ('梅花', '8')]
```

从结果可见，cards 是一个列表，其中每一个元素都是一个元组（包括花色和牌面的编号），如图 3-6 所示。

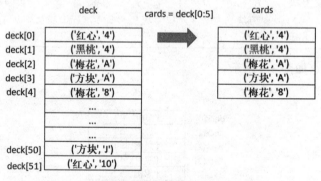

图 3-6　洗牌之后放到 cards 列表的示意图

有了这 5 张牌之后，希望能够提供换牌的机制。在程序的界面在设计上，希望先显示出这 5 张牌并分别给出编号，之后要求用户输入想要换的牌是哪几张，在指定要换的牌时以中间有空格的数字来设置。下面先来看看执行的过程：

```
你的牌是:
#0:红心 4
#1:黑桃 4
#2:梅花 A
```

```
#3:方块 A
#4:梅花 8
请输入你想要换的牌（用空格符隔开）: 1 2
#0:红心 4
#1:黑桃 5
#2:黑桃 6
#3:方块 A
#4:梅花 8
```

在上面的这个范例中，用户输入"1 2"，第 1 个"黑桃 4"和第 2 个"梅花 A"分别被换成"黑桃 5"和"黑桃 6"，其余的维持不变。那么替换的"黑桃 5"和"黑桃 6"从何而来呢？答案是整副牌的第 5 张和第 6 张（因为第 0 张到第 4 张已被放到 cards 列表中作为首先的 5 张发牌了，所以要换牌时自然是从第 5 张开始）。以下是具有换牌功能的程序代码。

范例程序 3-10

```
 1: import random
 2: card_types = ['黑桃', '红心', '梅花', '方块']
 3: card_numbers = ['A','2','3','4','5','6','7','8','9','10','J','Q','K']
 4: deck = list()
 5: for card_type in card_types:
 6:     for card_number in card_numbers:
 7:         deck.append((card_type,card_number))
 8: random.shuffle(deck)
 9: cards = deck[0:5]
10: print("你的牌是: ")
11: for i in range(5):
12:     print("#{}:{}\t{}".format(i, cards[i][0], cards[i][1]))

13: changed = input("请输入你想要换的牌（用空格符隔开）: ")
14: changed_index = changed.split()
15: card_top = 5
16: for i in range(len(changed_index)):
17:     cards[int(changed_index[i])] = deck[card_top]
18:     card_top += 1
19: for i in range(5):
20:     print("#{}:{}\t{}".format(i, cards[i][0], cards[i][1]))
```

程序的第 13 行要求用户输入一串数字（用空格符隔开），然后存放到 changed 变量中，再通过调用 changed.split() 把数字分割成列表并存放到 changed_index 变量中，此变量的内容就是想要在 cards 列表中换牌的位置。

在 for i in range(len(changed_index)) 循环中会逐一取出想要换的元素位置（元素的索引编码），到 card_top 所指向的整副牌变量 deck 中对应的位置取出一张牌，并存放到要换的 cards

位置处。每存放一张牌，就要把 card_top 加 1（简化的写法为 card_top += 1，就是 card_top = card_top + 1 的意思），以指向 deck 中的下一张牌。完成换牌之后，再通过一个循环把换过的牌显示出来即可。程序执行后变量内容的变化如图 3-7 所示。

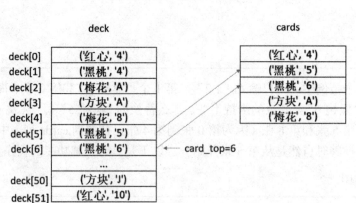

图 3-7　程序执行后变量内容的变化

最后，放在 cards 中换过的 5 张牌在显示时为了方便用户对比是否有成对的牌，我们加上了 2 行程序代码，其中 1 行是导入 operator 模块，而另外一行是用来针对列表中的元组数据进行排序的 "cards.sort(key = operator.itemgetter(1))"，修改后的程序如下。

范例程序 3-11

```python
import operator
card_types = ['黑桃', '红心', '梅花', '方块']
card_numbers = ['A','2','3','4','5','6','7','8','9','10','J','Q','K']
deck = list()
for card_type in card_types:
    for card_number in card_numbers:
        deck.append((card_type,card_number))
random.shuffle(deck)
cards = deck[0:5]
print("你的牌是：")
for i in range(5):
    print("#{}:{}\t{}".format(i, cards[i][0], cards[i][1]))


changed = input("请输入你想要换的牌（用空格符隔开）：")
changed_index = changed.split()
card_top = 5
for i in range(len(changed_index)):
    cards[int(changed_index[i])] = deck[card_top]
```

```
    card_top += 1
cards.sort(key = operator.itemgetter(1))
for i in range(5):
    print("#{}:{}\t{}".format(i, cards[i][0], cards[i][1]))
```

加上了换牌后的排序显示功能，执行结果如下所示：

```
你的牌是：
#0:梅花  2
#1:梅花  9
#2:方块  5
#3:黑桃  9
#4:梅花  4
请输入你想要换的牌（用空格符隔开）：0 1
#0:黑桃  4
#1:梅花  4
#2:红心  5
#3:方块  5
#4:黑桃  9
```

从程序的执行结果可以看出，除了顺利完成换牌之外，换牌之后会按照牌面编号的大小顺序显示出来，对于玩家而言，就能够很容易地看出这副牌是否有成对牌的情况了。

3.6　习题

1. 在判断是否为质数时从 2 开始除到 n，是否可以不用执行那么多次除法就可以判断出是否为质数？请说明程序修改的方法。

2. 把质数 is_prime 子程序变成独立的 myprime.py 文件，在主程序中以 import is_prime 导入，使用时要以 myprime.is_prime 方式进行调用，请问有什么方法可以不加上前面的 myprime 而直接以 is_prime 来进行调用？

3. 请列出 [[i, j] for i, j in zip(range(3), list('abcd'))] 的执行结果。

4. 在把十进制数转换成十六进制数的程序中，如果想要使用的是小写的 a~f，该如何修改程序呢？

5. 请把斐波那契数列程序的递归版改写为非递归版。

第 4 课

文件处理与操作

　　把数据放在变量中固然方便，但是变量是暂存在内存中的，当程序停止执行之后，所有在内存中的数据都会全部消失掉，下次执行程序时如果还想使用这些数据，就要重新输入，显然这不是聪明的做法。有许多数据不管是在处理前还是处理后通常都需要保存下来以便下次使用，而文件就是保存数据快速、简易的做法。在这一堂课中，我们将先从路径、文件夹、文件之间的关系开始介绍，接着介绍如何通过 Python 操作数据文件以及图像文件。

4.1 路径、文件夹和文件
4.2 写入文件
4.3 读取文件
4.4 异常处理
4.5 程序应用范例——自制图像浏览网页
4.6 习题

4.1 路径、文件夹和文件

要在 Python 中使用文件,第一件事情就是要先了解文件到底存放在哪里。对初学者来说,Windows 操作系统中的个人文件大部分都是被存放在"下载""文档"文件夹以及"桌面"上。在 Windows 的文件资源管理器中可以轻易地找到这些文件夹,但是一旦到程序设计语言的指令中,真的可以确定它们存放在哪里吗?要如何告诉程序到"桌面"上或是到"文档"文件夹中去找想要处理的文件呢?如果要存取一个文件而它实际上是不存在的,那么要如何得知它到底在不在指定的地方呢?这些都是使用程序来处理文件时需要先了解的概念。

以 Windows 操作系统为例,想要找到特定的文件通常都会使用鼠标去寻找"文件资源管理器"或是"此电脑",但是如果要在程序中指定在"文档"中的文件,要用什么方式来描述那个位置呢?现代的图形操作系统为了用户的便利性,增加了许多快捷方式,但是它们实际上的位置还是在某一台驱动器的某一个目录之下。因此,为了让初学者更加了解文件位置的指定方式,还是先来看看操作系统是怎么组织这些文件的。

操作系统用来存储文件的地方是磁盘驱动器,对于个人计算机来说,以"此电脑"为最高层,接下来就是各个磁盘驱动器。基于历史的原因(早期的计算机只有软盘驱动器,那时候的计算机通常会配备 2 台软盘驱动器,当时最有名的磁盘操作系统 DOS 就把它们分别命名为 A: 和 B:),在硬盘发明之后,计算机的第一个硬盘驱动器都会被命名为 C:,如果还有其他的硬盘、光驱或是移动驱动器等,会被按序命名为 D:、E:、F: 等。

磁盘驱动器的容量很大,不可能把每一个文件都存放在 C: 磁盘驱动器的同一个地方,为了整理方便,操作系统的发明者们还设计了目录(Directory,现在也称为文件夹——File Folder,其实都是指同一个东西,并且这两个名词在全书中将会交替使用)来分门别类地存储数据,而且在目录中还可以再有更下一层的目录。为了区分目录之间的上下层关系,把第一层的目录称为根目录(Root Directory),而在某一层目录之下的目录就叫作子目录(Sub-Directory),当然,子目录的上一层目录就被称为该层子目录的父目录。

假如有一个班的某一科成绩文件(假设文件名为 scores.dat)需要存储在文件夹中,有可能会按照其年份、班级、学期等属性存放在 2018 年的信息管理系的 18-2 学期的目录中。但是,这样的描述太过于冗长了,因此操作系统的发明者就使用 "\" 符号来分隔各个层的文件夹,比如刚才那个文件的完整名称描述起来就有可能是 "C:\2018\dim\18-2\scores.dat",也就是指在 C 磁盘驱动器 2018 目录之下的 dim 目录下的 18-2 目录下的那个 scores.dat 文件。这其实就是所谓的文件路径名,对于从磁盘驱动器一路描述到最终文件名的路径名,我们把它称为完整路径名或者绝对路径名。

在 Windows 操作系统下还有一点要特别注意,在图 4-1 所示的"此电脑"界面中,磁盘驱动器上方的那些图标其实都是快捷方式,它们并不是和磁盘驱动器处于同样的层,因为这些快捷方式都还是指向磁盘驱动器某处的某个目录。

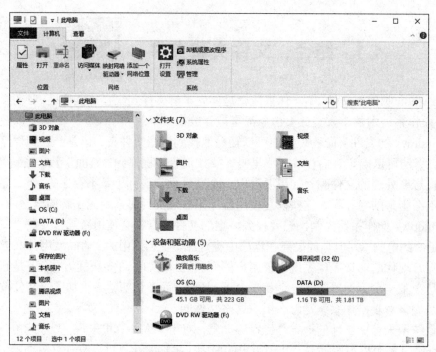

图 4-1　Windows 操作系统的文件资源管理器的界面

以"下载"快捷方式为例，在此图标上单击鼠标右键，然后选择"属性"选项，将会出现如图 4-2 所示的窗口。

图 4-2　下载属性

从图 4-2 中可以看到此快捷方式所在的位置是 C:\Users\Jun 目录下，通过文件资源管理器找到"下载"文件夹时，看到的内容如图 4-3 所示。

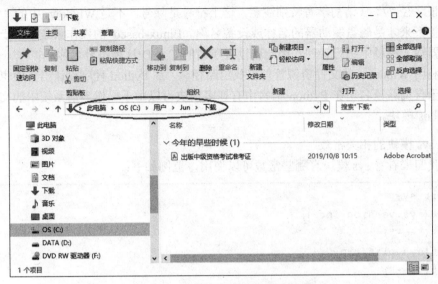

图 4-3　"下载"文件夹的实际位置

在图 4-3 中所圈起来的地方即为此文件夹的路径，其实它还是经由文件资源管理器翻译过的结果，在此文件夹中找任意一个文件，单击鼠标右键，选择"属性"选项，即可看到如图 4-4 所示的窗口。

图 4-4　使用"属性"选项找出文件的路径名称

在图 4-4 中圈起来的就是这个文件的路径名称。

以上的分析是针对 Windows 操作系统的部分，对于 Mac OS 和 Linux 操作系统来说，最上层的是根路径"/"（请初学者特别注意，这个符号是除号，不是 Windows 中的"\"反斜线符号），接下来才是磁盘驱动器的名称或设备名称。Linux-based 的操作系统基本上是直接把磁盘驱动器纳入路径中进行管理，因此就没有所谓的 C:、D:这种符号名称了。

前面利用 Windows 的文件资源管理器找出路径名，在 Python 程序设计语言中也有模块可以直接用于查询路径名。在 Python 语言中有许多模块可以用于操作当前系统中的文件，比如 sys 模块和 os 模块。

（1）sys 模块的相关常数

首先我们来看看 sys 模块有哪些常数可以使用，范例如下：

```
import sys
print(sys.version_info)
print("---")
print(sys.platform)
print("---")
print(sys.argv)
print("---")
print(sys.path)
```

这个程序的执行结果为（请特别注意，在 Windows 操作系统中反斜线具有特殊的用途，因此在描述路径名时使用两个反斜线"\\"来表示）：

```
sys.version_info(major=3, minor=7, micro=0, releaselevel='final', serial=0)
---
win32
---
['d:\\Anaconda3\\lib\\site-packages\\ipykernel_launcher.py', '-f',
'C:\\Users\\USER\\AppData\\Roaming\\jupyter\\runtime\\kernel-229eee6c-9911-4
fe3-a897-6801eb087349.json']
---
['', 'D:\\Dropbox\\books_project\\2018books\\Pythonbasics\\codes',
'd:\\Anaconda3\\python37.zip', 'd:\\Anaconda3\\DLLs', 'd:\\Anaconda3\\lib',
'd:\\Anaconda3', 'd:\\Anaconda3\\lib\\site-packages',
'd:\\Anaconda3\\lib\\site-packages\\win32',
'd:\\Anaconda3\\lib\\site-packages\\win32\\lib',
'd:\\Anaconda3\\lib\\site-packages\\Pythonwin',
'd:\\Anaconda3\\lib\\site-packages\\IPython\\extensions',
'C:\\Users\\USER\\.ipython']
```

在这个范例程序中，我们调用了 version_info() 来检查 Python 的版本信息，它的返回值包括 Python 语言的主要版本号和次要版本号，在这个例子中分别是 3 和 7，也就是 Python 3.7 版。

platform 所记载的是操作系统的种类,主要的操作系统包括 Windows、Mac OS 以及 Linux。在这个例子中是 Windows,因此返回的是 win32。如果是 Mac OS,则会返回 darwin;如果是 Linux,则返回的是 linux。

不同操作系统中的路径名不太一样,这是初学者在操作文件时要特别注意的地方。也就是说,上面这个示例程序片段的执行结果会显示出一些路径名,这些路径名在 Windows 操作系统以及 Linux 操作系统(包括 Mac OS)中呈现的方式是不一样的。这个示例程序片段是在 Windows 操作系统下执行的,所以路径名中显示的符号是"\\",如果是在 Linux 操作系统或是 Mac OS 下执行,在路径中的符号就会是"/"。

该范例程序中倒数第二个常数 sys.argv 返回的是 Python 语言的程序执行参数,当我们在操作系统命令提示符下执行程序时,可以取出放在程序执行文件后面的参数,也就是把程序作为命令,其后跟着的就是这个命令的参数。由于我们是在 Anaconda 的 Jupyter Notebook 环境中执行这个程序,因此它的指令参数挺多挺复杂的。假设有如下程序(使用文本编辑器编辑这个程序文件,把文件命名为 argtest.py 并存储在文件夹中):

```
import sys
print(sys.argv)
```

在命令提示符(或终端程序)中执行的过程如下:

```
C:\myPython>python argtest.py a1 a2 a3
['argtest.py', 'a1', 'a2', 'a3']
```

执行时在 argtest.py 之后加上 3 个参数,分别是 a1、a2、a3,输出的列表就会包括程序本身以及 3 个输入的参数。通过调用这个函数让我们有能力设计出在命令行下执行处理文件的工具程序。例如,下面的程序(pyramid.py,同样把这个文件用文本编辑器编辑之后存储在文件夹中)可以让用户输入一个数之后输出一个金字塔图形。

范例程序 4-1

```
import sys
if len(sys.argv)>1:
    n = int(sys.argv[1])
else:
    print("You need to specify a valid number!")
    exit(1)


lst = [i*2+1 for i in range(n)]
for i in lst:
    print(" "*((lst[-1]-i)//2), end="")
    for k in range(i):
        print("*", end="")
    print()
```

范例程序 4-1 在 Windows 的 Anaconda Prompt 中执行的结果如图 4-5 所示。在程序中，我们先以 len(sys.argv)来检查用户在执行 pyramid.py 时是否加上必要的参数：如果没有，就会出现一条信息，而后结束程序的执行；如果有，就会调用 int(sys.argv[1])将用户输入的参数放到变量 n，之后再以 n 为依据，计算并显示出金字塔图形。要注意的是，这个程序并没有设计错误处理机制，所以如果用户输入的不是正整数，就会因为发生执行错误而结束。

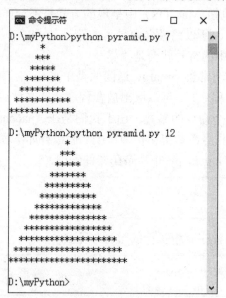

图 4-5　在命令提示符下执行 pyramid.py 的结果

最后要介绍的一个 sys 系统参数是 sys.path。它代表了当前 Python 环境中所用到的系统路径，我们可以通过这些路径来知道在程序中用到的系统文件存放在哪里。

有了上述这些常数的信息之后，我们在操作文件时就会更容易掌握每一个文件的相关信息。

（2）os 模块的相关文件操作函数

在操作文件方面，Python 提供了 os 模块。该模块有许多函数可用于操作当前系统中的文件，就好像是在命令提示符中执行操作系统命令一样。首先来看看下面这个范例程序。

范例程序 4-2

```
1: import os
2: items = os.listdir()
3: print(os.path.exists('myprime.py'))
4: for item in items:
5:     print(os.path.abspath(item))
```

以下是执行的结果：

```
True
/Users/minhuang/Dropbox/books_project/2018books/Pythonbasics/codes/twstoc
k.ipynb
```

```
    /Users/minhuang/Dropbox/books_project/2018books/Pythonbasics/codes/ch03.i
pynb
    /Users/minhuang/Dropbox/books_project/2018books/Pythonbasics/codes/Untitl
ed1.ipynb
    /Users/minhuang/Dropbox/books_project/2018books/Pythonbasics/codes/Untitl
ed.ipynb
    /Users/minhuang/Dropbox/books_project/2018books/Pythonbasics/codes/ch02.i
pynb
    /Users/minhuang/Dropbox/books_project/2018books/Pythonbasics/codes/__pyca
che__
    /Users/minhuang/Dropbox/books_project/2018books/Pythonbasics/codes/ch04.i
pynb
    /Users/minhuang/Dropbox/books_project/2018books/Pythonbasics/codes/ptt.ip
ynb
    /Users/minhuang/Dropbox/books_project/2018books/Pythonbasics/codes/.ipynb
_checkpoints
    /Users/minhuang/Dropbox/books_project/2018books/Pythonbasics/codes/myprim
e.py
```

在上面这个程序中，第 2 行 os.listdir()函数的主要功能是取出当前目录下所有的文件以及子目录的信息，再把它放到变量 item 中；接下来用第 3 行程序语句中的 os.path.exists()函数来帮我们确定指定的文件或目录是否存在,这个函数在我们要创建文件和文件夹的时候非常好用，因为可以先判断该文件是否存在再决定要执行什么操作。

程序的第 4 行以及第 5 行使用一个循环把刚刚找出来的目录全部列出来,不同于只是把文件名列出来，在每一个文件名的外面还加上了 os.path.abspath()函数，它可以返回这个文件名的完整路径名，就是所谓的绝对路径名。有了绝对路径名就可以明确地知道文件在计算机操作系统中的具体位置，这样在存取文件时就不会找错地方。

如果想要处理文件，os.path 中提供了许多有用的函数，在此就将几个比较常用的函数及其说明列在表 4-1 中。

表 4-1　常用的 os.path 函数及其说明

内建函数名称	说　　明
os.path.abspath()	返回文件的绝对路径
os.path.basename()	返回不包含路径的文件名
os.path.dirname()	返回不包含文件名的路径
os.path.exists()	检查该文件是否存在
os.path.getatime()	返回上次存取此文件的时间，以 Unix epoch 时间为计算单位
os.path.getmtime()	返回上次修改此文件的时间，以 Unix epoch 时间为计算单位
os.path.getctime()	返回创建此文件的时间，以 Unix epoch 时间为计算单位
os.path.getsize()	以字节为单位返回文件的大小

（续表）

内建函数名称	说　明
os.path.isabs()	检查是否为绝对路径
os.path.isfile()	检查是否为文件
os.path.isdir()	检查是否为目录（文件夹）
os.path.join()	进行路径串接
os.path.split()	把文件名和路径名拆解成列表中的元素
os.path.splitdrive()	把路径和磁盘驱动器拆解成列表中的元素
os.path.splitext()	把文件扩展名拆解成列表中的元素

为了示范这些函数的作用，要先确定在 Jupyter Notebook 的执行目录中有 myprime.py 这个文件，如果没有的话，请修改下面的程序代码，把其中的"myprime.py"替换成目录中存在的任何一个文件的文件名即可。

范例程序 4-3

```python
import os
fullpath = os.path.abspath('myprime.py')
print(fullpath)
print("os.path.basename:", os.path.basename(fullpath))
print("os.path.dirname:", os.path.dirname(fullpath))
print("os.path.getatime:", os.path.getatime(fullpath))
print("os.path.getmtime:", os.path.getmtime(fullpath))
print("os.path.getctime:", os.path.getctime(fullpath))
print("os.path.getsize:", os.path.getsize(fullpath))
print("os.path.isabs:", os.path.isabs(fullpath))
print("os.path.isfile:", os.path.isfile(fullpath))
print("os.path.isdir:", os.path.isdir(fullpath))
print("os.path.split:", os.path.split(fullpath))
print("os.path.splitdrive:", os.path.splitdrive(fullpath))
print("os.path.splitext:", os.path.splitext(fullpath))
```

在这个范例程序中，先找出 myprime.py 这个文件的完整路径名并存放在 fullpath 变量中，接下来的每一个函数都是针对 fullpath 这个变量来进行操作的。查看执行的结果，相信读者就可以非常容易地了解每一个函数的用途了：

```
D:\myPython\myprime.py
os.path.basename: myprime.py
os.path.dirname: D:\myPython
os.path.getatime: 1577540489.571888
os.path.getmtime: 1577540489.571888
os.path.getctime: 1577360910.2617679
```

```
os.path.getsize: 339
os.path.isabs: True
os.path.isfile: True
os.path.isdir: False
os.path.split: ('D:\\myPython', 'myprime.py')
os.path.splitdrive: ('D:', '\\myPython\\myprime.py')
os.path.splitext: ('D:\\myPython\\myprime', '.py')
```

要特别注意的是，在后面章节的内容中会运用到路径的组合或拆解，例如把文件名和路径名分开，并且把主文件名和文件扩展名分开，然后对主文件名进行处理之后再组合回去，组合的操作就需要用到 os.path.join，标准的做法如下（还有更简单的做法，但是在这里我们只是要说明 os.path.join 函数）：

```
import shutil
import os
fullpath = os.path.abspath('myprime.py')
path, filename = os.path.split(fullpath)
filename, extname = os.path.splitext(filename)
if not os.path.exists("test-dir"):
    os.mkdir("test-dir")
targetfullpath = os.path.join(path, os.path.join("test-dir", "00"+extname))
shutil.copy(fullpath, targetfullpath)
```

上面的范例程序执行之后，在当前目录下即可看到创建好的 test-dir 目录，并把原有的 myprime.py 文件以 00.py 的名字复制到 test-dir 目录中。

在这个程序中，先调用 os.path.split() 和 os.path.splitext() 两个函数拆解出路径、主文件名和文件扩展名，然后调用 os.path.join() 把文件名修改之后再串接在一起成为完整的路径名。在复制文件之前，还调用了 os.path.exists() 检查指定的目录（test-dir）是否存在，如果不存在，就调用 os.mkdir() 函数建立一个新的，最后调用 shutil 模块的 shutil.copy() 函数把文件复制过去。调用这些函数来对文件路径进行操作可以保持所编写的程序在不同操作系统中的兼容性，这是初学者一定要掌握的编程技巧。

常用的文件夹及文件的操作模块包括 os、os.path 以及 shutil，有兴趣的读者可以进一步前往 Python 的网站查询更多用法的说明。

4.2　写入文件

如同我们在本堂课一开始所说明的，数据或信息如果能够放在文件中，日后再执行程序时就可以把原有的数据或信息取出来使用，而不必重新输入，这对于用户来说会非常方便。

把数据或信息写入文件主要分成两种格式：一种是人们可以阅读的文本文件，这种文件可以通过文本编辑器读取；另外一种是二进制文件，它有自己的格式，一般来说无法直接阅读，只有知道存储格式才有办法读取出来使用。平常我们所编写的程序文件是文本文件的一种，图像文件则属于二进制文件。文本文件可以逐个字符地写入或读取，而大部分的二进制文件是通过区块方式存取的。在这一小节中先来介绍文本文件的写入方法。

要把数据或信息写入到文件中的第一步是调用 open()函数打开一个文件并设置为写入模式。如果该文件不存在，则会创建一个新的文件；如果文件已经存在，则可以选择使用全新写入的模式（w）把文件中之前的内容覆盖掉，或是使用附加（a）的模式保留之前的文件内容，把新的内容附加到文件的后面。open()函数的基本语法如下：

```
文件对象 = open("文件名", "打开文件的模式")
```

其中，"文件对象"可为任意变量名称。"文件名"是我们想要写入文件对应的文件名，通常会加上文件扩展名来表示它的格式。按照惯例，如果是文本文件，文件扩展名会用.txt 或是.dat；若写入的是标准的 CSV 或是 JSON 格式，则会以.csv 或者.json 作为文件扩展名。"打开文件的模式"如表 4-2 所示。

表 4-2　打开文件的模式及其说明

打开文件的模式	说　明
r	读取模式
w	全新写入模式。如果文件不存在，就创建一个新的文件；如果文件已经存在，就会覆盖之前的文件内容
a	如果文件不存在，就创建一个新的文件；如果文件已经存在，则会以附加的方式写入文件
r+	以读写模式打开文件，如果文件不存在，则会出现错误
w+	以读写模式打开文件，如果文件不存在，则会创建一个新文件

有了文件对象之后（例如 f），就可以调用 f.write()执行写入文件的操作；在所有的数据或信息写入完毕之后，就可以调用 f.close()函数执行关闭文件的操作。下面看看写入 5 行文字信息的示范程序片段：

```
f = open("hello.dat", "w")
for i in range(5):
    f.write("Hello world\n")
f.close()
```

这个示范程序片段执行之后并不会产生任何信息，因为它只是把 "Hello world\n" 这个字符串分 5 次写入到文件 hello.dat 中。由于使用的是全新写入模式，因此不管这个程序被执行几次，hello.dat 文件的内容都是相同的，这个文件的内容可以通过文本文件编辑器或者直接在 Jupyter Notebook 环境中打开查看。在 Jupyter 的文件查看网页中可以看到这个文件，如图 4-6 所示。

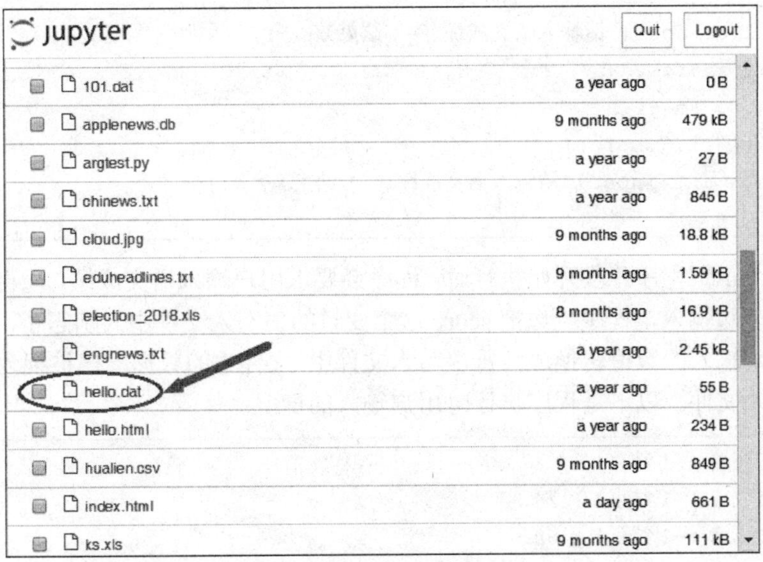

图 4-6　刚创建好的 hello.dat 文件出现在文件列表中

打开这个文件之后，它的文件内容如图 4-7 所示。

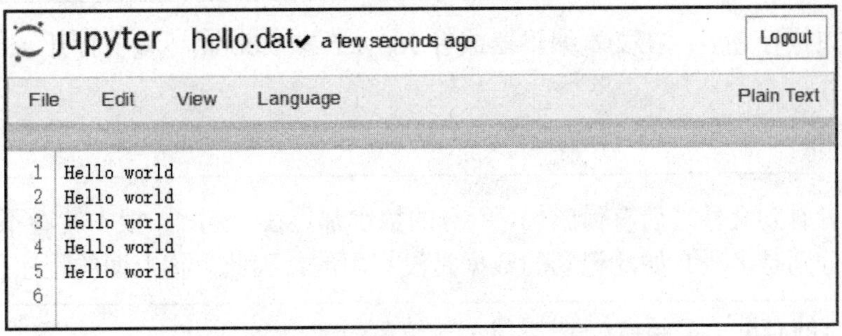

图 4-7　在 Jupyter 中查看 hello.dat 的文件内容

在写入"Hello world" 字符串的最后加上了 "\n" 符号，从图 4-7 中可以看出它是文本文件换行符（一般来说在文本编辑器中是看不到这个符号的，但是在进行文字数据处理时，也就是在字符串变量中是包含这个符号的）。如果不加入这个换行符，那么所有的 5 个 "Hello world" 字符串就会被串成一行，如图 4-8 所示。

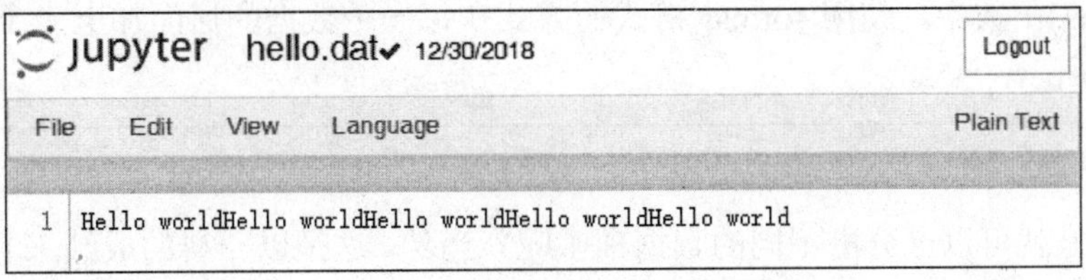

图 4-8　不使用 "\n" 换行符的输出结果

由此可知，在把数据输出至文件时，对一些格式的安排仍然要小心，如此存储的数据文件保持当初输入的方式，以便可以无误地再次使用。请参考下面的示例程序片段，让用户输入学生的语文成绩并把这些成绩记录到数据文件中：

```
score = int(input("请输入语文成绩（-1 结束）: "))
f = open("scores.dat", "w")
while score != -1:
    f.write(str(score))
    score = int(input("请输入语文成绩（-1 结束）: "))
f.close()
```

在上面这个示例程序片段开始执行时，程序会要求用户输入语文成绩，一直到输入的值是-1 为止。用户一边输入，程序一边把 score 这个变量的值写入文件中（别忘了，要调用 str() 函数才能够把用户输入的数值转换成字符串写入文件中，文件中的数据一律被视为字符串处理），结束输入后关闭文件。以下是程序执行时用户输入的情况：

```
请输入语文成绩（-1 结束）: 56
请输入语文成绩（-1 结束）: 24
请输入语文成绩（-1 结束）: 68
请输入语文成绩（-1 结束）: 89
请输入语文成绩（-1 结束）: 90
请输入语文成绩（-1 结束）: -1
```

在程序结束执行之后，在文本编辑器或者 Jupyter Notebook 环境中打开 scores.dat 文件，其内容如下：

```
5624688990
```

不知道读者看到文件之后有何感想，所有的数字都连在一起了，根本就看不出来有几个成绩、每个成绩分别是多少！如此记录的数据是没有用的。因此，把上面的程序代码修改如下：

```
score = int(input("请输入语文成绩（-1 结束）: "))
fp = open("scores.dat", "w")
while score != -1:
    fp.write("{} ".format(score))
    score = int(input("请输入语文成绩（-1 结束）: "))
fp.close()
```

在 fp.write() 函数中，使用 format 格式的方式在每一个数据的后面加上一个空格，执行之后的结果如下所示：

```
56 24 68 89 90
```

这样是不是就可以区分出不同的数据项了呢？当然，这是以一科的成绩来看，而且我们是把所有的成绩都放在同一行中。如果数据内容比较单一，是可以一组数据就放在一行的。

利用格式化输出到文件中的方式可以保存好我们想要的文本文件内容，文本文件的内容并不受限于数据，也可以是另外一种程序设计语言的源代码文件。回想一下之前我们创建的 html 文件的例子，下面通过如下程序运用 HTML 语法制作具有一些网页效果的 html 文件：

```
username = "何敏煌"
hello = ["Hello", "BONJOUR", "HOLA", "こんにちは", "안녕하세요", "你好"]
f = open("hello.html", "w", encoding='utf-8')
f.write("<html>")
f.write("<head><meta charset='utf-8'/></head>")
f.write("<body>")
for index, msg in enumerate(hello):
    f.write("<h{0}>{1}, {2}</h{0}>".format(len(hello)-index, msg,
username))
f.write("</body></html>")
f.close()
```

这个程序按照 HTML 格式编写一个网页内容，并使用不同大小的标题标签（<h1>~<h6>）显示出不同语言打招呼的用语。由于使用到不同的语言文字，因此在 open()函数中还使用 encoding='utf-8' 来指定要写入的文件的字符编码方式，这样才不至于在程序执行的过程中产生错误。

使用文本编辑器来查看 hello.html 文件的内容：

```
<html><head><meta    charset='utf-8'/></head><body><h6>Hello,    何 敏 煌
</h6><h5>BONJOUR, 何 敏 煌 </h5><h4>HOLA, 何 敏 煌 </h4><h3> こ ん に ち は , 何 敏 煌
</h3><h2>안녕하세요, 何敏煌</h2><h1>你好, 何敏煌</h1></body></html>
```

通过 Google Chrome 浏览器所看到的效果如图 4-9 所示。

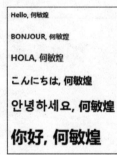

图 4-9　用不同语言打招呼的网页效果

回到输入成绩的例子，之前我们使用的是直接输入数据，再存放在整数变量中，然后直接把该变量中的数据存盘。在实际应用中，比较常用的是先把所有的数据放在列表变量中，等到全部数据都输入完毕之后再一并存盘。请参考下面的范例程序。

范例程序 4-4

```
1: scores = list()
2: score = int(input("请输入语文成绩（-1 结束）: "))
3: while score != -1:
4:     scores.append(score)
```

```
5:    score = int(input("请输入语文成绩（-1 结束）: "))
6: fp = open("scores.dat", 'w')
7: fp.write(str(scores))
8: fp.close()
```

在这个范例程序中存盘的操作只有一个，就是第 7 行的程序语句，那么在 scores.dat 文件中的数据格式会是什么样子的呢？答案是看起来像是一个列表的定义，如下所示：

```
[56, 24, 68, 89, 90]
```

既然可以使用列表变量直接存盘，那么在输入时就可以给予更多的指示，参考下面的范例程序。

范例程序 4-5

```
scores = list()
for i in range(1,11):
    score = int(input("请输入{}号同学的语文成绩: ".format(i)))
    scores.append((i, score))
fp = open("scores.dat", "w")
fp.write(str(scores))
fp.close()
```

在范例程序 4-5 中，除了在输入时设置了同学的学号以及成绩，同时在存盘时也是以元组的类型来存储的，输入成绩的过程如下：

```
请输入 1 号同学的语文成绩: 56
请输入 2 号同学的语文成绩: 24
请输入 3 号同学的语文成绩: 68
请输入 4 号同学的语文成绩: 89
请输入 5 号同学的语文成绩: 90
请输入 6 号同学的语文成绩: 15
请输入 7 号同学的语文成绩: 25
请输入 8 号同学的语文成绩: 69
请输入 9 号同学的语文成绩: 87
请输入 10 号同学的语文成绩: 91
```

输入完毕之后 scores.dat 文件中的内容如下所示：

```
[(1, 56), (2, 24), (3, 68), (4, 89), (5, 90), (6, 15), (7, 25), (8, 69), (9, 87), (10, 91)]
```

读者可以发现，我们把学号和学生的成绩在文件中建立了关联。以下是输入 5 位同学且各输入三科成绩的范例程序。

范例程序 4-6

```
scores = list()
for i in range(1,6):
    chi = int(input("请输入{}号同学的语文成绩："  .format(i)))
    eng = int(input("请输入{}号同学的英语成绩："  .format(i)))
    mat = int(input("请输入{}号同学的数学成绩："  .format(i)))
    scores.append((i, chi, eng, mat))
fp = open("scores.dat", "w")
fp.write(str(scores))
fp.close()
```

得到的文件内容如下：

```
[(1, 85, 64, 85), (2, 21, 85, 96), (3, 26, 45, 78), (4, 26, 85, 98), (5, 80,
95, 65)]
```

在了解了如何写入数据之后，下一节我们将学习如何读取现有的各种形式的数据文件。

4.3　读取文件

有了数据文件之后，接下来学习如何从数据文件把数据正确地读取出来。

还是先调用 open()函数，但是如同前面章节所提到的，在打开文件时要设置成读取模式，而且要读取的数据文件内容如果不是只有英文和数字，就要将编码的模式设置为"encoding='utf-8'"，如此在读取数据时才不会发生错误。

先来看看如何读取普通的文本文件。假设有一个名为 mydata.txt 的文件，它的内容是李白的乐府诗《将进酒》，读者可以自行准备这个文件，或是直接使用本书附带的范例文件。在这个例子中，第一行文字是作者名，第二行是诗名，接下来才是这首诗的内容。下面这个范例程序是读取文本文件的标准写法。

范例程序 4-7

```
f = open("mydata.txt", "r", encoding="utf-8")
data = f.read()
f.close()
print(data)
```

假设 mydata.txt 文件和此程序放在同一个目录中，就可以输出如下所示的内容：

```
李白
将进酒
君不见
黄河之水天上来，奔流到海不复回？
君不见，
```

> 高堂明镜悲白发，朝如青丝暮成雪？
> 人生得意须尽欢，莫使金樽空对月。
> 天生我材必有用，千金散尽还复来。
> 烹羊宰牛且为乐，会须一饮三百杯。
> 岑夫子，丹丘生，
> 将进酒，君莫停。
> 与君歌一曲，请君为我侧耳听。
> 钟鼓馔玉不足贵，但愿长醉不复醒。
> 古来圣贤皆寂寞，惟有饮者留其名。
> 陈王昔时宴平乐，斗酒十千恣欢谑。
> 主人何为言少钱，径须沽取对君酌。
> 五花马，千金裘，
> 呼儿将出换美酒，与尔同销万古愁！

在上面这个程序中，调用 f.read()函数把文件中所有的内容一次读取出来，并存放在 data 变量中，在关闭文件之后使用 print 把变量 data 打印出来。由于 read()函数是一口气从文件中读取出所有的内容，因此无法区分出每一行的内容进行相应的处理（例如，想要另外取出作者名和诗名，就需要额外的处理，也就是把变量 data 的内容再拆解一次），有时在读取文件时把读取的内容变成一行行的数据反而比较好用，这时可以调用 f.readlines()函数，修改后的范例程序如下。

范例程序 4-8

```
f = open("mydata.txt", "r", encoding="utf-8")
data = f.readlines()
f.close()
print(data)
```

改用不同的函数，面对同样的文本文件内容，范例程序 4-8 的执行结果如下所示：

> ['李白\n', '将进酒\n', '君不见\n', '黄河之水天上来，奔流到海不复回？\n', '君不见\n', '高堂明镜悲白发，朝如青丝暮成雪？\n', '人生得意须尽欢，莫使金樽空对月。\n', '天生我材必有用，千金散尽还复来。\n', '烹羊宰牛且为乐，会须一饮三百杯。\n', '岑夫子，丹丘生，\n', '将进酒，君莫停。\n', '与君歌一曲，请君为我侧耳听。\n', '钟鼓馔玉不足贵，但愿长醉不复醒。\n', '古来圣贤皆寂寞，惟有饮者留其名。\n', '陈王昔时宴平乐，斗酒十千恣欢谑。\n', '主人何为言少钱，径须沽取对君酌。\n', '五花马，千金裘，\n', '呼儿将出换美酒，与尔同销万古愁！']

从执行结果可以看出，原来整个文件的内容被区分为行，每一行的内容都是列表中的一个元素（或数据项）。既然变成了列表，那么在接下来的程序中就可以逐一取出加以应用，例如第 0 个元素（data[0]）就是作者名，第 1 个元素（data[1]）就是这首诗的名称，第 2 个元素以后（data[2:]）才是这首诗的后续内容。

调用 readlines()函数读取数据的时候还有一个特色，就是在每一个数据项的后面都会有一个换行符 "\n"。在标准文本文件中每一行的最后位置都有这种标记换行的符号，这个符号在打印时就会解析为换行，但是在数据处理时并不需要这个换行符号，因此在读取之后我们通常都会调用 strip()函数把换行符删除，修改后的范例程序如下。

范例程序 4-9

```
with open("mydata.txt", "r", encoding="utf-8") as f:
    data = [line.strip() for line in f.readlines()]
print(data)
```

范例程序 4-9 的执行结果如下所示：

```
['李白', '将进酒', '君不见', '黄河之水天上来，奔流到海不复回？', '君不见', '高堂明镜
悲白发，朝如青丝暮成雪？', '人生得意须尽欢，莫使金樽空对月。', '天生我材必有用，千金散尽还
复来。', '烹羊宰牛且为乐，会须一饮三百杯。', '岑夫子，丹丘生，', '将进酒，君莫停。', '与
君歌一曲，请君为我侧耳听。', '钟鼓馔玉不足贵，但愿长醉不复醒。', '古来圣贤皆寂寞，惟有饮者
留其名。', '陈王昔时宴平乐，斗酒十千恣欢谑。', '主人何为言少钱，径须沽取对君酌。', '五花马，
千金裘，', '呼儿将出换美酒，与尔同销万古愁！']
```

从中可以看出，所有的换行符都被删除了。

在上面这个范例程序中我们用了两个技巧。一个技巧是使用 with 语句来简化打开文件和关闭文件的程序，使用 with 来打开文件，在 with 区块结束之后，Python 解释器就会自动把这个打开的文件关闭掉，因此我们不需要再编写额外的关闭文件的程序语句。另一个是在第 2 行语句中使用 List Comprehension 的技巧，用一个循环将读取到的每一行分别执行 strip()函数，达到去掉换行符的目的。

学会了如何读取普通文本文件之后，现在来学习如何读取前一节中所存入的复合数据。由于在前一节中所存入的成绩都是把数字转换成字符直接存入的，并没有区分出行和列，因此在读取时只要调用 f.read()函数一次读取到变量中再加以处理即可。先来看看下面这个范例程序。

范例程序 4-10

```
with open("scores.dat", "r") as f:
    scores = f.read()
print(scores)
```

它的执行结果如下：

```
87 56 89 88 90
```

数据文件中的所有数字被当作是字符串读到变量 scores 中，此时的 scores 变量类型是字符串，如果要把它们复原成一个一个的数字，调用 split()函数即可，因为它们是以空格符隔开的。把程序修改如下：

```
with open("scores.dat", "r") as f:
    scores = f.read().split()
print(scores)
```

执行的结果如下：

```
['87', '56', '89', '88', '90']
```

读者从结果中可以看出差别，在 read() 后面加上 split()，所得到的数据就是一个列表变量，而变量中所有的数据项就是我们之前分别存进去的每一个成绩项目。同样的方式如果用在读取以列表的方式存储进去的数据文件，结果又会如何呢？

```
['[98,', '90,', '97,', '67,', '88,', '56]']
```

从上面的结果可以发现，使用列表的方式存储的数据文件，并不能使用此种方式来读取，因为上面的范例程序会把它当作是一般的字符串来读取，并以空格符试着去区分每一个数据项，就会使第 0 个数据项变成 '[98,'，而且每一个数据项中都保留了逗号这种情况。

对于以列表或是其他格式保存的数据文件来说，要使用 ast 模块来解读这些数据内容，让它变成正确的变量数据内容，范例程序如下。

范例程序 4-11

```python
import ast
with open("scores.dat", "r") as f:
    scores = ast.literal_eval(f.read())
print(scores)
```

如此，执行结果就是我们想要的列表样子了。也就是说，对于从列表转换成字符串存储的数据文件，我们要用 ast.literal_eval 重新解析回来。这个范例程序的执行结果如下：

```
[98, 90, 97, 67, 88, 56]
```

ast.literal_eval() 这个函数把文字的内容传进去，并解读出实际的数据结构格式，不管是列表或字典类型都可以运用。因此，同样的程序也可以拿来读取存储了三科成绩的列表加上元组的数据格式，执行的结果如下所示：

```
[(1, 98, 90, 89), (2, 90, 67, 87), (3, 45, 65, 77), (4, 66, 56, 90), (5, 34,
54, 68)]
```

通过以上练习可知，数据文件在存盘时是以标准的变量格式来存储的，读取的时候要按照原先存盘时的格式来对应读取，如此才能够取回原来的数据。数据文件本身并不会主动告诉我们文件中每一个数据项的格式和意义。

4.4 异常处理

生活上经常会有许多意外和惊喜，程序在执行的时候也是一样的。当编写好的程序开始执行时，很多情况是我们无法预先确定的。为了避免程序因为遇到一些情况而发生执行错误，事先应该预想出一些可能会发生的问题，编写好应对或处理的程序代码，这是在开发程序时的好习惯。在 Python 语言中，这就是所谓的异常处理（也称为例外处理）。下面来看一个例子：

```
score = int(input("请输入成绩: "))
```

当这一行程序执行时，如果用户输入了一个非数字的字符串，则会出现以下错误提示信息：

```
请输入成绩: o
--------------------------------------------------------------------
ValueError                          Traceback (most recent call last)
<ipython-input-21-4c5052fa4d69> in <module>()
----> 1 score = int(input("请输入成绩: "))

ValueError: invalid literal for int() with base 10: 'o'
```

这是一条非常典型的要求用户输入数据的程序语句，预期用户输入的是一个数字，然而用户有可能输入的是一个非数字的字符或者根本什么也没有输入就直接按了【Enter】键，由于int()函数预期的参数是可以转换成数字的字符串，如果不是这种字符串就会发生错误，然后就会显示出一个错误提示信息。这个错误提示信息对于程序设计人员来讲是一个非常好的调试信息，但是对用户来说却是个灾难，大部分没有学过程序设计的用户看到这条信息都会觉得非常困惑。为了避免这种情况的发生，适当地在程序中使用异常处理就是非常好的解决方式。Python的异常处理所需要的指令是 try 和 except，标准的使用方法如下：

```
try:
    score = int(input("请输入成绩: "))
except:
    print("你必须输入一个数字才行")
```

上面这个程序片段在用户输入数字时可以顺利地执行下去而不会出现任何信息，但当用户输入非数字的字符或者根本什么也没有输入就直接按了【Enter】键时，程序执行的流程就会跳到 except 区块，把 "你必须输入一个数字才行" 这个字符串中的信息输出给用户看。

这是一个简单实用的异常处理方式，在这个逻辑中，假设所有的错误都要跳到 except 区块进行处理。实际上可能发生错误的情况有许多种，当程序比较复杂的时候，需要区分出不同的错误情况，再使用相对应的处理方式。除此之外，有些程序代码是在没有发生错误时就要执行的，而有些是在处理完错误之后再执行的。除了 try 和 except 两个关键词之外，还有 else 和finally 两个关键词也经常被用于异常处理的程序代码中，标准的做法如下：

```
try:
    print("实际上预期可能出现异常，用于异常处理的程序代码写在这里！")
    # 10 / 0
    print("在可能发生的异常情况之后，用于处理的程序代码写在这里！")
except Exception as e:
    print("发生错误了，错误信息如下：")
    print(e)
```

```
else:
    print("没有发生任何错误。")
finally:
    print("不管如何，都要执行这里的程序语句。")
```

如果第 3 行程序语句保持注释的状态，此程序片段就不会出现任何错误，执行的结果就会是如下信息：

```
实际上预期可能出现异常，用于异常处理的程序代码写在这里！
在可能发生的异常情况之后，用于处理的程序代码写在这里！
没有发生任何错误。
不管如何，都要执行这里的程序语句。
```

如果把第 3 行语句前面的注释符号去掉，该语句就会发生一个除以零的错误，执行的结果就会是如下信息：

```
实际上预期可能出现异常，用于异常处理的程序代码写在这里！
发生错误了，错误信息如下：
division by zero
不管如何，都要执行这里的程序语句。
```

比较上面这两次输出的信息可以发现，第 2 行程序语句还是有输出的，因为此时还没执行到发生错误的程序语句。在执行了第 3 行程序语句发现除以零的错误之后，程序的流程就会直接前往 except 区块，打印出“发生错误了，错误信息如下：”并把异常变量 e 的信息打印出来——“division by zero”，这也正是此错误的相关信息。因为在 try 区块中发生了错误，所以 else 区块内的程序语句不会被执行到。但是，无论有无错误，finally 区块的程序语句还是会被执行，因此“不管如何，都要执行这里的程序语句。”这条信息此时仍然打印输出。

读者应该注意到了在 except 后面使用了 Exception 这个变量，它是用来记录异常相关信息的对象，把它打印出来，就会直接显示出当前的错误信息。错误的种类可以自定义，不过大部分情况下默认的就够用了，常见的异常种类除了“除以零”这种错误之外，还包含表 4-3 所示的异常种类（有关内建的异常种类，请参考网址：https://docs.python.org/3/library/exceptions.html#bltin-exceptions）。

表 4-3　常见的异常种类及其说明

异常种类	说　明
Exception	一般性的错误，全部的内建异常都归到这里
IndexError	索引值超出范围的错误
KeyboardInterrupt	用户使用中断按键【Ctrl】+【C】
NameError	找不到要使用的变量名称
OverflowError	溢出错误

异常种类	说　明
SyntaxError	语法错误
IndentationError	缩排错误
TypeError	类型错误
ValueError	值错误
ZeroDivisionError	除以零错误
IOError	输入输出错误
FileExistsError	要创建一个已经存在的文件时发生的错误
FileNotFoundError	找不到文件错误
PermissionError	权限不足错误

表 4-3 中所列出的异常错误均可以放在 except 关键词后面，以指出想要处理的错误情况。下面的范例程序演示了打开文件时的典型方式。

范例程序 4-12

```python
import os
classname = input("请输入想要使用的班级名称: ")
filename = classname + ".dat"
try:
    f = open(filename, "w")
except Exception as e:
    print("你所使用的班级名称{}：发生错误".format(classname))
    print(e)
finally:
    f.close()
```

在前面的章节中曾经提过，使用 'w' 模式打开文件时，如果文件存在就会把文件中之前的内容清除掉，重新写入一个新的，理论上似乎是不可能会出错的，而现实是文件操作最容易出现意外状况，因为我们所要操作的文件夹有可能会被删除，也有可能因为被设置为只读状态或是改变了所有者的权限，而让我们无法打开该文件执行写入的操作。以下是变更了该文件的访问权限（例如把 101.dat 文件设置为只读）而产生错误的情况：

```
请输入想要使用的班级名称: 101
你所使用的班级名称 101：发生错误
[Errno 13] Permission denied: '101.dat'
```

4.5 程序应用范例——自制图像浏览网页

在前面的章节学会了如何处理数据文件，在本节中将简单地介绍一下如何操作图像文件。因为图像文件的操作是很常见的，所以已经有热心的人士创建了非常好用的图像模块，即 PIL（Python Imaging Library）。一般而言，只要安装了 Anaconda 就可以直接使用这个模块，如果不能使用，在命令提示符或终端程序中用 pip install pillow 命令安装此模块即可。

4.5.1 打开图像文件的方法

在进行本小节的练习之前，请先准备好图像文件并放在 Jupyter Notebook 的工作目录中。下面来看一个范例程序。

范例程序 4-13

```
from PIL import Image
im = Image.open("myIS300.jpg")
print(im.format, im.size, im.mode)
im.close()
```

这个范例程序的执行结果如下：

```
JPEG (4032, 3024) RGB
```

在程序中调用 Image.open() 函数打开指定的图像文件，返回一个对象并存放在 im 变量中，接着就可以使用 im 对象来查询该图像的相关信息以及针对该图像进行下一步的操作了。调用 im.show() 函数可以把此图像的内容显示出来，此时 Jupyter Notebook 会打开另外一个窗口来显示这张图像。

4.5.2 缩放图像文件的方法

下面的范例程序使用一个变量 smaller 来接收重设大小之后的图像，然后调用 smaller.show() 把它显示出来。

范例程序 4-14

```
from PIL import Image
im = Image.open("myIS300.jpg")
smaller = im.resize((640,480))
smaller.show()
smaller.save("myIS300s.jpg")
im.close()
```

注意，在指定图像缩放尺寸时，使用的是 1 个元组参数（也就是用小括号中的数字对），而这个元组的内容就是缩小之后的长和宽。范例程序 4-14 的执行结果如图 4-10 所示。

图 4-10　调用 smaller.show() 函数所打开的图像显示界面

在了解如何打开图像文件以及调整图像尺寸之后，接下来我们要建立一个批处理操作，让用户指定某一个文件夹，然后把该文件夹中所有的图像文件全部调整成固定的大小，并转存到另外一个文件夹中。

为了要执行这个范例程序，请在要执行 Python 程序的目录下准备一个文件夹，在此范例程序中以 "a" 作为此图像文件的源文件夹，并把一些手机拍摄的照片（通常尺寸都挺大的，以笔者的手机为例，分辨率为 4032×3024 像素）放在文件夹 a 中。如果读者不知道在 Jupyter Notebook 环境下执行程序的文件夹路径，可执行下面的程序来取得当前所在文件夹的路径：

```
import os
print(os.getcwd())
```

4.5.3　批次转换图像文件的尺寸

在准备好存储照片的源文件夹之后，执行下面的范例程序（为了简化程序，在这个范例程序中并没有编写异常处理部分，而在实际的程序设计时，只要涉及文件操作就会编写异常处理，以避免因文件存取问题而导致程序执行被中断）。

范例程序 4-15

```
import os
from PIL import Image

source = input("请输入源文件夹：")
if os.path.exists(source):
    target = input("请输入目标文件夹：")
```

113

```
            if not os.path.exists(target):
                os.mkdir(target)
                allfiles = os.listdir(source)
                for file in allfiles:
                    filename, ext = os.path.splitext(file)
                    filename = filename + "_s"
                    targetfile = filename + ext
                    im = Image.open(os.path.join(source, file))
                    thumbnail = im.resize((320,200))
                    thumbnail.save(os.path.join(target, targetfile))
                    im.close()
                    thumbnail.close()
                    print("{}-->{}".format(file, targetfile))
            else:
                print("目标文件夹已存在，无法进行。")
        else:
            print("找不到源文件夹。")
```

现在来看看范例程序 4-15 的执行结果。程序开始执行后会要求用户输入源文件夹，也就是之前我们准备好的图像文件的文件夹（在本例中这个文件夹为 a），之后要求用户输入目标文件夹（也就是缩小尺寸之后的图像文件要存储的位置，在本例中这个文件夹为 c）。当在源文件夹中可以找到图像文件而且目标文件夹不存在的情况下，这个程序会把当前源文件夹中的所有图像文件读取出来，在主控文件之后加上"_s"，接着把尺寸缩小为（320, 200），并把缩小后的图像文件存储在目标文件夹 c 中。范例程序 4-15 的执行过程如下所示：

```
请输入源文件夹：a
请输入目标文件夹：c
2018-11-02 09.11.50.jpg-->2018-11-02 09.11.50_s.jpg
2018-11-07 11.53.40.jpg-->2018-11-07 11.53.40_s.jpg
2018-11-07 11.55.52.jpg-->2018-11-07 11.55.52_s.jpg
2018-11-07 17.25.37.jpg-->2018-11-07 17.25.37_s.jpg
2018-11-08 17.11.00.jpg-->2018-11-08 17.11.00_s.jpg
2018-12-19 11.35.09.jpg-->2018-12-19 11.35.09_s.jpg
2018-12-19 11.39.57.jpg-->2018-12-19 11.39.57_s.jpg
2018-12-23 16.13.03.jpg-->2018-12-23 16.13.03_s.jpg
2018-12-23 16.28.20.jpg-->2018-12-23 16.28.20_s.jpg
```

此时在文件资源管理器窗口中打开文件夹 c，就可以看到转换后的结果，如图 4-11 所示。

图 4-11　批次转换图像文件尺寸的程序执行结果

回顾一下这个程序的代码，我们使用 source 和 target 两个变量记录源文件夹和目标文件夹的名称，而第 1 个 if 语句检查 source 是否存在，只有 source 存在才能够继续往下执行。另外，target 一定不能存在，以避免本范例程序影响到已存在的文件夹下的内容。检查文件夹是否符合要求的程序代码如下：

```
source = input("请输入源文件夹：")
if os.path.exists(source):
    target = input("请输入目标文件夹：")
    if not os.path.exists(target):
        #
        #<<文件夹符合要求时要执行的程序代码放在这里>>
        #
    else:
        print("目标文件夹已存在，无法进行。")
else:
    print("找不到源文件夹。")
```

当已有源文件夹而且目标文件夹是全新的时候，随即调用 os.listdir(source) 获取源文件夹中的所有文件名并放到变量 allfiles 中，之后再通过一个 for 循环逐一取出每一个文件名放到 file 变量中，调用 os.path.splitext(file) 拆解出主文件名和文件扩展名，在主文件名后面加上 "_s" 字符串再组合为目标文件名 targetfile。文件名处理完毕之后就把源文件的图像转换尺寸大小之后再存储到目标文件夹中。注意，源文件都存放在 source 文件夹中，打开它们之前要调用

os.path.join(source, file)组合路径名才能够找到这些文件。

4.5.4　创建图像文件索引网页

接下来要创建一个网页文件 index.html，让它可以把这些缩小后的图像文件变成一个网页的索引页面，便于我们在浏览器中查看。要创建一个网页的 HTML 文件就必须符合一些 HTML 设置的要求，因为我们的程序只是要产生中间的表格格式，所以先准备好在表格前面以及后面所需要的 HTML 语言的标签，分别放在 pre_html 和 post_html 两个字符串变量中，如下所示（在本书后面的章节中，会介绍专门用来创建 HTML 文件的模块）：

```
pre_html = '''
<!DOCTYPE html>
<head>
<meta charset='utf-8'/>
</head>
<body>
<table>
'''

post_html = '''
</table>
</body>
</html>
'''
```

用 HTML 语言绘制标准格式的表格，所使用的脚本如下所示：

```
<table border=1>
<tr>
<td>第一行第一列</td><td>第一行第二列</td><td>第一行第三列</td>
</tr>
<tr>
<td>第二行第一列</td><td>第二行第二列</td><td>第二行第三列</td>
</tr>
<tr>
<td>第三行第一列</td><td>第三行第二列</td><td>第三行第三列</td>
</tr>
</table>
```

其中，border 用来设置使用的线条粗细，<tr></tr>是行的设置，<td></td>是列的设置。这个脚本的输出如图 4-12 所示。

第一行第一列	第一行第二列	第一行第三列
第二行第一列	第二行第二列	第二行第三列
第三行第一列	第三行第二列	第三行第三列

图 4-12　设置简易表格所呈现的外观

要在表格中放置图像文件，所使用的 HTML 的图像文件指令如下：

```
<img src="图像文件路径" width="宽度" height="高度">
```

其中，"宽度"和"高度"可以都指定或者择一指定，如果只指定其中一个数字，另外一个参数则是自动按比例进行调整。除了指定图像文件之外，我们也希望加上超链接，让用户在单击该图像文件之后即可打开源文件。超链接的指令格式如下：

```
<a href="链接的网址或路径">被链接的文字内容或是其他标签</a>
```

由于我们打算把图像文件作为链接的内容，因此在程序中输出的格式如下：

```
<a href="源文件位置"><img src="缩图文件位置"></a>
```

要输出上述的 HTML 编码，可以在创建缩图时一并完成，因此接下来的程序代码是放在前一个程序产生缩图的循环中执行的。在进入循环之前先创建一个空的字符串变量 table_html，用来存放表格的内容。在循环中，当处理完了缩小的图像文件并把图像文件存储在目标文件夹之后，可以加入以下指令来产生每一行的表格内容：

```
table_html += "<tr><td><a href='{}'><img src='{}'></a></td></tr>".format(
             os.path.join("..", os.path.join(source, file)), targetfile)
```

在上面这个程序片段中，使用的是字符串 ""<tr><td><a href='{}'><img src='{}'></a></td></tr>""，中间的两个大括号分别指向来源图像文件以及目标图像文件所在的位置。由于我们假设 index.html 文件是要和目标文件夹放在一起的，因此要取得源文件夹中的图像文件，就必须先使用".."（两个句点符号）回到上一层目录再从 source 进入源文件夹才行，并调用 os.path.join()函数把它们串接在一起。其中一行格式化后的字符串内容如下所示：

```
<tr><td><a href='..\a\2018-11-02 09.11.50.jpg'><img src='2018-11-02
09.11.50_s.jpg'></a></td></tr>
```

前面的 "table_html +=" 的作用就是把每一个文件所产生的格式化字符串都串接在一起。当循环执行完毕之后，所有的 table_html 也就串接完成了，最后使用以下指令把所有的 HTML 脚本全部串成一个文件内容：

```
html = pre_html + table_html + post_html
```

接着在程序的最后两行把这个文件内容以 index.html 的文件名存储在目标文件夹中。完整的程序代码如下所示。

范例程序 4-16

```
import os
from PIL import Image

pre_html = '''
<!DOCTYPE html>
```

```
<head>
<meta charset='utf-8'/>
</head>
<body>
<table>
'''

post_html = '''
</table>
</body>
</html>
'''

table_html = ""

source = input("请输入源文件夹：")
if os.path.exists(source):
    target = input("请输入目标文件夹：")
    if not os.path.exists(target):
        os.mkdir(target)
        allfiles = os.listdir(source)
        for file in allfiles:
            filename, ext = os.path.splitext(file)
            filename = filename + "_s"
            targetfile = filename + ext
            im = Image.open(os.path.join(source, file))
            thumbnail = im.resize((320,200))
            thumbnail.save(os.path.join(target, targetfile))
            im.close()
            thumbnail.close()
            print("{}-->{}".format(file, targetfile))
#以下的程序代码用来创建 HTML 索引文件的表格内容
            table_html += "<tr><td><a href='{}'><img
src='{}'></a></td></tr>".format(
                os.path.join("..", os.path.join(source, file)),
                targetfile)
#以上的程序代码用来创建 HTML 索引文件的表格内容
    else:
        print("目标文件夹已存在，无法进行。")
else:
    print("找不到源文件夹。")
html = pre_html + table_html + post_html
with open(os.path.join(target, "index.html"), "w", encoding="utf-8") as f:
    f.write(html)
```

上面的程序执行完毕之后，可以在目标文件夹中（在此例中文件夹为 b）看到 index.html 这个文件以及所有缩小后的图像文件，如图 4-13 所示。

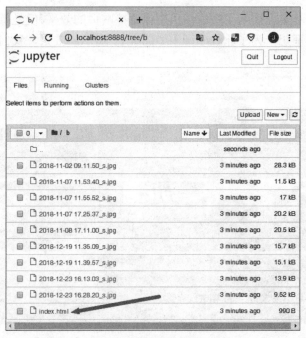

图 4-13　自动化图像索引生成程序的执行结果

在 Jupyter Notebook 中单击 index.html 文件，或是在浏览器中打开这个文件，就可以看到所有图像文件的索引图了，单击任意一个图像还可以打开原始全尺寸的图像。浏览器中的索引图像如图 4-14 所示。

图 4-14　自动图像索引文件 index.html 的浏览效果

虽然上述程序已基本上达到了生成索引图像链接网页的效果,但是所有的图像从上而下排列的方式显然并不太理想,为了让程序产生如图 4-15 所示的效果,我们在程序上还可以再做一些修改。

图 4-15 以 3 个图像为一行的索引网页效果

首先在 pre_html 字符串的后面加上 "<tr>",在 post_html 字符串的前面加上 "</tr>",然后在 table_html 的格式化字符串中就不要再加<tr>和</tr>了,而是在此指令的后面加上如下的程序代码:

```
if (index+1) % 3 == 0:
    table_html += "</tr><tr>"
```

这个条件判断语句的作用在于检查当前所生成的链接图像文件是否为 3 的倍数,如果是,就产生一个字符串 "</tr></tr>",用来在 HTML 表格中换行并添加一行,如此才能让网页每行放置 3 个图像文件的链接。完整的程序代码参考如下。

范例程序 4-17

```
import os
from PIL import Image


pre_html = '''
<!DOCTYPE html>
<head>
<meta charset='utf-8'/>
</head>
<body>
<table>
<tr>
```

```
'''

post_html = '''
</tr>
</table>
</body>
</html>
'''

table_html = ""

source = input("请输入源文件夹：")
if os.path.exists(source):
    target = input("请输入目标文件夹：")
    if not os.path.exists(target):
        os.mkdir(target)
        allfiles = os.listdir(source)
        for index, file in enumerate(allfiles):
            filename, ext = os.path.splitext(file)
            filename = filename + "_s"
            targetfile = filename + ext
            im = Image.open(os.path.join(source, file))
            thumbnail = im.resize((320,200))
            thumbnail.save(os.path.join(target, targetfile))
            im.close()
            thumbnail.close()
            print("{}-->{}".format(file, targetfile))
#以下的程序代码用来创建 HTML 索引文件的表格内容
            table_html += "<td><a href='{}'><img src='{}'></a></td>".format(
                os.path.join("..", os.path.join(source, file)),
                targetfile)
            if (index+1) % 3 == 0:
                table_html += "</tr><tr>"
#以上的程序代码用来创建 HTML 索引文件的表格内容
    else:
        print("目标文件夹已存在，无法进行。")
else:
    print("找不到源文件夹。")
html = pre_html + table_html + post_html
with open(os.path.join(target, "index.html"), "w", encoding="utf-8") as f:
    f.write(html)
```

为了方便教学，在这一节中的例子只使用了非常简单的 HTML 指令，如果读者熟悉 HTML/CSS 的框架（如 Bootstrap、jQuery 等），也可以把这些程序代码应用到 index.html 的文件中，让生成的索引网页具有更高质感的效果，甚至做成幻灯片转动的效果也不是很困难。

4.6 习题

1. 为网页索引功能应用 Bootstrap 框架，使网页具有自适应不同设备屏幕的能力。

2. 调用 os.walk()打印出某一个指定目录下的所有文件列表。

3. 修改 pyramid.py，让此程序可以在用户输入错误的情况下，除了提醒用户应该要输入一个数字作为参数之外，还可以让用户重新输入直至得到正确的数字再开始绘制用 "*" 所组成的三角形。

4. 设计一个程序，可以把用户输入的成绩数据以字典的类型存储成文本文件，再读出该文件计算各科总分和平均分。

5. 准备第 4 题所存储的一些成绩数据文件，并设计一个程序，让用户以输入文件名的方式来读取之前存储过的数据文件，计算该文件中学生成绩的总分和平均分。

第 5 课

Python 绘图

    程序设计中有趣的功能之一就是让计算机帮我们绘图。与使用 Windows 的 "画图"、CorelDraw、Painter 等应用程序进行绘图不一样，通过在程序中使用一些重复的指令和函数可以让计算机帮我们画出一些精确的几何图形和函数图形。Python 语言中有一个名为 turtle 的模块，我们把它称为海龟绘图模块。使用这个模块，就能以交互的方式执行程序的绘图操作。在这一堂课中，我们就来学习如何使用 turtle 模块配合程序函数画一些有趣的图案。另外，还有一个名为 pygame 的模块，可以用于高级的绘图甚至动画和游戏制作上，在本堂课中也会做一个简单的介绍。

5.1   Python 海龟绘图简介
5.2   绘制几何图形
5.3   绘制数学函数图形
5.4   使用 pygame 绘制图形
5.5   习题

5.1　Python 海龟绘图简介

用 Python 语言实现绘图的工作，最有趣、成熟的模块非 turtle 莫属。turtle 模块是以 1966 年 Wally Feurzig 和 Seymour Papert 为小朋友绘图所开发的 Logo 语言一个非常受欢迎的教小朋友用程序绘图的程序设计语言为蓝本所创建的。

在 Python 中使用 turtle 模块，只要使用 import turtle as tu 导入这个模块并取一个别名 tu，接下来通过 tu 这个对象来存取海龟绘图函数即可；也可以使用 from turtle import *导入 turtle 模块中所有的函数，之后直接调用在 turtle 模块中的绘图指令。在本书中我们使用第一种方式。下面是一个简单的绘制正方形的范例程序。

范例程序 5-1

```
import turtle as tu
tu.color('blue')
for i in range(4):
    tu.forward(120)
    tu.left(90)
tu.done()
```

执行这个范例程序之后，Python 就会打开一个绘图用的画布，然后以动画的方式绘制一个正方形，如图 5-1 所示。

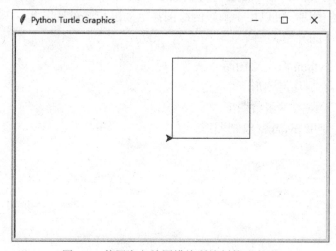

图 5-1　使用海龟绘图模块所绘制的正方形

这个范例程序的第 1 行语句使用 import 导入 turtle 模块，并以 tu 作为别名，之后所有的属性和方法（函数）全部都是以 "tu." 作为引用模块的模块名。读者也可以选用自己想使用的名称。

海龟绘图法的基本逻辑是，假设有一只海龟，它具有在屏幕上留下足迹（画图）的能力，我们可以通过指令来指挥它行动。以前面的程序为例，先调用 tu.color() 函数来设置画笔的颜色，接下来用一个循环重复 4 次，每一次都先前进 120 点（tu.forward），接着向左转动 90 度。整个循环执行之后，等于是转了 4 次 90 度，于是就绘制了一个边长为 120 点的蓝色正方形。特别要注意的是，海龟绘图的基本想法是：输入一步命令就执行一次绘图操作，在完成绘图工作之后要下达 done() 指令，以避免海龟绘图环境一直在等待后续的海龟绘图指令而不再响应我们的主程序。也正因为有这样的特性，所以练习海龟绘图最好的方法是启用交互式指令模式，边下指令边观看指令执行的结果，如图 5-2 所示。

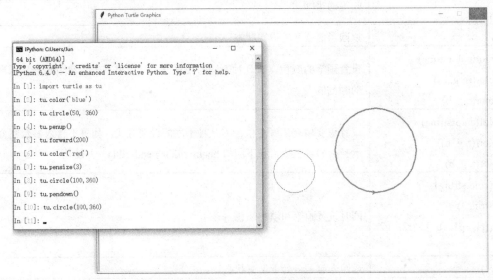

图 5-2　使用交互式界面练习海龟绘图指令

在开始绘图之前先来看看有哪些可以用来设置绘图状态的相关函数。常用的与窗口操作有关的函数列在表 5-1 中。

表 5-1　海龟绘图中和窗口操作有关的函数

函　　数	说　　明
bgcolor()	设置窗口的背景颜色
bgpic(picname)	使用图像文件作为窗口的背景
clear() clearscreen()	清除窗口
reset() resetscreen()	把所有的设置全部重置
screensize()	查询当前的屏幕尺寸
penup()	把笔拿起来，接下来的操作不会留下绘图的痕迹
pendown()	把笔放下去，接下来移动的过程都会执行绘图的操作

虽然说是海龟绘图，其实那个海龟的样子（符号外观）是可以改变的，也可以隐藏起来，它就是一支有趣的画笔而已。开始绘图之前，有一些指令可以用来设置画笔的颜色及画笔的粗细，常见的函数如表 5-2 所示。

表 5-2　和绘图属性有关的函数

函　数	说　明
shape()	如果不加参数直接调用，就会返回当前光标的形状；如需要修改，有以下几种选择："arrow" "turtle" "circle" "square" "triangle" "classic"
shapesize(w, l, o)	传入 3 个参数，分别代表宽、长以及外框
pensize(w) width(w)	画笔的粗细
pen()	返回当前画笔的设置状态
pencolor(colorstring) pencolor((r, g, b)) pencolor(r, g, b)	设置画笔的颜色，有几种不同的设置方式，如果不传入参数则会显示当前的颜色值
fillcolor(colorstring) fillcolor((r, g, b)) fillcolor(r, g, b)	设置想要填充的颜色值，有几种不同的设置方式，如果不传入参数则会显示当前的颜色值，和下面的 begin_fill() 与 end_fill() 一并使用
color(colorstring1, colorstring2) color((r1, g1, b1), (r2, g2, b2))	同时设置画笔和填充颜色
filling()	返回当前是否处于填充状态
begin_fill()	开始设置填充用的形状
end_fill()	设置结束，开始填充颜色的操作

　　设置属性之后，接下来开始进行的前进、后退、前往等动作就会根据当时的属性设置情况决定是否在行进时留下画笔的颜色。这些动作及其说明如表 5-3 所示。

表 5-3　指挥海龟动作的相关函数及其说明

函　数	说　明
write()	输出文字信息
showturtle()	把当前的光标形状显示出来
hideturtle()	把当前的光标形状隐藏起来
forward(move)	前进指定的步数
backward(move)	后退指定的步数
right(angle)	向右旋转指定的角度
left(angle)	向左旋转指定的角度
goto(x, y) setpos(x, y) setposition(x, y)	直接前往(x, y)坐标位置
setx(x)	设置 x 坐标位置

（续表）

函　数	说　明
sety(y)	设置 y 坐标位置
setheading(angle)	设置光标的朝向角度
home()	回到初始点
circle(r, angle)	按指定的半径 r 绘制 angle 角度的圆
dot(size)	绘制一个指定大小的点
stamp()	把光标形状留在当前的位置（留下印章）
clearstamp()	清除印章
speed(n)	设置绘制及移动的速度

　　有了上述指令就可以绘制出许多有趣的图形了，在下一节中可以看到许多例子。最后，在开始绘制图形之前说明一点，海龟绘制系统所使用的坐标系和数学中的是一样的，正中央是原点(0,0)，也是光标一开始停留的位置，往右是 x 坐标递增，往左是 x 坐标递减，往下是 y 坐标递减，往上则是 y 坐标递增。如果需要，也可以调用 setworldcoordinates(左下角 x 坐标,左下角 y 坐标,右上角 x 坐标,右上角 y 坐标)函数来设置整个画布的尺寸。

5.2　绘制几何图形

　　本节先来用 circle(r, angle)函数绘制圆，可以输入 2 个参数：第 1 个参数是圆的半径；第 2 个参数是这个圆要画几度（1~360），如果输入 360，就可以画成一个完整的圆。当海龟收到这条指令时，它会从当前光标所在的位置开始，以逆时针旋转的方式开始画圆，因此圆心坐标位置会是当前所在的坐标处往上方向加上半径的长度，也就是坐标位置为(x, y+r)的地方。

5.2.1　绘制 5 个不同颜色的圆

　　在此打算使用 5 个不同的颜色来画出 5 个圆，每画一个圆之后就往右移 50 点，请看以下的范例程序。

范例程序 5-2

```
import turtle as tu
circle_colors = ['red', 'yellow', 'blue', 'black', 'gray']
tu.pensize(2)
tu.penup()
for i in range(len(circle_colors)):
    tu.goto(-200+i*50, 0)
    tu.pendown()
    tu.color(circle_colors[i])
    tu.circle(80,360)
    tu.penup()
```

```
tu.done()
```

为了充分利用 Python 程序设计的优势，要绘制 5 个不同颜色的圆，可以先使用一个列表变量 circle_colors 来记录 5 种不同的颜色，在这里是以颜色名称的方式来指定的，所有可以使用的颜色名称请参考 Python turtle 模块网页上的说明。

有了 circle_colors 这个列表之后，接着调用 pensize(2)函数设置画笔的粗细，接下来的 penup()动作很重要，因为我们不想让所有的轨迹都留下痕迹被画出来，这样会把所有的图形都粘在一起。调用 penup()函数等于是在真正绘图之前先把画笔抬起来，等到真正要绘图的时候再调用 pendown()函数把画笔落笔在画布上。

以 circle_colors 列表为基础，通过一个循环先调用 len()得知 circle_colors 的长度再决定 range 的值，在绘图之前都先调用 goto()函数往右平移 50 点，再下笔绘图，而要绘制的颜色则是通过 i 这个索引变量找出对应的颜色，设置完成之后再调用 circle(80, 360)来画一个半径为 80 的完整的圆。这个程序的执行结果如图 5-3 所示。

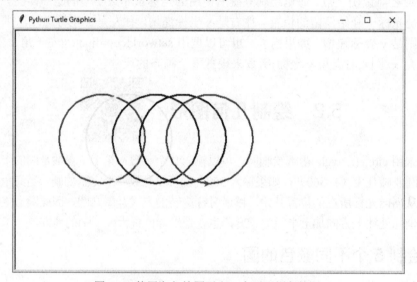

图 5-3 使用海龟绘图画出 5 个不同颜色的圆

调用 enumerate()函数可让程序编程更加容易理解。下面的范例程序将原来调用 range()函数产生索引值的方式改为调用 enumerate()函数产生索引值并取出颜色值，再分别放在变量 i 和 c 中，在设置颜色时就可以直接调用 tu.color(c)了。

范例程序 5-3

```
import turtle as tu
circle_colors = ['red', 'yellow', 'blue', 'black', 'gray']
tu.pensize(2)
tu.penup()
for i, c in enumerate(circle_colors):
    tu.goto(-200+i*50, 0)
    tu.pendown()
```

```
        tu.color(c)
        tu.circle(80,360)
        tu.penup()
    tu.done()
```

5.2.2　绘制多边形

调用 left() 和 forward() 函数，再加上循环就可以绘制任意多边形了。因为绕一圈是 360 度，所以如果转弯 360 次，每次前进一段距离之后就左转 1 度，那么所留下来的轨迹就是一个圆；如果把 360 度分成 3 次来转弯，每次转 120 度，得到的就是一个三角形；如果分成 4 次来转，每次转 90 度，那么得到的就是一个正方形；以此类推。

基于上面的分析和讨论来编写一个程序，一开始先询问用户要绘制几边形，把用户的回答存放在变量 n 中，则每次要转弯的角度就是 360//n（两个除号表示整除），使用循环执行 n 次，每次前进一段距离之后就转 360//n 度，最后为了避免除不尽，在循环之外再加上一个 goto(0,0) 回到起始点，即可大功告成。请参考下面的范例程序。

范例程序 5-4

```
import turtle as tu
n = int(input("请问要画几边形？"))
tu.pensize(2)
tu.color('blue')
for i in range(n):
    tu.left(360//n)
    tu.forward(100)
tu.goto(0,0)
tu.done()
```

图 5-4 是绘制成七边形的例子。

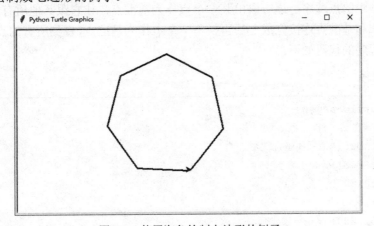

图 5-4　使用海龟绘制七边形的例子

5.2.3　绘制多边形毛线球

有了绘制正多边形的方法，不知道读者会不会想到，如果把正多边形的所有点都连接在一起会是什么样子呢？先来看看下一个范例程序要绘制的图案，如图 5-5 所示，它是一个正十二边形的毛线球。

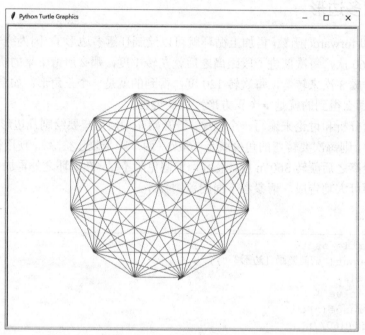

图 5-5　使用海龟绘制的正十二边形毛线球

这个程序的前半部和前面绘制正多边形程序基本上是一样的，差别在于它的目的不在于画上轨迹，而是把几个顶点的(x, y)坐标值取出，放在列表变量 pos_list 中，接下来的第 2 个循环按照在 pos_list 中的点顺序，逐一取出某一个点作为基准点，让它跟其他所有的点进行连接，等所有的点全部和基准点连接完成之后再换下一个点作为基准点，直到所有的点都连接完成为止。这个范例程序的代码如下。

范例程序 5-5

```
import turtle as tu
pos_list = list()
n = int(input("请问要画几边形? "))
tu.color('red')
tu.speed(8)
tu.penup()
tu.goto(0,-200)

for i in range(n):
    tu.left(360//n)
```

```
        tu.forward(100)
        pos_list.append(tu.pos())

    for i in range(len(pos_list)):
        for point in pos_list:
            tu.penup()
            tu.goto(pos_list[i])
            tu.pendown()
            tu.goto(point)
    tu.done()
```

所有绘图操作的重点都在第 2 组循环中，它是一个嵌套循环，也就是一个循环之内还有一个循环。外循环负责的是每一个基准点，内循环负责把所有的点都通过调用 goto() 函数让海龟去走一遍，即每两个端点都走一遍，并在走的过程中留下轨迹。

要注意的是，这个范例程序中有一些重复绘制的部分，为了简化程序以方便解说，就不再另外使用一些程序技巧去避开那些重复绘图的操作了。

5.2.4　使用变量渐变技巧绘制几何图形

在绘制的过程中，如果利用循环进行重复的动作并在重复的过程逐渐地改变一些变量的值，就可以绘制出一些有趣的图形或符号。请参考下面这个范例程序。

范例程序 5-6

```
import turtle as tu
tu.speed(0)
tu.color('blue')
tu.pensize(3)
for i in range(150):
    tu.left(i//10)
    tu.forward(6)
tu.penup()
tu.home()
tu.pendown()
for i in range(150):
    tu.right(i//10)
    tu.forward(6)
tu.penup()
tu.home()
tu.pendown()
for i in range(150):
    tu.right(i//10)
    tu.backward(6)
```

```
tu.penup()
tu.home()
tu.pendown()
for i in range(150):
    tu.left(i//10)
    tu.backward(6)
tu.done()
```

这个范例程序的执行结果如图 5-6 所示。

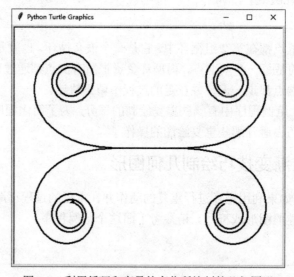

图 5-6   利用循环和变量的变化所绘制的几何图形

运用类似的方法，调用填充 begin_fill()函数，还可以绘制出一个爱心图案，该范例程序的代码如下。

范例程序 5-7

```
import turtle as tu
tu.color('red')
tu.begin_fill()
tu.left(90)
for i in range(200):
    tu.right(1)
    tu.forward(1)
tu.goto(0,-130)
tu.goto(-110.96, -20.57)
tu.penup()
tu.goto(0,0)
tu.pendown()
tu.home()
tu.left(90)
for i in range(200):
```

```
       tu.left(1)
       tu.forward(1)
   tu.end_fill()
   tu.ht()
   tu.done()
```

这个程序分成两大部分，前后两个循环的作用是用来绘制爱心上方的两个半圆，而其他的部分则是用直接连接的方式绘制而成。在绘图操作开始之前，先调用 begin_fill() 告知海龟接下来的轨迹要想办法把它们记录到要填充的几何图案中，等到最后调用 end_fill() 函数时再开始执行填充操作。范例程序 5-7 的执行结果如图 5-7 所示。

图 5-7　使用海龟绘制的爱心图案

5.3　绘制数学函数图形

前面的程序主要说明的是以程序技巧来绘制几何图形，接下来介绍如何使用数学函数来绘制图形。先来看看绘制典型三角函数图形的方法。

范例程序 5-8

```
1: import math
2: import turtle as tu
3: tu.speed(8)
4: tu.penup()
5: tu.goto(-200,0)
6: tu.pendown()
7: for d in range(0, 361, 5):
8:     tu.goto(d-200, 100*math.sin(d*math.pi/180))
9: tu.done()
```

Python 中的数学函数基本都收集在 math 模块中，其中 math.pi 就是三角函数中常见的圆周率π，　math.sin 和 math.cos 就是三角函数中的正弦函数和余弦函数，有关更多其他数学函数的详细说明，请参阅相关的网站。

范例程序 5-8 中的第 8 行语句就是实际上执行前进绘制的指令。tu.goto()函数前进到下一个位置需要 x 和 y 两个坐标，x 坐标就是我们用来计算三角函数的角度，使用 range(0, 361, 5) 可以产生一个 0, 5, 15, 20, 25, ..., 355, 360 的数列，数列中的每一个数值除了是要前进的 x 值之外，还要用于计算正弦函数值的角度。要特别注意的是，math.sin()函数使用的是弧度，而我们所产生的数值是以角度来计算的，因此在 math.sin()函数的参数中还需要使用 d * math.pi /180 把角度转换为弧度。另外，由于 sin 函数的值在正负 1 之间，因此还要用一个数值（在这个例子中是 100）把它放大一些，这个数值就是振幅。

经由上述的循环，海龟要前进（goto）的下一个点就是以当前的角度值和以该角度值计算出来的正弦函数值为坐标的，其轨迹自然就是 sin 函数图形了。范例程序 5-8 的执行结果如图 5-8 所示。

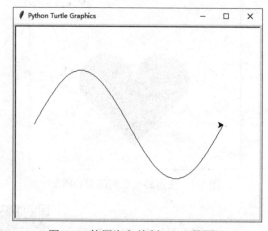

图 5-8　使用海龟绘制 sin 函数图形

这个范例程序的 sin 函数的参数值以及角度都是可以自由调整的，不同的数值会产生不同的函数图形，有兴趣的读者可以自己试试看。

有了 sin 函数图形，如果要和 cos 函数图形套叠在一起，则可将程序代码修改如下。

范例程序 5-9

```
import math
import turtle as tu
tu.speed(8)
tu.pensize(3)
tu.penup()
tu.goto(-200,0)
tu.color('red')
tu.pendown()
for d in range(0, 361, 5):
    tu.goto(d-200, 100*math.sin(d*math.pi/180))
tu.penup()
tu.goto(-200,100)
```

```
tu.color('blue')
tu.pendown()
for d in range(0, 361, 5):
    tu.goto(d-200, 100*math.cos(d*math.pi/180))
tu.done()
```

其实就是同样的程序代码回到原出发点(-200, 0)再执行一次，只是把sin函数改为cos函数。这个程序的执行结果如图 5-9 所示。

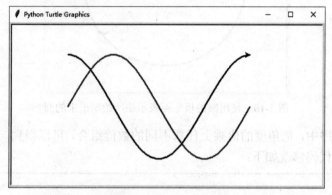

图 5-9　使用海龟绘制 sin 函数和 cos 函数图形

圆的表示法中有一种是通过三角函数来表示的极坐标表示法，它的公式如下：

$$\begin{cases} x = r\cos\theta \\ y = r\sin\theta \end{cases}$$

其中，r 是半径，θ是角度。通过 cos 和 sin 计算出坐标值，将角度从 0 到 360 度全部代入算一遍，计算所得的所有坐标值串在一起就会是一个圆。以这种方式实现画圆的范例程序如下。

范例程序 5-10

```
import math
import turtle as tu
tu.speed(8)
tu.pensize(3)
tu.penup()
tu.goto(150,0)
tu.color('red')
tu.pendown()
for d in range(0, 361, 2):
    x = 150*math.cos(d*math.pi/180)
    y = 150*math.sin(d*math.pi/180)
    tu.goto(x, y)
tu.done()
```

在上面的程序中 150 是半径，绘制出来的结果如图 5-10 所示。

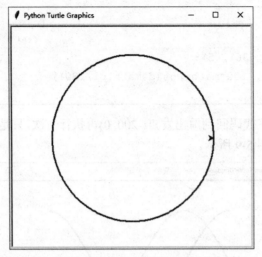

图 5-10　使用圆的极坐标表示法所绘制出来的圆

在这个范例程序中，把角度的值乘上任意不同的数值组合，可以得到一些特别的图形（李沙育图形），程序代码修改如下：

```python
import math
import turtle as tu
tu.speed(8)
tu.pensize(3)
tu.penup()
tu.goto(150,0)
tu.color('red')
tu.pendown()
for d in range(0, 361, 2):
    x = 150*math.cos(3*d*math.pi/180)
    y = 150*math.sin(7*d*math.pi/180)
    tu.goto(x, y)
tu.done()
```

绘制出来的结果如图 5-11 所示。

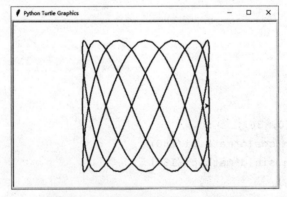

图 5-11　李沙育图形的其中一个例子

数学上还有一些有趣的函数，其中一个是"心脏线"，它的参数方程式如下：

$$\begin{cases} x(\theta) = 2r\left(\cos\theta - \dfrac{1}{2}\cos2\theta\right) \\ y(\theta) = 2r\left(\sin\theta - \dfrac{1}{2}\sin2\theta\right) \end{cases}$$

把上述的方程式转化为 Python 程序语句的结果如下：

```
x = 2*r*(math.cos(th(d)) - 0.5 * math.cos(2*th(d)))
y = 2*r*(math.sin(th(d)) - 0.5 * math.sin(2*th(d)))
```

其中，r 就是圆的半径，在程序的前面加以设置；th(d)是简易的角度转换成弧度的子程序，也是在程序的前面进行定义。完整的程序代码如下所示。

范例程序 5-11

```
import math
import turtle as tu

def th(degree):
    return degree*math.pi/180

r = 100
tu.speed(8)
tu.pensize(3)
tu.penup()
tu.color('red')
for d in range(0, 361, 2):
    x = 2*r*(math.cos(th(d)) - 0.5 * math.cos(2*th(d)))
    y = 2*r*(math.sin(th(d)) - 0.5 * math.sin(2*th(d)))
    if d:
        tu.pendown()
    tu.goto(x, y)
tu.done()
```

这个程序的执行结果如图 5-12 所示。

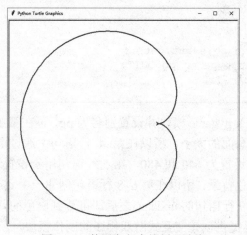

图 5-12　使用海龟来绘制心脏线

读者可以去找找各种有趣的数学函数，使用 Python 程序把它们画出来看看。

5.4　使用 pygame 绘制图形

pygame（https://www.pygame.org/news）是一个让 Python 程序设计者可以轻松设计游戏的模块。拿它来绘制图形更是小菜一碟，不过它并没有内建在 Anaconda 的程序包中，因此在使用之前要先执行以下的安装指令：

```
pip install pygame
```

安装完毕之后，在 Jupyter Notebook 环境中执行导入的工作：

```
import pygame as pg
```

即可在输出的地方看到如下所示的字样：

```
pygame 1.9.5
Hello from the pygame community. https://www.pygame.org/contribute.html
```

这样就表示安装成功，可以安心地使用了。在下面的范例程序标准的 pygame 游戏的程序框架中，我们以 pg 作为这个模块的别名，在调用它的各种函数之前记得加上 "pg."。

范例程序 5-12

```
 1: import pygame as pg
 2:
 3: pg.init()
 4: screen = pg.display.set_mode((640, 480))
 5: pg.display.set_caption("Richard's pygame!")
 6: bk = pg.Surface(screen.get_size())
 7: bk.fill((255,255,255))
 8: screen.blit(bk, (0,0))
 9: pg.display.update()
10: quit = False
11: while not quit:
12:     for event in pg.event.get():
13:         if event.type == pg.QUIT:
14:             quit = True
15: pg.quit()
```

在第 1 行语句中先导入 pygame 模块并设置别名为 pg，再在第 3 行语句中进行初始化。初始化之后要设置屏幕显示画面的大小，所以在第 4 行语句中通过调用 display.set_mode((640, 480))函数将屏幕的宽和高设置为 640 和 480。第 5 行语句用于设置这个 display 的标题。一开始 pygame 的 display 是黑色背景，所以在第 6~8 行语句创建一个 display 的屏幕，再调用.blit()函数把它画上去，执行第 9 行语句的 update()之后即可看到白色的背景。

pygame 的主要功能是提供创建交互式游戏程序的制作模块，所以在游戏中获取用户输入的事件是非常重要的。第 10~14 行语句是用来获取用户事件的一个标准循环，当收到离开事件时才执行第 15 行的 quit()函数来结束 pygame 的画面，在这个范例程序中只有处理用户离开

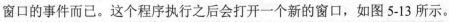

窗口的事件而已。这个程序执行之后会打开一个新的窗口，如图 5-13 所示。

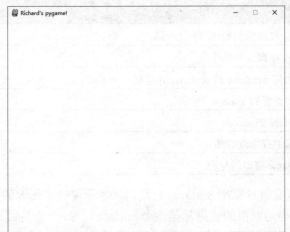

图 5-13　pygame 的空白画面

有了这个画面之后，就等于有一个可以让我们在程序中自由使用的画布。在实际绘图之前，先来看看有哪几个重要的模块可以使用（见表 5-4）。

表 5-4　pygame 模块中的子模块及说明

模块名称	用　途
cdrom	对 CDROM 音乐播放的相关操作
cursors	光标的相关操作
display	用来控制显示窗口及屏幕的模块
draw	在 Surface 上绘制图形
event	管理事件处理
font	创建和显示 TrueType 的字体
image	和图形相关的操作
joystick	管理游戏杆相关的功能
key	处理和键盘相关的功能
mouse	处理和鼠标相关的功能
sndarray	使用 numpy 处理音效的部分
surfarray	使用 numpy 处理图像的部分
time	控制计时的相关功能
transform	对于图像的相关转换功能

如果只打算使用 pygame 模块来绘图，那么程序一开始要执行 pg.init()函数初始化游戏窗口，之后要调用 gp.display.set_mode()函数取得用来显示的屏幕。display 模块中和绘图相关的函数如表 5-5 所示。

表 5-5　display 模块中常用的函数及其说明

模块名称	用　途
init	对 display 模块的初始化
quit	退出 display 模块的操作
set_mode	用来初始化 windows 或 screen，并返回一个 Surface，可以设置长宽以及深度（depth）
get_surface	取得当前设置的 Surface
flip	刷新 Surface 到 screen
update	更新屏幕中有修改的部分
set_caption	设置 pygame 窗口的标题

执行绘图操作最重要的对象是 Surface，它是用来表示窗口中图像的对象。在范例程序 5-12 的第 4 行和第 6 行程序语句取得的变量都是一个 Surface 对象：一个是代表 display 屏幕的 screen，也就是在窗口中显示的主要内容；另一个 bk 则是调用 Surface() 函数建立一个大小和 screen 屏幕一样的对象。Surface 对象中比较常见的函数如表 5-6 所示。

表 5-6　Surface 模块常用的函数

函数名称	用　途
blit	把一个图像画到另一个图像上
blits	把多个图像画到另一个图像上
convert	改变图像的像素格式
copy	创建一个 Surface 的新复本
fill	填充一个颜色
get_size	取得图像的尺寸

在前面的程序中，在第 7 行程序语句中调用 fill() 函数把 bk 填充为指定的颜色，再在第 8 行使用 blit() 函数把 bk 画到 (0, 0) 的坐标位置处，之后再调用 display 的 update() 函数来更新画面。表 5-6 中后面的其他函数主要是用来进行动画以及与用户互动的，并不在本书的讨论范围内，有兴趣的读者请自行前往 pygame 的官方网站参考相关的范例程序代码及其说明。

在绘图部分，draw 模块有表 5-7 所示的几个函数可供使用。

表 5-7　draw 模块支持的绘图函数

函数名称	用　途
rect	绘制矩形
polygon	绘制多边形
circle	绘制圆
ellipse	以矩形框来绘制框内的圆
arc	绘制弧线
line	绘制线段

（续表）

函数名称	用　途
lines	绘制连续线段
aaline	绘制无锯齿的线段
aalines	绘制无锯齿的连续线段

以绘制矩形的 draw 模块的 rect()函数为例，它的调用方式如下：

```
pg.draw.rect(Surface, color, Rect, width)
```

其中，color 是一个以 RGB 颜色所组成的 3 个元素的元组，Rect 是由左上角坐标和矩形的宽高所组成的 4 个元素的元组，最后的参数 width 则是指线条的宽度。以下是绘制一个线条粗细为 2、左上角坐标点在(100, 100)、大小为(300, 300)的红色框线的程序语句：

```
pg.draw.rect(bk, (255, 0, 0), (100, 100, 300, 300), 2)
```

和前面几节所介绍的海龟式绘图不一样的是，在 pygame 中绘图的指令是先把矩形画在 bk 这个 Surface 上，真正要让它显示出来还需要调用 blit()和 update()函数，因此绘图指令必须加在这两个函数的前面。修改之后的范例程序如下所示。

范例程序 5-13

```
import pygame as pg

pg.init()
screen = pg.display.set_mode((640, 480))
pg.display.set_caption("Richard's pygame!")
bk = pg.Surface(screen.get_size())
bk.fill((255,255,255))
pg.draw.rect(bk, (255, 0, 0), (100, 100, 300, 300), 2)
screen.blit(bk, (0,0))
pg.display.update()
quit = False
while not quit:
    for event in pg.event.get():
        if event.type == pg.QUIT:
            quit = True
pg.quit()
```

范例程序 5-13 的执行结果如图 5-14 所示。

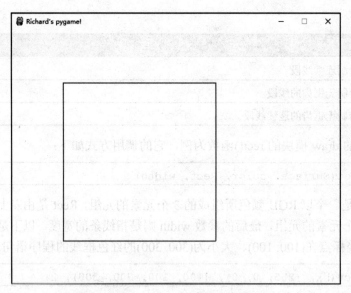

图 5-14　在 pygame 中绘制指定的矩形

遵循上述方法，也可以调用随机数函数来绘制随意形状，程序代码如下所示。

范例程序 5-14

```
import random
import pygame as pg

pg.init()
screen = pg.display.set_mode((640, 480))
pg.display.set_caption("Richard's pygame!")
bk = pg.Surface(screen.get_size())
bk.fill((255,255,255))
for i in range(50):
    r = random.randint(0, 255)
    g = random.randint(0, 255)
    b = random.randint(0, 255)
    x = random.randint(0, 640)
    y = random.randint(0, 480)
    w = random.randint(10, 100)
    h = random.randint(10, 100)
    r = random.randint(10, 100)
    pg.draw.ellipse(bk, (r, g, b), (x, y, w, h), 2)
    pg.draw.circle(bk, (r, g, b), (x, y), r, 2)

screen.blit(bk, (0,0))
pg.display.update()
```

```
quit = False
while not quit:
    for event in pg.event.get():
        if event.type == pg.QUIT:
            quit = True
pg.quit()
```

上面的范例程序使用一个循环绘制 50 个椭圆和圆，执行结果如图 5-15 所示。

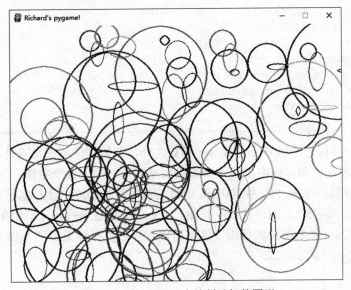

图 5-15　在 pygame 中绘制随机数图形

那么如何使用 pygame 画一个 sin 函数图形呢？答案是使用 lines()函数。lines()函数的用法如下：

```
pg.draw.lines(Surface, color, closed, pointlist, width)
```

其中，Surface、color 以及 width 的用法与前面的 rect()函数是一样的；closed 的值可以是 True 或者 False，用来决定画出来的线段需不需要封闭起来；pointlist 是一个以坐标元组所组成的列表，也就是线段上的每一个坐标。

通过一个循环先把 sin 函数的 360 个点都计算出来放在 pointlist 中，再调用 lines()函数一次就可以了。以下是绘制 sin 函数的范例程序。

范例程序 5-15

```
import random
import pygame as pg
import math

pg.init()
screen = pg.display.set_mode((640, 480))
```

```
pg.display.set_caption("Richard's pygame!")
bk = pg.Surface(screen.get_size())
bk.fill((255,255,255))
lines = list()
for th in range(0, 361):
    y = 250 - 200 * math.sin(th*math.pi/180)
    lines.append((th+140, y))
pg.draw.lines(bk, (0, 0, 255), False, lines, 2)

screen.blit(bk, (0,0))
pg.display.update()
quit = False
while not quit:
    for event in pg.event.get():
        if event.type == pg.QUIT:
            quit = True
pg.quit()
```

除了与之前一样以一个循环来计算 sin 函数之外，要特别注意的地方是，pygame 的屏幕坐标系原点(0, 0)在左上角，往右及往下都是增加坐标值。因为这个特性，所以在计算 y 值时要用 250 去减掉计算的结果（因为 200*sin 函数的最小值是-200，最大值是 200），如此得到的 y 坐标范围就在 50~450 之间（从 250 开始）；x 坐标则是 th+140，范围在 140~500 之间，这也是绘制出来的 sin 函数图形的范围。这个范例程序的执行结果如图 5-16 所示。

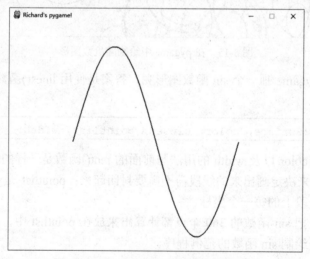

图 5-16　在 pygame 中绘制 sin 函数图形

pygame 模块的主要功能其实是用于制作游戏，因此具有许多动画、图形切换、精灵动画、鼠标及按键控制、音效及图像处理等功能，有兴趣的读者请自行参考相关的资料。

5.5　习题

1. 通过圆的极坐标公式来设计一个程序，使之可以绘制出正多边形。
2. 通过圆的极坐标公式来设计一个程序，使之可以绘制出如图 5-5 所示的图形。
3. 在 pygame 的屏幕中同时绘制 cos 函数和 sin 函数的图形，各自使用不同的颜色。
4. 在 pygame 的屏幕中绘制李沙育图形。
5. 在 pygame 的屏幕中用 Font 模块绘制出中文信息。

第6课

字符串和文字处理

不管是工作还是学业，人们经常需要到网络上去查询数据或信息。传统的数据或信息查询方式都是打开浏览器，通过搜索引擎查找，不断地查看网页，从中找出需要的数据或信息，而后再加以复制，并存储到文字处理软件上加以整理。如果需要查询的数据或信息不多，简单找找就好了，如果要找的信息量非常大，或是有查阅时间限制的数据或信息，那么不仅仅需要花上许多时间在网上查找，还有可能会不小心遗漏一些珍贵、重要的数据或信息。这一类的工作交由程序来处理最为合适和方便。使用程序进行文字处理是极为常见的应用，在本堂课中，我们将介绍常用的字符串处理函数以及一些可以加速程序编写的技巧，让大家日后在处理数据或信息时更加顺手。

6.1　网页信息的收集与简易剖析

在处理信息（或数据）之前，先来看看在哪里可以找到想要的信息。我们日常需要查找一些信息的时候，通常会先通过搜索引擎输入想要查找信息有关的关键词，相信大家都是先从 Google 或百度开始。在大部分的情况下，当我们在搜索引擎输入想要查找的关键词之后，即得到一个查询结果的页面，搜索引擎会根据它自己的判断把它认为我们最可能想要查询的相关网站或网页按序列出，除了网址之外也加上一些该网页的摘要，方便我们判断列出的网站和查找信息的关联性，再决定是否点选网站链接进而前往该网站。

如果把这些过程自动化而不是用人为的方式来操作，也就是用程序自动去 Google 或百度查找信息，并逐一进入网址再进一步获取网页的信息，把得到的网页内容存盘或是处理之后根据情况前往各个网址进一步深入查找，这就是所谓网络爬虫的工作，我们将在本书的后续内容中加以说明。在本堂课中，我们将先使用简单的指令，把某一特定网址的网页内容下载下来，取出想要分析的文字内容。

在 Python 中，要下载某一特定网址的网页内容非常容易，只要调用 requests 模块的 get() 函数即可。先不考虑分析网页的部分，在这里先选用一些提供新闻的网站，并从中选择任意一个网页信息来说明。为了取得要分析的英文新闻信息，在此使用中国日报（China Daily）发表的一则新闻（网址是 https://www.chinadaily.com.cn/a/201912/31/WS5e0a8680a310cf3e35581948.html）。读者可以在下面的练习程序中改为自己所需查找的网址。有了网址之后，就可以使用下面的程序代码取得网页的原始内容：

```
1: import requests
2: url = "https://www.chinadaily.com.cn/a/201912/31/WS5e0a8680a310cf3e
   35581948.html"
3: html = requests.get(url).text
4: print(html)
```

程序的第 1 行语句首先引入 requests 模块；接着把我们要下载的网址存放在 url 这个变量中；在第 3 行的程序语句中，调用 requests.get(url)到网站提取该网页的内容，并把它的 text 属性，也就是真正网页的文字内容存放到 html 变量中；最后把 html 的内容打印出来。requests.get()是指该函数以 GET 请求向浏览器取得信息，除 GET 之外，在 HTTP 协议中的请求方式还包括 POST、PUT、DELETE、HEAD、OPTIONS。

需要特别提醒读者的是，每执行一次这个程序，它都会向 url 所指向的网站请求网页信息，因此不要太过于频繁地执行这个程序，以免被该网站视为是恶意的行为而封锁读者计算机的 IP 地址，让读者的计算机再也连不上该网站，这是所有向网站提取信息的程序都需要注意的地方。

在 Jupyter Notebook 中执行的结果如图 6-1 所示。

```
In [2]:  import requests
         url = "https://www.chinadaily.com.cn/a/201912/31/WS5e0a8680a310cf3e35581948.html"
         html = requests.get(url).text
         print(html)
```

```
<!DOCTYPE html PUBLIC "-//W3C//DTD XHTML 1.0 Transitional//EN" "http://www.w3.org/TR/
xhtml1/DTD/xhtml1-transitional.dtd">

<html xmlns="http://www.w3.org/1999/xhtml">
  <head>
    <meta http-equiv="Content-Type" content="text/html; charset=utf-8" />
    <title>Beijing's core area plan for next 15 years unveiled - Chinadaily.com.cn</t
itle>
    <meta name="keywords" />
    <meta name="description" content="On Monday, Beijing&#39;s municipal government p
ublished its plan for the city&#39;s core area through 2035 for the first time. The a
rea will function as the nation&#39;s political and cultural hub and as an internatio
nal communications center. It will also focus on preservation of historical sites." /
>
    <meta property="og:recommend" content="0" />
    <meta property="og:url" content="https://www.chinadaily.com.cn/a/201912/31/WS5e0a
8680a310cf3e35581948.html" />
    <meta property="og:image" content="http://img2.chinadaily.com.cn/images/201912/3
1/5e0aa397a310cf3e97ae6175.jpeg" />
```

图 6-1　执行范例程序之后提取到的网页内容

在图 6-1 中看到了一大堆的文字内容，其实这个网页就是一个典型的图文并茂的网页，如图 6-2 所示。

图 6-2　中国日报中的一则新闻网页外观

在图 6-1 中所显示的内容是网页的源代码，用来告诉浏览器该如何显示所有文字或图像内容的 HTML 语言。对于所有的网页，只要在浏览器网页中单击鼠标右键，再从弹出的快捷菜单中选择"查看网页源代码"选项（在本例中选择的是 Chrome 浏览器），就可以看到这些 HTML 语言的源代码。

由于在信息的分析过程中，所有的格式及外观并不是我们所需要的，因此下一步就是要把新闻中的文字内容找出来，而后把它们保存在文件中，以避免不断地向网站请求信息而遭到 IP 地址被封锁的命运。

分析网页需要了解 HTML 语法的结构以及 CSS 的特性，这些内容我们将会在第 10 课中加以说明。在此先以图 6-2 的网页为例进行简易分析，如果读者的网页没办法适用此方法，请前往本书的网页分析相关章节学习之后再来执行这个程序，或是直接在浏览器中以选取并复制的方式直接复制文字内容再存盘。

一般的网页通常都会使用 HTML 语言的标签（或 CSS 语言中的 class 或是 id）来标记出某些具有特定意义的段落，因此我们会在网页源代码中找出想要提取的文字内容前后的 HTML 标签，看看是否有这种类型的标签，如果有，就可以轻易地通过程序的分析把这个信息段落提取出来。

以图 6-2 所示的网页来说，我们感兴趣的是此则新闻的标题和内容，到网页源代码中找出标题前后的 HTML 标签内容（寻找的过程可以使用 Chrome 浏览器"开发者工具"的 Inspect 观察工具）：

```
<h1>Beijing's core area plan for next 15 years unveiled</h1>
```

发现它使用的是 h1 这个标签。很显然，要剖析这个网页找出它的标题，只需使用 h1 标签即可。

接着是新闻的正文部分，找出文字前面的标签：

```
<p>On Monday, Beijing's municipal government published its plan for the city's
core area through 2035 for the first time. The area will function as the nation's
political and cultural hub and as an international communications center. It will
also focus on preservation of historical sites.</p>
<p>The city released details of the plan online and is presenting it at an
exhibition center for public comment until Jan 28. The municipal government started
to draft the plan in 2017.</p>
<p>Yang Baojun, head of the China Academy of Urban Planning and Design, said
the new plan for the core area is well-positioned to reach clear goals.</p>
<p>"Unlike other cities, Beijing, as the capital, should be China's calling
card," he said. "I was excited after reading the plan, which combines the area's
three functions to better serve the country and people and to better preserve
history."</p>
<p>Under the plan, Beijing's Dongcheng and Xicheng districts, with a total
area of 92.5 square kilometers, will be divided into 183 blocks for optimal
functionality to protect the environment and to better serve residents.</p>
<p>The land area for urban public facilities will increase from the current
11.1 percent to 12.2 percent of the total. Public spaces, both indoor and outdoor,
```

```
will be raised from 34.4 percent currently to 38.9 percent.</p>
    <p>The core area will follow a sustainable development model that balances
environmental capacity with city resources to create better living
conditions.</p>
    <p>Shi Xiaodong, deputy head of the Beijing Municipal Institution of City
Planning and Design, said it's crucial for Beijing to function as the political
center of the central government and to plan for the needs of the many citizens
living in Dongcheng and Xicheng districts. The total population in the core area
was around 2 million last year.</p>
    <p>One goal is for 85 percent of residents to use public transportation with
an upgrade in facilities. Commute times will be reduced to an average 45 minutes
during rush hour.</p>
    <p>Medical care and cultural facilities will be within 10 to 15 minutes' travel
for all residents in the area.</p>
    <p>Qiu Yue, president of the Urban Planning Society of Beijing, said people
will be able to study the plan and imagine what the capital's future will look
like.</p>
```

在上面的 HTML 标签中，粗体的文字就是报导中的第一段文字内容。

在 Python 语言中要进行网页的剖析最方便的模块非 BeautifulSoup 莫属，它可以使用 find("HTML 标签")的方式来找出指定的标签内容，之后再以.text 属性取出其中的文字内容，使用的方式如下。

范例程序 6-1

```
from bs4 import BeautifulSoup
import requests
url = "https://www.chinadaily.com.cn/a/201912/31/
WS5e0a8680a310cf3e35581948.html"
html = requests.get(url).text
soup = BeautifulSoup(html, "lxml")
title = soup.find("h1")
article = soup.find_all("p")
print(title.text)
for txt in article:
    print(txt.get_text())
```

在这个范例程序的一开始利用 from bs4 import BeautifulSoup 来导入 BeautifulSoup 模块。此模块使用的方法很简单，只要把之前取得的网页源代码通过调用 BeautifulSoup(html, "lxml")指定给它内部的解析器即可。

解析完成的内容被放在一个 soup 对象中，接着就可以通过 find（只找第一个）或是 find_all（把所有符合的都找出来）找出具有指定特征的网页内容。在此例中，我们调用 soup.find("h1")

找出标题，并调用 soup.find_all("p")找出报导的正文。这个范例程序的执行结果如图 6-3 所示。

```
In [14]: from bs4 import BeautifulSoup
         import requests
         url = "https://www.chinadaily.com.cn/a/201912/31/WS5e0a8680a310cf3e35581948.html"
         html = requests.get(url).text
         soup = BeautifulSoup(html, "lxml")
         title = soup.find("h1")
         article = soup.find_all("p")
         print(title.text)
         for txt in article:
             print(txt.get_text())

Beijing's core area plan for next 15 years unveiled
On Monday, Beijing's municipal government published its plan for the city's core area t
hrough 2035 for the first time. The area will function as the nation's political and cu
ltural hub and as an international communications center. It will also focus on preserv
ation of historical sites.
The city released details of the plan online and is presenting it at an exhibition cent
er for public comment until Jan 28. The municipal government started to draft the plan
in 2017.
Yang Baojun, head of the China Academy of Urban Planning and Design, said the new plan
for the core area is well-positioned to reach clear goals.
"Unlike other cities, Beijing, as the capital, should be China's calling card," he sai
d. "I was excited after reading the plan, which combines the area's three functions to
better serve the country and people and to better preserve history."
Under the plan, Beijing's Dongcheng and Xicheng districts, with a total area of 92.5 sq
uare kilometers, will be divided into 183 blocks for optimal functionality to protect t
```

图 6-3　提取并解析网页所得的内容

　　由于新闻网页在发布之后内容一般就不会再更新了，因此每次想要使用此则新闻进行文字分析时如果再到网站上去提取就没有必要了，可以使用文本文件的方式把它存储下来，日后当需要再次使用时，只需打开本地保存好的这个文件即可。修改后的程序代码如下所示（在此例中将网页保存到 engnews.txt 文件中）。

范例程序 6-2

```
from bs4 import BeautifulSoup
import requests
import os


news_title = ""
news_content = ""
if not os.path.exists("engnews.txt"):
    url = "https://www.chinadaily.com.cn/a/201912/31/WS5e0a8680a310
    cf3e35581948.html"
    html = requests.get(url).text
    soup = BeautifulSoup(html, "lxml")
    title = soup.find("h1")
    article = soup.find_all("p")
    news_title = title.text
    with open("engnews.txt", "w", encoding="utf-8") as f:
        f.write(news_title+"\n")
```

```
        print(news_title)
        for news_content in article:
            f.write(news_content.get_text()+"\n")
            print(news_content.get_text())
    else:
        with open("engnews.txt", "r", encoding="utf-8") as f:
        lines = f.readlines()
        news_title = lines[0]
        news_content = lines[1:]
        print(news_title)
        print(news_content)
```

这个范例程序一开始先声明 2 个变量 news_title 和 news_content，分别用来存储新闻的标题和报导内容。由于我们打算把新闻内容保存在 engnews.txt 这个文件中，因此一开始要使用 os.path.exists 检查此文件是否已经存在，如果已经存在就不需要再到网页上去提取，直接打开文件取出文件内容即可。因此，在主程序中分成两部分，第一部分用来到网站上去提取并解析网页内容，之后调用 f.write() 函数分别把解析出来的信息保存到文本文件中。特别要注意的是，第一个 f.write(news_title+"\n") 的后面加上了一个换行号（"\n"），目的是为了确保第 0 行只有标题，而新闻报导内容必须放到下一行。

在读文件时，调用的是 f.readlines()函数，一口气把文件中所有的内容都读进来并分行存储到列表类型的 lines 变量中，因此 lines[0]就是第 0 行，而 lines[1:]指的是第 1 行之后所有各行的内容，而后可以把它们分别存放到 news_title 和 news_content 这两个变量中。

这个程序在执行时还有一个要注意的地方，当程序首次执行时，系统中还没有 engnews.txt 这个文件，所以信息是从网页上提取下来并分析的，此时的 news_content 是从 article 列表中依次取出的列表元素，而在存盘之后再读文件，此时的 news_content 是字符串，前后两次出现，虽然变量的名称相同，但是内容并不一样，直接使用 print 打印输出的结果是不一样的，读者可以自己比较一下。以下是范例程序 6-2 第一次执行之后的输出：

```
Beijing's core area plan for next 15 years unveiled
On Monday, Beijing's municipal government published its plan for the city's
core area through 2035 for the first time. The area will function as the nation's
political and cultural hub and as an international communications center. It will
also focus on preservation of historical sites.

    <<略>>

        Copyright 1995 -
        //<![CDATA[
        var oTime = new Date();
        document.write(oTime.getFullYear());
        //]]>
```

```
                . All rights reserved. The content (including but not limited to
text, photo, multimedia information, etc) published in this site belongs to China
Daily Information Co (CDIC). Without written authorization from CDIC, such content
shall not be republished or used in any form.
```

以下是范例程序 6-2 第 2 次执行时的输出：

```
Beijing's core area plan for next 15 years unveiled

["On Monday, Beijing's municipal government published its plan for the city's
core area through 2035 for the first time. The area will function as the nation's
political and cultural hub and as an international communications center. It will
also focus on preservation of historical sites.\n",

<略>

Copyright 1995 - \n', '              //<![CDATA[ \n', '         var oTime = new
Date();\n', '                   document.write(oTime.getFullYear());\n', '
//]]>\n', '               . All rights reserved. The content (including but not
limited to text, photo, multimedia information, etc) published in this site belongs
to China Daily Information Co (CDIC). Without written authorization from CDIC,
such content shall not be republished or used in any form.\n', '           \n']
```

下一个范例程序提取的是一个中文新闻网站的内容，因为网页 HTML 设计的格式并不相同，所以在选择标签的地方要做一些小小的修改。解析完成的网页内容保存在 chinews.txt 文件中。

范例程序 6-3

```python
from bs4 import BeautifulSoup
import requests
import os

if not os.path.exists("chinews.txt"):
    url = "https://news.sina.com.cn/c/2019-12-30/doc-iihnzhfz9330965.shtml"
    html = requests.get(url)
    html.encoding='utf-8'
    soup = BeautifulSoup(html.text, "lxml")
    title = soup.find("title")
    article = soup.find_all("p")
    news_title = title.text
    with open("chinews.txt", "w", encoding="utf-8") as f:
        f.write(news_title+"\n")
        print(news_title)
```

```
        for news_content in article:
            f.write(news_content.get_text())
            print(news_content.get_text())
    else:
        with open("chinews.txt", "r", encoding="utf-8") as f:
            lines = f.readlines()
            news_title = lines[0]
            news_content = lines[1:]
            print(news_title)
            print(news_content)
```

第 1 次执行的结果如下：

秦始皇陵考古新进展："金骆驼"现世 秦盾首现身|陶俑_新浪新闻

　　原标题：重大发现！秦兵马俑一号坑最新发掘陶俑 220 余件

　　近日，秦始皇帝陵博物院公布最新成果：在原有兵马俑基础上，新发现下下级军吏俑，为俑坑军阵的排列提供新的依据和方法。同时，在秦陵考古中首次发现秦盾遗迹。

　　<<略>>

Copyright © 1996-2019 SINA Corporation
All Rights Reserved　新浪公司 版权所有

第 2 次及其之后执行的结果如下：

秦始皇陵考古新进展："金骆驼"现世 秦盾首现身|陶俑_新浪新闻

　　['\u3000\u3000 原标题：重大发现！秦兵马俑一号坑最新发掘陶俑 220 余件\u3000\u3000 近日，秦始皇帝陵博物院公布最新成果：在原有兵马俑基础上，新发现下下级军吏俑，为俑坑军阵的排列提供新的依据和方法。同时，在秦陵考古中首次发现秦盾遗迹。

　　<<略>>

Copyright © 1996-2019 SINA CorporationAll Rights Reserved　新浪公司 版权所有 ']

在使用 requests 和 BeautifulSoup 提取中文网页的信息时容易出现乱码的现象，为了避免此种情况的发生，在程序中增加了如下语句：

```
html.encoding='utf-8'
```

同时将下面这条语句：

```
soup = BeautifulSoup(html, "lxml")
```

做了一点修改，具体如下：

```
soup = BeautifulSoup(html.text, "lxml")
```

6.2　文字处理

如果读者在上一节中使用提取网页取得文字信息的方式有困难，则可直接前往本书的第 10 课"网页信息提取基础"学习相关的内容与技巧，或是先自行以复制粘贴的方式保存一个英文新闻的 engnews.txt 文件和一个中文新闻的 chinews.txt 文件，以方便继续本章后续的学习。

先以英文新闻文件 engnews.txt 为例。在前一节介绍以 open(filename, "r", encoding="utf-8") 的方式打开文本文件（使用 encoding 指定读取文件使用的编码，可以避免在 Windows 操作系统下因编码问题而发生的读取错误。Python 中有许多存取数据或信息的函数都用此参数进行设置）。在文件打开之后，调用 read() 函数把全部内容读取到一个字符串变量中，或是调用 readline() 函数一次读取一行，或是用 readlines() 函数一口气把内容全部读取出来，并以换行符为依据切分成许多的列表元素存放在列表变量中。以下的程序可以让读者分辨出这 3 个函数的差别：

```
with open("engnews.txt", "r", encoding="utf-8") as f:
    print(f.readline())
    print("-->Next")
with open("engnews.txt", "r", encoding="utf-8") as f:
    print(f.read())
    print("-->Next")
with open("engnews.txt", "r", encoding="utf-8") as f:
    print(f.readlines())
```

仔细观察保存的新闻文件可以发现，我们感兴趣的是一篇文章，顶多就是几个不同的段落，而对于一个段落分成几行其实并没有兴趣，因为行数是由当初网页设计时设置的换行或段落标签来确定的。也就是，分行是视觉上的效果，只有视觉上的意义，而段落的区分才可能具有文意上的意义。对于新闻内容来说，可能不像是一般的议论文那样要分清起承转合，新闻内容有时每一段其实没有什么特别的要求，我们注重的应该是整篇文章的内容。

6.2.1　处理不可见的特殊符号

读者在执行了上述程序之后不知道是否注意到一个地方，就是输出结果时，在列表变量中的内容呈现如下：

```
    ["On Monday, Beijing's municipal government published its plan for the city's
core area through 2035 for the first time. The area will function as the nation's
political and cultural hub and as an international communications center. It will
also focus on preservation of historical sites.\n",

    <<略>>

Copyright 1995 - \n', '                //<![CDATA[ \n', '              var oTime = new
```

```
     Date();\n', '                    document.write(oTime.getFullYear());\n', '
//]]>\n', '            . All rights reserved. The content (including but not
limited to text, photo, multimedia information, etc) published in this site belongs
to China Daily Information Co (CDIC). Without written authorization from CDIC,
such content shall not be republished or used in any form.\n', '            \n']
```

相对应这个网页中同一段呈现此新闻时的源代码如下：

```
    <p>On Monday, Beijing's municipal government published its plan for the city's
core area through 2035 for the first time. The area will function as the nation's
political and cultural hub and as an international communications center. It will
also focus on preservation of historical sites.</p>

    <<略>>

        <p class="footer-p">
          Copyright 1995 - <script>
          //<![CDATA[
          var oTime = new Date();
          document.write(oTime.getFullYear());
          //]]>
          </script> . All rights reserved. The content (including but not
limited to text, photo, multimedia information, etc) published in this site belongs
to China Daily Information Co (CDIC). Without written authorization from CDIC,
such content shall not be republished or used in any form.
          </p>
```

熟悉 HTML 网页语法的读者应该可以发现，原来在 HTML 网页中用来作为段落标签的 <p></p> 被转换成\n，而\n 就是换行符。这是计算机在输出文字信息时的一个惯例，在把信息显示出来的时候，都会做一些输出格式上的转译操作，因此在 Windows 窗口中是看不到\n 的，在浏览器的页面中是看不到<p></p>的，因为它们（\n 以及<p></p>）都是指示输出设备要执行操作的特殊控制字符或标签。

如果想要看看数据中原始的内容，可以调用 repr() 函数，程序代码如下：

```
with open("engnews.txt", "r", encoding="utf-8") as f:
    data = f.read()
print(repr(data))
```

这个程序执行后看到的内容如下所示：

```
'Beijing\'s core area plan for next 15 years unveiled\nOn Monday, Beijing\'s
municipal government published its plan for the city\'s core area through 2035
for the first time. The area will function as the nation\'s political and cultural
hub and as an international communications center. It will also focus on
preservation of historical sites.\nThe city released details of the plan online
and is presenting it at an exhibition center for public comment until Jan 28.
The municipal government started to draft the plan in 2017.\nYang Baojun, head
```

156

```
 of the China Academy of Urban Planning and Design, said the new plan for the
core area is well-positioned to reach clear goals.\n

    <<略>>

 \n\n            Copyright 1995 - \n          //<![CDATA[ \n        var oTime
= new  Date();\n              document.write(oTime.getFullYear());\n
//]]>\n           . All rights reserved. The content (including but not limited
to text, photo, multimedia information, etc) published in this site belongs to
China Daily Information Co (CDIC). Without written authorization from CDIC, such
content shall not be republished or used in any form.\n          \n'
```

有了上述基础知识，下面就来看看如何整理这些信息。

6.2.2　对文字进行处理

在这个例子中，我们感兴趣的是一篇新闻中一些字词出现的频率，以及是否有想要的信息在其中。对于这些信息基本的认识是，得到的信息都是由每一个字或词所组成的，就英文新闻来说，可以很简单地调用 split()函数把这些英文单词独立分割成每一个列表的元素，示范程序片段如下：

```
with open("engnews.txt", "r", encoding="utf-8") as f:
    data = f.read()
print(data.split())
```

这个示范程序片段的执行结果如下：

```
 ["Beijing's", 'core', 'area', 'plan', 'for', 'next', '15', 'years',
'unveiled',  'On',  'Monday,',  "Beijing's",  'municipal',  'government',
'published', 'its', 'plan', 'for', 'the', "city's", 'core', 'area', 'through',
'2035', 'for', 'the', 'first', 'time.', 'The', 'area', 'will', 'function', 'as',
'the', "nation's", 'political', 'and', 'cultural', 'hub', 'and', 'as', 'an',
'international', 'communications', 'center.', 'It', 'will', 'also', 'focus',
'on', 'preservation', 'of', 'historical', 'sites.', 'The', 'city',

    <<略>>

 'All', 'rights', 'reserved.', 'The', 'content', '(including', 'but', 'not',
'limited', 'to', 'text,', 'photo,', 'multimedia', 'information,', 'etc)',
'published', 'in', 'this', 'site', 'belongs', 'to', 'China', 'Daily',
'Information', 'Co', '(CDIC).', 'Without', 'written', 'authorization', 'from',
'CDIC,', 'such', 'content', 'shall', 'not', 'be', 'republished', 'or', 'used',
'in', 'any', 'form.']
```

从上面的执行结果可以看到，基本上每一个元素都是一个单词，其中少部分的元素是句点或是括号等一些特殊符号，这些符号是分析时不需要的，为了避免这些符号影响日后的信息对比工作，要使用程序将不需要的符号删除掉，然后从提取的信息中切割出一个个单词。当然，有时候把所有的单词都转换为大写形式或是小写形式也是必要的。

要删除字符串中的某些特定符号有许多种方法，最简单的方式是调用 replace() 和 translate() 这两个字符串函数。在操作字符串的内容之前要特别注意的一点是，Python 的字符串变量在创建之后就无法再变更它的内容，调用函数对这些字符串变量做了任何的修改之后，其实就产生了另外一个新的变量，因此我们需要使用另外一个变量或是使用赋值运算符再把新变更的内容赋值给原来的变量。replace 的用法如下：

```python
with open("engnews.txt", "r", encoding="utf-8") as f:
    data = f.read()
data = data.replace("(", "")
data = data.replace(")", "")
data = data.replace(",", "")
data = data.replace(".", "")
data = data.replace("“", "")
data = data.replace("”", "")
data = data.split()
print(data)
```

这个程序片段把"(),.""这几个符号分别用空字符取代，相当于从字符串中删除这些符号。当读者看到这些重复的操作时，应该会想到要使用循环来完成，修改后的程序代码如下：

```python
with open("engnews.txt", "r", encoding="utf-8") as f:
    data = f.read()
special_chars = list("(),.""")
for char in special_chars:
    data = data.replace(char, "")
data = data.split()
print(data)
```

上面这个程序的功能与前一个程序的功能是一样的，但是看起来"聪明"多了，如果日后需要增加要删除的符号，直接加在 special_chars 列表变量中即可，而不需要修改程序的其他部分。

不过，说到要一次指定多个要删除的字符或符号，其实 translate() 这个函数就有这个功能。它使用一个字典来指定要删除的字符或符号，用法如下（ord() 是把字符转换成编码数值的函数）：

```python
with open("engnews.txt", "r", encoding="utf-8") as f:
    data = f.read()
data = data.translate({ord('('):None, ord(')'):None, ord('.'):None,
ord('“'):None, ord('”'):None})
data = data.split()
```

```
print(data)
```

如果需要转换的符号不多,此种方式只要一行(第 3 行)语句就可以完成所有的转换操作。如果需要转换的符号很多, 则可以通过循环来实现, 将程序代码修改如下:

```
with open("engnews.txt", "r", encoding="utf-8") as f:
    data = f.read()
data = data.translate({ord(c):None for c in list("(),.""")})
data = data.split()
print(data)
```

在 translate()函数的参数字典内使用行内循环的写法,看起来是不是简洁多了呢?

除了检查某些文字是否在这些信息中之外,最常见的应用是统计每一个单词出现的次数。以下是通过字典变量来计算每一个单词出现次数的范例程序。

范例程序 6-4

```
with open("engnews.txt", "r", encoding="utf-8") as f:
    data = f.read()
data = data.translate({ord(c):None for c in list("(),.""")})
data = data.split()
word_freq = dict()
for word in data:
    if word not in word_freq:
        word_freq[word] = 1
    else:
        word_freq[word] += 1
print(word_freq)
```

这个范例程序使用的原理非常简单,在把所有的英文单词都正确切分出来之后,先声明一个字典变量 word_freq,然后使用一个循环把 data 列表中所有的元素逐一取出存放在 word 变量中,然后检查 word 是否已在 word_freq 字典中了,如果没有,就以 word 的值或内容在 word_freq 中建立一个新的元素,并把初始值设置为 1,如果有,就把原有的键(Key)值加 1,在循环执行完毕之后,每一个单词出现的次数就计算出来了。范例程序 6-4 的执行结果如下所示:

```
{"Beijing's": 3, 'core': 5, 'area': 9, 'plan': 9, 'for': 11, 'next': 1, '15':
2, 'years': 1, 'unveiled': 1, 'On': 1, 'Monday': 1, 'municipal': 2, 'government':
3, 'published': 2, 'its': 1, 'the': 26, "city's": 1, 'through': 1, '2035': 1,
'first': 1, 'time': 1, 'The': 7, 'will': 10, 'function': 2, 'as': 4, "nation's":
1, 'political': 2, 'and': 14, 'cultural': 2, 'hub': 1, 'an': 4, 'international':
1, 'communications': 1, 'center': 3, 'It': 1, 'also': 1,

<<略>>
```

```
   '//<![CDATA[': 1, 'var': 1, 'oTime': 1, '=': 1, 'Date;': 1,
'documentwriteoTimegetFullYear;': 1, '//]]>': 1, 'All': 1, 'rights': 1,
'reserved': 1, 'content': 2, 'including': 1, 'but': 1, 'not': 2, 'limited': 1,
'text': 1, 'photo': 1, 'multimedia': 1, 'information': 1, 'etc': 1, 'this': 1,
'site': 1, 'belongs': 1, 'Daily': 1, 'Information': 1, 'Co': 1, 'CDIC': 2,
'Without': 1, 'written': 1, 'authorization': 1, 'such': 1, 'shall': 1,
'republished': 1, 'or': 1, 'used': 1, 'any': 1, 'form': 1}
```

从上面的执行结果可以发现，每一个单词出现的次数都已经计算出来了，但是它们并没有按照顺序排列。以下的程序可以让单词统计输出的结果以单词出现次数从多到少排列：

```python
import operator
with open("engnews.txt", "r", encoding="utf-8") as f:
    data = f.read()
data = data.translate({ord(c):None for c in list("(),.""")})
data = data.split()
word_freq = dict()
for word in data:
    if word not in word_freq:
        word_freq[word] = 1
    else:
        word_freq[word] += 1
ordered_freq = sorted(word_freq.items(), key=operator.itemgetter(1),
reverse=True)
for w, c in ordered_freq:
    print(w, c)
```

输出的结果如下所示（因为篇幅的关系，只列出前面几项）：

```
the 26
to 17
and 14
of 13
for 11
will 10
area 9
plan 9
The 7
in 7
be 7
core 5
percent 5
```

```
as 4
an 4
said 4
Beijing 4
better 4
Beijing's 3
government 3
center 3
is 3
public 3
Planning 3
with 3
total 3
residents 3
```

　　其中一些是有意义的单词，另外一些（如 the、or、is 等）是没有特殊意义的单词（称为 stopword），可以应用一些技巧把它们删除，只留下对我们有意义的单词。此外，在 collections 模块中有一个名为 Counter 的类，可以用来快速地计算字符串中各单词出现的频率，这些内容将在后面的课程中陆续介绍，接下来先来看看中文处理的部分。

6.2.3　中文分词功能

　　对于英文新闻，把新闻中的一个个单词提取出来比较容易，因为英文文章中的单词之间是有空格的，但是对中文新闻进行分词就不是那么简单了，主要的原因是直接把中文字一个一个地分开是没有用的，因为中文用来表达意思的是以词为单位，多字词占绝大多数，而且中文词的长度是不固定的，哪些中文字要连在一起作为一个词表达一个意思需要视前后文而定，因此中文分词其实有许多学问在里面。

　　不过，这些中文分词的学问并不在本书的讨论范围内，在本书中我们只要把别人的成果拿来使用就可以了。目前 Python 现有的免费模块中最受欢迎的中文分词工具是 jieba（结巴），由于它不是内建的模块，因此在使用之前要先用 pip install jieba 命令把这个模块安装到我们的 Python 系统中。中文分词的范例程序如下所示。

范例程序 6-5

```
1: import jieba
2: with open("chinews.txt", "r", encoding="utf-8") as f:
3:     data = f.read()
4: print(data, "\n")
5: data = data.translate({ord(c):None for c in list("(),.""（），。、:；!
   |\n/ ")})
6: words = jieba.cut(data)
7: for word in words:
```

```
8:    print(word, "/ ", end="")
```

在这个范例程序中使用的文本文件是在前面小节中下载并保存的中文新闻稿,如果读者准备好了这个文件,可以创建一个中文文本文件并保存在 chinews.txt 文件中。这个程序一开始会读取 chinews.txt 文本文件,并把所有的文字内容存放在 data 这个变量中,同时打印出该变量的内容用于和后续处理过的结果进行比较。

读取了中文文本文件之后,调用 translate()函数把不想要的符号转读为空字符,除了原有的英文符号之外,一些中文全角符号同样也使用第 5 行语句删除掉。第 6 行调用 jieba.cut(data)函数,也就是调用结巴这个模块来进行中文分词。虽然这个分词函数有许多设置可以调整,但是对于一般的应用来说,只要使用默认设置就可以达到不错的分词效果。为了让读者可以对比分词前后的结果,我们在每一个词句的中间以"/"来做分隔符。程序的执行结果如下所示:

秦始皇陵考古新进展:"金骆驼"现世 秦盾首现身|陶俑_新浪新闻

原标题:重大发现!秦兵马俑一号坑最新发掘陶俑 220 余件   近日,秦始皇帝陵博物院公布最新成果:在原有兵马俑基础上,新发现下下级军吏俑,为俑坑军阵的排列提供新的依据和方法。同时,在秦陵考古中首次发现秦盾遗迹。   秦兵马俑陪葬坑是秦始皇帝陵园外围的一组大型陪葬坑,其中一号坑面积最大,平面呈长方形,东西长 230 米、南北宽 62 米、深 5 米,总面积 14260 平方米,按照排列密度估计,全部发掘后可出土陶俑、陶马约 6000 余件。2009-2019 年,秦始皇帝陵博物院对一号坑进行第三次正式发掘,发掘位置位于 T23 方,发掘面积 400 平方米,发掘陶俑 220 余件,陶马 12 匹,车迹 2 乘以及大量的兵器、建筑遗迹等。   根据陶俑的冠式和铠甲、服饰的不同,将陶俑可分为以下几个等级:高级军吏俑、中级军吏俑、下级军吏俑、一般武士俑等,经过初步分析和研究,认为原有的下级军吏俑可以继续细分为两个类型,为俑坑军阵的排列提供了新的依据和方法。

秦始皇陵 / 考古 / 新进展 / 金 / 骆驼 / 现世 / 秦盾 / 首 / 现身 / 陶俑 / _ / 新浪 / 新闻 / / / 原 / 标题 / 重大 / 发现 / 秦兵马俑 / 一号 / 坑 / 最新 / 发掘 / 陶俑 / 220 / 余件 / / / 近日 / 秦始皇 / 帝陵 / 博物院 / 公布 / 最新 / 成果 / 在 / 原有 / 兵马俑 / 基础 / 上 / 新 / 发现 / 下 / 下级 / 军吏 / 俑 / 为 / 俑坑 / 军阵 / 的 / 排列 / 提供 / 新 / 的 / 依据 / 和 / 方法 / 同时 / 在 / 秦陵 / 考古 / 中 / 首次 / 发现 / 秦盾 / 遗迹 / / / 秦兵马俑 / 陪葬坑 / 是 / 秦始皇帝 / 陵园 / 外围 / 的 / 一组 / 大型 / 陪葬坑 / 其中 / 一号 / 坑 / 面积 / 最大 / 平面 / 呈 / 长方形 / 东西长 / 230 / 米 / 南北宽 / 62 / 米 / 深 / 5 / 米 / 总面积 / 14260 / 平方米 / 按照 / 排列 / 密度估计 / 全部 / 发掘 / 后 / 可 / 出土 / 陶俑 / 陶 / 马约 / 6000 / 余件 / 2009 / - / 2019 / 年 / 秦始皇 / 帝陵 / 博物院 / 对 / 一号 / 坑 / 进行 / 第三次 / 正式 / 发掘 / 发掘 / 位置 / 位于 / T23 / 方 / 发掘 / 面积 / 400 / 平方米 / 发掘 / 陶俑 / 220 / 余件 / 陶马 / 12 / 匹车迹 / 2 / 乘 / 以及 / 大量 / 的 / 兵器 / 建筑 / 遗迹 / 等 / / / 根据 / 陶俑 / 的 / 冠式 / 和 / 铠甲 / 服饰 / 的 / 不同 / 将 / 陶俑 / 可 / 分为 / 以下 / 几个 / 等级 / 高级 / 军吏 / 俑 / 中级 / 军吏 / 俑 / 下级 / 军吏 / 俑 / 一般 / 武士 / 俑 / 等 / 经过 / 初步 / 分析 / 和 / 研究 / 认为 / 原有 / 的 / 下级 / 军吏 / 俑 / 可以 / 继续 / 细分 / 为 / 两个 / 类型 / 为 / 俑坑 / 军阵 / 的 / 排列 / 提供 / 了 / 新 / 的 / 依据 / 和 / 方法 /

在顺利分词之后,可以把分词的结果放在列表中,并统计每一个词出现的次数。参考下面的范例程序。

范例程序 6-6

```
import jieba
with open("chinews.txt", "r", encoding="utf-8") as f:
    data = f.read()
data = data.translate({ord(c):None for c in list("(),.“” (），。、：；！|\n/
")})
    words = jieba.cut(data)
    word_freq = dict()
    for word in words:
        if word not in word_freq:
            word_freq[word] = 1
        else:
            word_freq[word] += 1
    ordered_freq = sorted(word_freq.items(), key=operator.itemgetter(1),
reverse=True)
    for w, c in ordered_freq:
        print(w, c)
```

范例程序 6-6 的执行结果如下（只列出前面几项）：

```
     46
的 33
墓葬 16
秦始皇 12
为 11
发掘 10
考古 9
帝陵 9
了 9
与 9
西侧 8
发现 7
一号 7
在 7
和 7
秦陵 7
是 7
等 7
```

注意，从执行结果看到第一项是空白，出现次数为 46 次，这不是程序执行错误，而是因为中文报道中有全角的空格符号，而这个范例程序中只对半角空格符号进行删除处理了，并没有对全角空格符号进行任何处理，所以被这个范例程序当成词来统计了。如果不想让全角空格符号也被作为词进行统计，该怎么办呢？当然是要删除它，这个问题就交给读者自行解决吧。

在这个范例程序中是以循环的方式来计算出每一个词出现的频率，其实 collections 模块中的 Counter 类也可以帮我们实现这个统计词的功能，若以 Counter 类来计算词频，程序代码修改如下：

```
from collections import Counter
import jieba
with open("chinews.txt", "r", encoding="utf-8") as f:
    data = f.read()
data = data.translate({ord(c):None for c in list("(),.“”（），。、：；！|\n/")})
words = jieba.cut(data)
for w, c in Counter(words).most_common():
    if c > 1:
        print(w, c)
```

从这个修改后的程序片段可以看出，只要使用了"Counter(words).most_common()"这一行语句，就可以返回按词频已排序过的词，再通过循环即可按序取出，非常方便。

在本章中提取的信息内容并不多，因此还看不出来有什么用处，但是当读者学习到本书的第 10 课时，面对如何有效率地自动化从网站上提取各种各样的信息，在信息量体够大的时候，这些统计方法就可以彰显出巨大的作用了。最简单的例子是，从一些文章中计算出最热门的字词，然后按照这些词出现次数的比例绘出所谓的文字云（或称为标签云、文字云图、词云图），以呈现出大家所热衷讨论的词语，在本书的第 11 课中有详细的讨论和说明。

6.3　字符串函数

在前面的范例程序中使用了一些函数来处理字符串，除了这些使用过的字符串函数之外，其实还有许多用于处理字符串的函数，在本节中将介绍和说明其中一些较常用的字符串函数。Python 语言中常用的字符串函数如表 6-1 所示。

表 6-1　常见的字符串函数及其说明

字符串函数	说　明
capitalize()	把字符串的第一个字母变成大写
casefold()	把字符串中的所有字母变成小写
center()	把字符串的位置居中
count()	计算某一个字符串在另外一个字符串中出现的次数
endswith()	返回在字符串中是否以某一指定字符串作为结尾
expandstabs()	把字符串中的制表符（\t）转换成指定长度的空格符（空格的个数）

（续表）

字符串函数	说　明
find()	寻找指定的字符串在某一个字符串中的位置（把字符串当作是列表的索引）
index()	和 find() 的作用相同，但是如果找不到，则会抛出一个异常
isalnum()	指定的字符串是否全部都是由数字字符和字母所组成的
isalpah()	指定的字符串是否全部都是由字母所组成的
isdigit()	指定的字符串是否全部都是由数字字符所组成的
islower()	指定的字符串是否全部都是小写字母
isspace()	指定的字符串是否全部都是由空格符所组成的
isupper()	指定的字符串是否全部都是大写字母
join()	以指定的符号重组列表的元素使其成为一个字符串
ljust()	返回靠左对齐形式的字符串
lower()	把字符串中的字母都变成小写
lstrip()	清除字符串左边的特殊符号
rfind()	从字符串右边开始查找子字符串
rindex()	从字符串右边开始查找子字符串
rstrip()	清除字符串右边的特殊符号
split()	以分隔符来分割字符串使其成为列表类型
splitlines()	以换行符来分割字符串使其成为列表类型
startswith()	查看是否以某一指定的字符串作为该字符串的开头
swapcase()	互换字符串中字母的大小写，即小写变大写、大写变小写
upper()	把字符串的字母都变成大写
zfill()	以指定位数的 0 填写数字字符串左边的空格

与其说是字符串函数（Function）不如说是方法（Method），因为上述方法都是以附加在字符串对象后面的方式来执行的（这种面向对象程序设计的执行方式，一般习惯称为方法。不过，本书并不严格区分函数和方法这个称呼）。下面是一些字符串函数的调用范例：

```
s = "  this is a sample sentence. this is a cat\n "
print(s.capitalize())
print(s.upper())
print(s.upper().casefold())
print(s.count("a"))
```

```
print(s.endswith("ce."))
print(s.find("this"))
print(s.split())
print("#".join(s.split()))
print(s.strip())
print(s.lstrip())
print(s.rstrip())
print(s.rfind("is"))
print(s.zfill(50))
```

执行结果如下：

```
    this is a sample sentence. this is a cat

    THIS IS A SAMPLE SENTENCE. THIS IS A CAT

    this is a sample sentence. this is a cat

5
False
3
['this', 'is', 'a', 'sample', 'sentence.', 'this', 'is', 'a', 'cat']
this#is#a#sample#sentence.#this#is#a#cat
this is a sample sentence. this is a cat
this is a sample sentence. this is a cat

    this is a sample sentence. this is a cat
35
00000   this is a sample sentence. this is a cat
```

希望读者可以多做一些此类练习，因为在后面的章节中还会经常调用这些函数来整理文字信息。

6.4　map 和 lambda 的使用技巧

当我们感兴趣的信息已经成为一个一个的字词单位之后，在分析时就会逐一针对每一个字词（存放到列表变量中）进行处理。要对一个列表变量中的所有元素分别进行处理，就要使用循环来完成。例如，有一个含有如下数字的数据文件（文件名为 ksvote.txt，请使用文本编辑器创建这个文件）：

```
892,545
742,239
```

```
7,998
14,125
```

以下是把数据从这个文件中读进来的程序代码：

```
with open("ksvote.txt", "r", encoding="utf-8") as f:
    ksvote = f.readlines()
print(ksvote)
```

这个程序的执行结果如下：

```
['892,545\n', '742,239\n', '7,998\n', '14,125']
```

从执行结果看 ksvote.txt 文件是以字符串的形式来存储每一行数据的，它们应该是数值类型才对，因此按照惯例使用一个循环来把它们逐一变成数值，程序代码如下：

```
with open("ksvote.txt", "r", encoding="utf-8") as f:
    ksvote = f.readlines()
num_ksvote = list()
for line in ksvote:
    num_ksvote.append(int(line.strip().replace(",","")))
print(num_ksvote)
```

在上述的循环语句中调用了两个字符串处理函数，分别是 strip()函数（用来去除多余的符号）和 replace()函数（把数值中的千位分隔符删除）。处理之后再使用 int 把它强制转换成数值类型并调用 append()函数加入列表变量 num_ksvote 中，如此即可得到其元素类型都是数值类型的列表变量 num_ksvote，这个列表的内容如下所示：

```
[892545, 742239, 7998, 14125]
```

尽管上述方法可以正确地实现既定的功能，但是程序代码显得有些冗余，其实还有更简洁的写法：

```
with open("ksvote.txt", "r", encoding="utf-8") as f:
    ksvote = f.readlines()
num_ksvote = [int(line.strip().replace(",","")) for line in ksvote]
print(num_ksvote)
```

这个更简洁的方法是使用列表生成式（List Comprehensive）来生成 num_ksvote 列表变量的内容。此种方法我们在前面章节已经用过很多次了，不过还有更有趣的方法。在介绍这些方法之前，先来认识一下 Python 语言中一些有趣的数据类型。

6.4.1　认识可迭代类型

在 Python Shell 的环境中，当我们对某一个变量的内容感兴趣时，通常只要直接输入该变量名即可看到它的内容，如下所示：

```
(C:\Users\user\Anaconda3) C:\Users\user\Documents>python
Python 3.6.5 |Anaconda, Inc.| (default, Mar 29 2018, 13:32:41) [MSC v.1900
64 bit (AMD64)] on win32
Type "help", "copyright", "credits" or "license" for more information.
>>> mylist = [5, 7, 30, 34, 56]
>>> mylist
[5, 7, 30, 34, 56]
```

但是，对于一些函数所产生的结果却无法通过直接输入存储对象的变量名来查看，例如 range 函数，如下所示：

```
>>> mylist = range(1, 11, 2)
>>> mylist
range(1, 11, 2)
```

如上面的执行结果所示，系统只会显示 mylist 这个变量当初的定义，而不是依此定义所产生的结果。以这种方式来表示是为了适用于当一个数列非常大（例如 range(1, 1000000, 2)）的时候，避免因为产生过于庞大的数列而导致系统在显示或计算上的不便以及内存额外的负担。新版的 Python 语言执行环境中有许多的对象都是以这种形式来显示的，在遇到这种形式的变量时，若想要让系统显示出它的每一个元素，则只能使用循环或是调用可以逐一遍历其元素的函数，例如 map、zip 等。

可迭代（Iterable）类型的对象，简单地说就是可以使用 for 循环逐一遍历其元素的一种对象。最常见的可迭代类型就是列表类型，字典类型和元组类型也都是可迭代的。将它们用于 for 循环语句中时，可以逐一返回其中的元素，直到把所有元素都遍历一遍。range()函数所返回的对象也是可迭代对象，因此每次使用它时也会一次返回一个计算后的元素值，直至达到在参数中设置的结束条件为止。

6.4.2 map()函数的使用

可迭代对象除了可以使用 for 循环之外，map()函数也是常见的用法。map()函数的标准用法如下：

```
map(可调用函数, 可迭代对象)
```

为了说明 map 的用法，先来看看以下的程序片段：

```
s = list("3874950382")
print(s)
print(sum(s))
```

在这个程序片段中，s 变量通过调用 list()函数加上字符串的方式来创建一个列表，它的元素内容就是 list()函数中作为参数的字符串中的所有字符。由于在列表创建之初其中每一个元素的类型还是字符串类型，因此若想要调用 sum()函数把里面的数字字符进行加总，则会得到以下的错误提示信息：

```
['3', '8', '7', '4', '9', '5', '0', '3', '8', '2']
---------------------------------------------------------------------------
--
TypeError                         Traceback (most recent call last)
<ipython-input-1-f6c373997b36> in <module>
      1 s = list("3874950382")
      2 print(s)
----> 3 print(sum(s))

TypeError: unsupported operand type(s) for +: 'int' and 'str'
```

从错误提示信息来看，出现的是类型错误。解决的方法是再使用一个循环把列表中的元素全部变成整数类型来进行加总，如下所示：

```
s = list("3874950382")
print(s)
numbers = list()
for c in s:
    numbers.append(int(c))
print(sum(numbers))
```

上面这个修改后的程序片段的执行结果如下所示：

```
['3', '8', '7', '4', '9', '5', '0', '3', '8', '2']
49
```

显然已经顺利地完成了任务。然而，程序代码却显得冗长了些，如果调用 map()函数，就可以更为简洁地实现同样的功能：

```
s = list("3874950382")
print(s)
print(sum(map(int, s)))
```

在上述程序中，map()函数所对应到的第 1 个参数是 int，而可迭代的变量是 s。map(int, s) 的意思就是把 s 中所有的元素逐一取出去再调用 int 把它们变成整数类型，结果会产生一个没有名字的列表，最后把此列表交由 sum()函数进行加总，得到和前一个程序一样的结果。也就是说，原本要使用一个循环才能完成的程序代码，现在只要一个 map()函数就搞定了。

map()函数的第一个参数为函数，这个作为参数的函数可以选用内置的函数，也可以选用自定义的函数。请看下面的程序片段：

```
def draw_bar(n):
    return "*"*n
```

```
s = [2, 5, 4, 7, 5, 4]
for bar in map(draw_bar, s):
    print(bar)
```

上面这个程序片段在 map()函数中使用了一个名为 draw_bar 的自定义函数。draw_bar 的功能是每次以参数 n(n 为整数)调用时,会返回长度为 n 的星号字符串。调用 map(draw_bar, s)函数就表示以列表 s 中的数值作为 draw_bar 的参数依次返回一组 s 中每个元素的值作为长度的星号字符串。该程序片段的执行结果如下所示:

```
**
*****
****
*******
*****
****
```

回到本节一开始的读取数据文件的例子,通过 map()函数以及自定义函数,就可以把程序进一步地简化,如下所示:

```
1: def fixtype(n):
2:     return int(n.strip().replace(",",""))
3:
4: with open("ksvote.txt", "r", encoding="utf-8") as f:
5:     ksvote = f.readlines()
6: num_ksvote = map(fixtype, ksvote)
7: for vote in num_ksvote:
8:     print(vote)
```

这个程序的第 6 行语句等于是把 ksvote 中所有的元素都送到 fixtype()函数进行处理,因此对每一个元素所需要进行的操作,就可以在 fixtype()这个自定义函数中进行。

6.4.3　lambda 的使用

在前面的程序中所定义的自定义函数包括 draw_bar()和 fixtype(),读者是否发现其实这两个函数都只有一行程序语句,而且这两个函数只在程序中调用了一次?对于这种简单定义的函数,有时候并不需要大费周章地用正式的函数定义格式来编写,使用简易的定义方式 lambda 表达式就够了。lambda 的用法如下:

```
lambda 参数行: 语句及返回值
```

基本上它就是一个匿名函数的定义,如果没有特别把它赋值给一个变量,那么它在定义完毕之后是没有名字的,可以用于"用完即丢"的场合。以前面绘制星号直方图的程序为例,以 lambda 语句来修改程序:

```
s = [2, 5, 4, 7, 5, 4]
for bar in map(lambda n: "*"*n, s):
    print(bar)
```

"lambda n: "*"*n" 就是 lambda 函数的定义，它的输入参数是 n，返回的结果是"*"*n，程序代码是不是精简多了？在从数据文件读取数字字符并转换成数值数据的程序片段中，可以用 map()函数加上 lambda 来修改程序，修改后的程序代码如下所示：

```
with open("ksvote.txt", "r", encoding="utf-8") as f:
    ksvote = f.readlines()
num_ksvote = map(lambda n:int(n.strip().replace(",","")), ksvote)
for vote in num_ksvote:
    print(vote)
```

活用这些函数可以让我们的程序设计效率更高、程序更加精简。

6.5　习题

1. 自选一个中文新闻的网站，尝试使用 requests.get()取出该网站当天所有新闻的标题。

2. 说明在 HTTP 协议中 GET、POST、PUT、DELETE、HEADER 的用途。

3. 在同一个程序中如果要连续提取同一个网站中多个网页的内容，要如何避免太过频繁的数据提取操作呢？

4. 提出自己的方法，用来处理在已完成分词的列表中删除停用词（stopword）。

5. 解释以下程序输出结果所代表的意义：

```
lst = [12, 34, 36, 87, 45, 98, 99, 120]
f = lambda x : x % 3 == 0
print([n for n in map(f, lst)])
```

第7课

列表操作应用实例

处理数据的基本流程就是先把数据存储在内存中准备就绪，接着把存储在内存中的数据逐一取出加以处理并把处理结果存回内存，最后根据需求决定以何种形式把它们显示出来。尽管多数的 Python 应用模块已经有非常方便的函数可以用于简化其中的许多设计流程，但是为了让读者对数据处理的基本过程有更详细的了解，在这一堂课中我们将介绍和说明解决问题的一些常见方法，同时也让读者可以再一次练习编程的基本技巧。

7.1　列表操作应用

列表的英文为 List，也有人把它翻译成清单。与传统程序设计语言不一样的地方在于，虽然都是以数值索引的方式存取一组数据中的数据项（类似于数组），但是在 Python 语言的列表中并没有规定每一个列表元素（数据项）必须具有相同的格式或是相同的数据类型，这就让列表的操作变得特别有弹性。为了便于简化说明，在本堂课前面所举的范例程序中，列表内的每一个元素都是以相同的数据类型为主。

接下来举一个简单的例子——当读取到一组数值数据时，如何找出这组数值数据的最大值和最小值。虽然 Python 中已经有许多现成的模块及函数可以直接用于完成这类数据的处理工作，但是为了让读者了解这类模块和函数运行的程序逻辑，在这里我们将自己实现其中的基本方法。

7.1.1　找出列表中的指定数值

假设我们有一组有序的数字（数值数据）：

```
[1, 4, 7, 10, 23, 45, 67, 88]
```

想要寻找某一个数字是否在此数列中，可以编写如下程序代码：

```
lst = [1, 4, 7, 10, 23, 45, 67, 88]
target = int(input("请输入你要找的数字："))
if target in lst:
    print("你要找的数字{}在数列中! ".format(target))
else:
    print("你要找的数字{}并不在数列中! ".format(target))
```

在 if 语句中使用 "in" 就可以知道某一数字是否在列表中。如果我们想要知道该数字是列表中的第几个元素（在列表中的第几个位置），则需要调用 index()函数，可将程序代码修改如下：

```
lst = [1, 4, 7, 10, 23, 45, 67, 88]
target = int(input("请输入你要找的数字："))
if target in lst:
    print("你要找的数字{}在数列中! ".format(target))
    print("数字{}在数列中的第{}个位置上。".format(target, lst.index(target)))
else:
    print("你要找的数字{}并不在数列中! ".format(target))
```

不使用 index()这个函数时，也可以用一个循环来找出指定元素的位置，传统的查找方式如下：

```
lst = [1, 4, 7, 10, 23, 45, 67, 88]
target = int(input("请输入你要找的数字："))
```

```
found = False
for i, number in enumerate(lst):
    if number == target:
        print("你要找的数字{}在数列中！".format(i))
        print("数字{}在数列的第{}个位置上。".format(target, i))
        found = True
        break
if not found:
    print("你要找的数字{}并不在数列中！".format(target))
```

在这个程序中使用枚举 enumerate() 函数来逐一取出 lst 列表中的每一个元素并加上该元素相对应的索引值，每一个元素都和目标值 target 进行对比，如果找到了，就打印出该数字以及该数字所在的位置，接着设置 found 变量为 True，并用 break 语句中断循环的执行。

在离开循环时，使用 if 检查 found 这个变量是否为 True，如果不是，则表示循环运行了一遍之后都没有找到指定的数字，此时就要显示信息说明指定的数字并不存在于数列中。

此种方式是以顺序的方式逐一寻找目标数列中的数字，最好的情况是第一次就找到了，最差的情况则是在所有的数字都找过一遍之后仍然找不到。所以，如果列表中有 n 个元素，则平均查找的次数应该是 $(n+1)/2$ 次。

7.1.2　二分查找法

如果要被查找的数列是有序的（例如从小到大递增排列的数列，在索引值为 0 的位置是整个数列中最小的数字，而数列中最后一个数字是整个数列中最大的数字），那么还有一个更快的查找方法，即二分查找法。它每次都取数列的中间值来检查，如果找到的数字比目标值小，下一次就到队列的右边去找，否则就往队列的左边去找，每次都会缩小范围，一直到找到或是找不到为止。

以图 7-1 的数列为例，总共有 15 个数字，假设索引值是 1 到 15（不过请注意，Python 列表的索引值是从 0 开始算的）。在此，设置了用来指定要查找范围的最小范围（对应索引变量 min）、最大范围（对应索引变量 max）以及目标索引值（对应变量 target）。

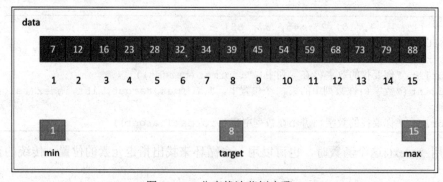

图 7-1　二分查找法范例步骤 1

开始的时候，min=1，max=15，而 target 的计算公式为：

$$target = floor\left(\frac{min + max}{2}\right)$$

其中，floor 是指无条件舍去小数的取整数函数，也就是整除的意思。根据上述公式，target 的计算结果为 8。算出了目标 target 之后，就按该目标所指向的索引去检查这个位置上的数字是大于我们要查找的数字还是小于我们要查找的数字，如果大于，就把范围缩小到列表的左边，反之则缩小到列表的右边。

以上面的列表数据为例，如果要找的数字是 28，在第 8 个位置的数字是 39，它比 28 大，因此就要把 max 指向 target-1，也就是索引值 7，反之就把 min 指向 target+1，如图 7-2 所示。

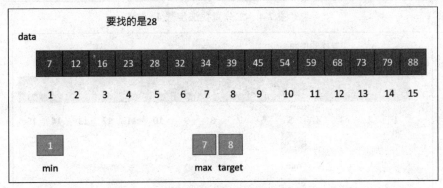

图 7-2　二分查找法步骤 2

接着重新计算 target，得到的是 4，如图 7-3 所示。

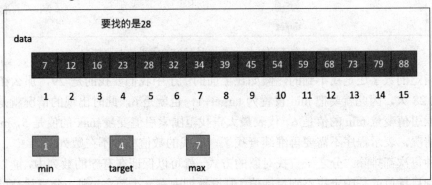

图 7-3　二分查找法步骤 3

此时再比较位置 4 的内容和 28 之间的关系，如果不相等，再重新设置范围，直到找到或找不到为止，接下来的步骤分别如图 7-4 和图 7-5 所示。

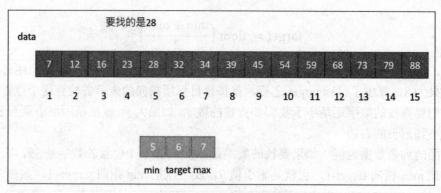

图 7-4　二分查找法步骤 4

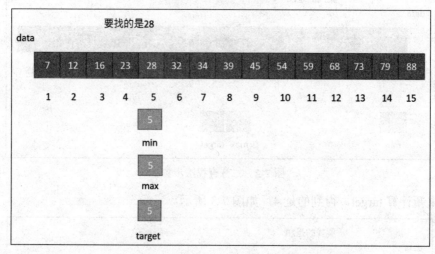

图 7-5　二分查找法找到数据时对应的索引值对照情况

如果指定的数字还是找不到的，假如在上面的例子中我们要找的是 29，那么在图 7-5 中因为 29 比 28 大，因此就要把 min 设置为 target+1，也就是 6，此时出现的情况就是代表最小查找范围索引值变量 min 的值是 6、代表最大查找范围索引值变量 max 的值是 5，max<min 是不合理的情况，表示程序不需要再继续查找了，要找的数值根本不在数列中。

以这种每次都排除二分之一查找对象的方式，就可以保证在有序的数列中，能以最少的查找次数找到目标值或是确定找不到目标值。假设数列中有 n 个数字，则二分查找法的平均查找次数是 $\log_2 n$。

由于 min 和 max 这两个单词均为 Python 的函数名称，为了避免冲突，因此在具体实现时我们将其分别改为 left 和 right，代表要查找范围的左边界和右边界。此外，target 为计算出来要对比的索引值，lst[target]则是要进行对比的元素值，至于用户输入要寻找的数字则存放在变量 n 中。

图 7-6 为二分查找法的流程图。

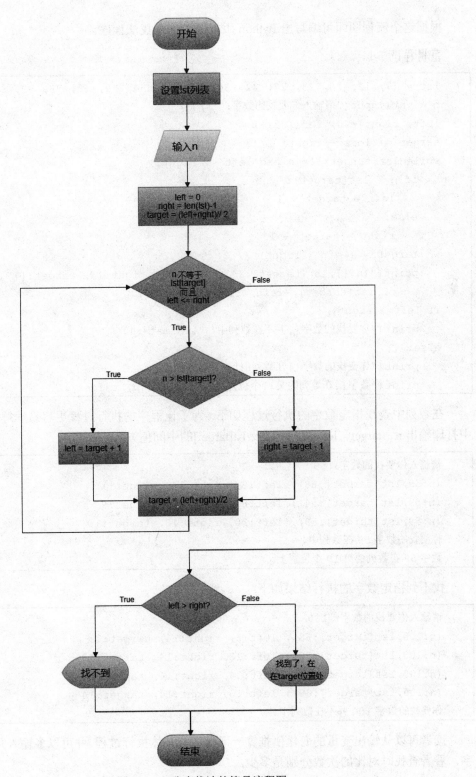

图 7-6　二分查找法的简易流程图

根据这个流程图即可编写出 Python 版本的二分查找法程序。

范例程序 7-1

```
lst = [7, 12, 16, 23, 28, 32, 34, 39, 45, 54, 59, 68, 73, 79, 88]
n = int(input("请输入你要找的数字："))
left, right = 0, len(lst)-1
target = (left + right) // 2
while lst[target] != n and left <= right:
    if n > lst[target]:
        left = target + 1
    else:
        right = target - 1
    target = (left + right) // 2
    print("(n:{},lst[target]:{}), left:{}, right:{}, target:{}".format(
        n, lst[target], left, right, target))
if left > right:
    print("你要找的数字{}并不在数列中！".format(n))
else:
    print("你要找的数字{}在数列中！".format(n))
    print("数字{}在数列的第{}个位置上。".format(n, target))
```

在数列中查找指定数字的执行过程如下（为了让程序的执行过程更容易理解，在查找过程中打印输出 n、target、left、right 以及 lst[target]的中间值）：

```
请输入你要找的数字：59
(n:59,lst[target]:68), left:8, right:14, target:11
(n:59,lst[target]:54), left:8, right:10, target:9
(n:59,lst[target]:59), left:10, right:10, target:10
你要找的数字 59 在数列中！
数字 59 在数列的第 10 个位置上。
```

找不到指定数字的执行结果如下：

```
请输入你要找的数字：100
(n:100,lst[target]:68), left:8, right:14, target:11
(n:100,lst[target]:79), left:12, right:14, target:13
(n:100,lst[target]:88), left:14, right:14, target:14
(n:100,lst[target]:88), left:15, right:14, target:14
你要找的数字 100 并不在数列中！
```

读者可以从输出变量的变化值推算一下程序的具体执行过程，并可以多输入几个不同的数字，看看查找时对比的次数分别是多少。

7.1.3　找出列表中的最大值及其位置

灵活运用 max() 函数和 index() 函数，就可以在列表中轻松找出其中的最大值及其所在的位置，范例程序如下。

范 例 程 序 7-2

```
import random
lst = [random.randint(1, 100) for n in range(10)]
max_number = max(lst)
max_number_index = lst.index(max_number)
print(lst)
print("最大值是{}，它的位置在{}。".format(max_number, max_number_index))
```

在上面的程序中先使用列表生成式的方式产生 10 个 1 到 100 之间的随机整数，并存入列表 lst 中，然后调用 max(lst) 函数找出列表中的最大值并存放到 max_number 中，接着调用 lst.index(max_number) 函数找出该数在列表中的位置，如此就可以查找到列表中最大的值以及它所在的索引位置，这个程序的执行结果如下所示：

```
[32, 49, 58, 69, 80, 43, 83, 59, 18, 34]
最大值是 83，它的位置在 6。
```

如果不调用 max() 和 index() 这两个函数，那么要如何做才能实现同样的功能呢？答案是使用一个循环逐个对比列表中每一个元素的大小。一开始假设第一个元素是当前列表中的最大值，索引值就设置为 0，然后从列表中第二个元素开始比较，如果找到更大的数字，就更新当前的最大值和当前的索引值，等到列表中所有的元素都对比完成之后就找到答案了，这次我们以算法的方式来说明程序逻辑的执行流程：

1. 设置列表 lst 的内容。

2. max_number_index = 0, max_number = lst[0]。

3. i = 1。

4. n=lst[i]。

5. 如果 n > max_number，则 max_number = n, max_number_index = i。

6. 如果还有未对比的列表元素，则 i+1，回到第 4 步。

7. 打印出 max_number 和 max_number_index 的值。

根据上述的算法编写出来的 Python 程序如下：

```
import random
lst = [random.randint(1, 100) for n in range(10)]
max_number_index = 0
max_number = lst[0]
for i, n in enumerate(lst[1:]):
    if n > max_number:
```

```
        max_number = n
        max_number_index = i + 1
print(lst)
print("最大值是{}，它的位置在{}。".format(max_number, max_number_index))
```

这个范例程序的执行结果如下：

```
[70, 52, 41, 66, 21, 78, 51, 48, 75, 44]
最大值是 78，它的位置在 5。
```

在这个范例程序中要特别注意的是倒数第 3 行语句，也就是 max_number_index = i + 1 这一行。因为调用 enumerate()函数所列举出来的索引值一律都是从 0 开始，但是送进去枚举的列表元素是 lst[1:]，也就是从列表的第 1 个索引值开始，所以在这一行中要加 1 以补上两个索引之间的差值，这样才不至于在输出时显示出错误的最大值所在的位置。

7.1.4　合并两个列表

如果想把两个列表合并成一个元组类型的列表，那么最简单的方式就是调用 zip()函数。zip()函数的两个参数长度要一致，如果不一致，则合并操作执行到最短的那一个列表元素长度就会停止。范例程序如下。

范例程序 7-3

```
b = list('子丑寅卯辰巳午未申酉戌亥')
c = list('鼠牛虎兔龙蛇马羊猴鸡狗猪')
print(zip(b,c))
for item in zip(b, c):
    print(item)
print([item for item in zip(b, c)])
```

范例程序 7-3 的执行结果如下所示：

```
<zip object at 0x000000C509224E08>
('子', '鼠')
('丑', '牛')
('寅', '虎')
('卯', '兔')
('辰', '龙')
('巳', '蛇')
('午', '马')
('未', '羊')
('申', '猴')
('酉', '鸡')
('戌', '狗')
('亥', '猪')
```

```
[('子', '鼠'), ('丑', '牛'), ('寅', '虎'), ('卯', '兔'), ('辰', '龙'), ('巳',
'蛇'), ('午', '马'), ('未', '羊'), ('申', '猴'), ('酉', '鸡'), ('戌', '狗'), ('亥
', '猪')]
```

在范例程序 7-3 中有 3 个输出语句，目的是让读者了解 zip() 函数所合并的结果也是以对象的形式来呈现的，如果直接把它打印出来，只能得到一个该对象的内存位置，只有通过循环才能逐一把它的元素取出。另外，合并好的列表元素采用元组的类型，来自于两个列表中的元素。最后，也可以通过列表生成式的方式把 zip() 的结果转换成我们熟悉的列表格式。

更进一步分析，如果两个要合并列表的元素个数是不同的，而且想要让第一个列表中的元素和另一个列表中的元素全都组合一遍，就需要使用嵌套循环。以天干（甲乙丙丁戊己庚辛壬癸）和地支（子丑寅卯辰巳午未申酉戌亥）为例，可以列出两个列表所有元素组合的程序代码如下：

```
a = list('甲乙丙丁戊己庚辛壬癸')
b = list('子丑寅卯辰巳午未申酉戌亥')
for i in a:
    for j in b:
        print((i, j))
```

这个程序的输出结果如下所示，外循环共循环 10 次，内循环共循环 12 次，所以共会出现 120 个组合：

```
('甲', '子')
('甲', '丑')
('甲', '寅')
('甲', '卯')
('甲', '辰')
('甲', '巳')
('甲', '午')
('甲', '未')
('甲', '申')
('甲', '酉')
('甲', '戌')
('甲', '亥')
('乙', '子')
('乙', '丑')
('乙', '寅')
('乙', '卯')
<<略>>
('癸', '巳')
('癸', '午')
('癸', '未')
```

```
('癸', '申')
('癸', '酉')
('癸', '戌')
('癸', '亥')
```

不过，熟悉天干地支组合的读者应该会有一个疑问，一个甲子不是只有 60 年吗？怎么上面的程序所列出来的是 120 个组合？原因是一个甲子并不是把天干地支的所有组合都拿来使用，而是以第 1 年是甲和子，第 2 年是乙和丑，第 3 年是丙和寅的方式，即每过一年，天干和地支都各自往下取一个元素来组合，一直到所有的循环重复为止，按照这种方法在下一次出现甲子组合之前是癸和亥，所以全部共 60 个组合。

使用程序来实现这种组合方式只要一个重复 60 次的循环和两个各自的索引值 a_index 和 b_index，一开始把这两个索引值都设置为 0，每组合出一个天干和地支之后，两个索引值都要加 1，但是，a_index 要控制在 0~9 之间，而 b_index 则要控制在 0~11 之间，只要超出范围就回到 0。生成天干和地支真实组合的范例程序如下：

```python
a = list('甲乙丙丁戊己庚辛壬癸')
b = list('子丑寅卯辰巳午未申酉戌亥')
years = list()
a_index = 0
b_index = 0
for i in range(60):
    years.append((a[a_index], b[b_index]))
    a_index += 1
    if a_index >= 10:
        a_index = 0
    b_index += 1
    if b_index >= 12:
        b_index = 0
print(years)
```

以下是执行的结果：

```
[('甲', '子'), ('乙', '丑'), ('丙', '寅'), ('丁', '卯'), ('戊', '辰'), ('己',
'巳'), ('庚', '午'), ('辛', '未'), ('壬', '申'), ('癸', '酉'), ('甲', '戌'), ('乙
', '亥'), ('丙', '子'), ('丁', '丑'), ('戊', '寅'), ('己', '卯'), ('庚', '辰'), ('
辛', '巳'), ('壬', '午'), ('癸', '未'), ('甲', '申'), ('乙', '酉'), ('丙', '戌'),
('丁', '亥'), ('戊', '子'), ('己', '丑'), ('庚', '寅'), ('辛', '卯'), ('壬', '辰
'), ('癸', '巳'), ('甲', '午'), ('乙', '未'), ('丙', '申'), ('丁', '酉'), ('戊', '
戌'), ('己', '亥'), ('庚', '子'), ('辛', '丑'), ('壬', '寅'), ('癸', '卯'), ('甲
', '辰'), ('乙', '巳'), ('丙', '午'), ('丁', '未'), ('戊', '申'), ('己', '酉'), ('
庚', '戌'), ('辛', '亥'), ('壬', '子'), ('癸', '丑'), ('甲', '寅'), ('乙', '卯'),
('丙', '辰'), ('丁', '巳'), ('戊', '午'), ('己', '未'), ('庚', '申'), ('辛', '
酉'), ('壬', '戌'), ('癸', '亥')]
```

然而，由于我们已经知道一个甲子是 60 年，因此只要灵活调用 zip() 函数，只需短短的几行程序代码就可以产生和上面程序一模一样的成果：

```
a = list('甲乙丙丁戊己庚辛壬癸'*6)
b = list('子丑寅卯辰巳午未申酉戌亥'*5)
years = list(zip(a, b))
print(years)
```

7.2　数据加解密练习——简易转换法和查表法

加解密一直是一个很有趣和热门的话题，尤其是在谍战片或是现代战争片的一些情节中，加解密往往能够成为剧情的主轴。在这一节中，我们将简单地说明计算机上的一些加解密方法，这些方法只是让读者了解加解密的一些基本概念和在计算机上的运用。而有关密码学的理论和实践，有兴趣的读者可以自行参考相关的书籍和资料，这可是一门很重要也很艰深的学问。

7.2.1　简易转换法

先来看看最简单的想法是如何利用程序来实现的。在这里要说的是利用简易的转换来产生让别人看不懂的文字内容。假设某情报员要传递一条信息 "the real name of 007 is james bond and he will take action at 1100pm tonight" 给情报单位，并且要通过网络传输，在传递的过程中不希望让看到这条信息的人知道信息的真实内容，最简单的方式就是把原始文字（一般称之为 Clear Text，即"明文"）中的每一个字母经过计算之后转换成另外一些对应的字母组合（一般称之为 Cipher Text，即"密文"），全部转换完成之后再传递到目的地，目的地在收到这条经过加密的文字之后，只要知道原来的计算方法（转换算法），使用相反的计算方法把每一个字母还原即可。

对字母进行转换计算的方法非常多，我们知道原始的文字信息及字母是不能直接进行计算的，因此先要把它们分别转换成可以计算的数值形式。学过《计算机概论》的读者都知道，计算机系统中的每一个字母、符号在计算机内部都是用 ASCII（美国国家标准信息交换码）编码来存储和传输的。ASCII 编码就是一个数值数据，在 Python 中有一个 ord() 函数可以把单个字符转换成 ASCII 编码，它的反函数 chr() 可以把 ASCII 编码转换成一个字符。请看下面的转换程序：

```
clear_text = "the real name of 007 is james bond and he will take action at
1100pm tonight"
print("明文: ", clear_text)
print("密文: ", end="")
for c in clear_text:
    print(chr(ord(c)+2), end="")
```

在上面这个范例程序中，要被转换的字符串存放在 clear_text 变量中，一开始先把它打印出来作为比较的依据，接着通过一个 for 循环逐一取出字符串中的每一个字符，使用 ord(c)把它转换成 ASCII 编码，加上 2 之后再使用 chr()函数把它转换回字符。上述程序的执行结果如下所示：

```
明文:  the real name of 007 is james bond and he will take action at 1100pm
tonight
密文: vjg"tgcn"pcog"qh"229"ku"lcogu"dqpf"cpf"jg"yknn"vcmg"cevkqp"cv"
3322ro"vqpkijv
```

看到加密后的文字，如果不知道加密算法，应该完全看不出它原来的含义了。就加解密的原理来说，这种加密方式过于简单，非常容易破解，不过加解密原理和方法并不在本书的讨论范围内，在这里的练习只是让读者学习一下加解密的简单运算，同时体验一下加解密的基本概念。

为了证明这种方式加密后的字符串可以使用相反的计算把它们转换回来（就是所谓的解密），下面给出更完整的范例程序。

范例程序 7-4

```
1: clear_text = "the real name of 007 is james bond and he will take action
   at 1100pm tonight"
2: print("明文: ", clear_text)
3: cipher_text = ""
4: for c in clear_text:
5:     cipher_text += chr(ord(c)+2)
6: print("密文: ", cipher_text)
7: clear_text = ""
8: for c in cipher_text:
9:     clear_text += chr(ord(c)-2)
10: print("解密后: ", clear_text)
```

在上面的程序中把未加密的内容（明文）放在 clear_text 中，加密后的内容（密文）放在 cipher_text 中。一开始，cipher_text 先被设置为空字符串，然后通过 for c in clear_text 循环逐一取出字符串中的每一个字符，经过计算之后再逐一放到 cipher_text 中（使用字符串加法，也就是串接的方式），循环结束之后，cipher_text 的内容就是加密之后的密文。

程序中的第 7 行语句把 clear_text 清空，再在后面利用一个循环 for c in cipher_text 把密文中的字符逐一取出，使用原来加密函数的相反函数（其实就是把得到的 ASCII 编码减 2）计算每一个字符之后再放回 clear_text 中，即完成解密的计算。上述程序的执行结果如下所示：

```
明文:  the real name of 007 is james bond and he will take action at 1100pm
tonight
密文:  vjg"tgcn"pcog"qh"229"ku"lcogu"dqpf"cpf"jg"yknn"vcmg"cevkqp"cv"
3322ro"vqpkijv
```

解密后： the real name of 007 is james bond and he will take action at 1100pm
tonight

上述程序演示了如何使用计算的方式对一个字符串进行加解密。最后再强调一次，加解密计算的方式非常多，采用这种加解密的方式需要传送方和接收方都事先知道具体的加解密计算方式才能实现加密"情报"的传送和接收。另外，如何找到一个计算快速且不容易被观察出或推测出规则的加解密函数是确保秘密传输是否成功的关键因素之一。

7.2.2　查表法

除了计算的方式之外，查表法也是早期人工加解密时常用的一种方式。它通过一张转换用的表格对每一个字母进行查表转换，只要传送方和接收方都使用同一张转换表格（即密码本），在传递情报之前先使用此表格把情报明文转换成情报密文（加密），而接收端在收到情报密文之后再以同一张表格进行反向转换即可（解密）。查表法加解密的范例程序如下：

```
row1 = list("abcdefghijklmnopqrstuvwxyz 0123456789")
row2 = list("e5xibuj0chmpys89zd3r vn4wg2qal67tfko1")
encode = dict(zip(row1, row2))
decode = dict(zip(row2, row1))
clear_text = "the real name of 007 is james bond and he will take action at
1100pm tonight"
cipher_text = ""
for c in clear_text:
    cipher_text += encode[c]
print(cipher_text)
for c in cipher_text:
    print(decode[c], end="")
```

在这个范例程序中，我们使用了两个列表组成一个字典的技巧，因为字典是查表最方便的数据类型。在程序一开始先创建两个要对照的字符串，分别是原始的 row1 列表以及要转换的 row2 列表（注意，row1 和 row2 必须具有相同的长度）。两个列表要组合成一个字典需先调用 zip() 函数把它们组合成元组类型，再调用 dict() 函数转换成字典类型。encode = dict(zip(row1, row2)) 所创建的字典内容如下：

```
{'a': 'e', 'b': '5', 'c': 'x', 'd': 'i', 'e': 'b', 'f': 'u', 'g': 'j', 'h':
'0', 'i': 'c', 'j': 'h', 'k': 'm', 'l': 'p', 'm': 'y', 'n': 's', 'o': '8', 'p':
'9', 'q': 'z', 'r': 'd', 's': '3', 't': 'r', 'u': ' ', 'v': 'v', 'w': 'n', 'x':
'4', 'y': 'w', 'z': 'g', ' ': '2', '0': 'q', '1': 'a', '2': 'l', '3': '6', '4':
'7', '5': 't', '6': 'f', '7': 'k', '8': 'o', '9': '1'}
```

decode = dict(zip(row2, row1)) 所创建的字典内容如下：

```
{'e': 'a', '5': 'b', 'x': 'c', 'i': 'd', 'b': 'e', 'u': 'f', 'j': 'g', '0':
```

```
'h', 'c': 'i', 'h': 'j', 'm': 'k', 'p': 'l', 'y': 'm', 's': 'n', '8': 'o', '9':
'p', 'z': 'q', 'd': 'r', '3': 's', 'r': 't', ' ': 'u', 'v': 'v', 'n': 'w', '4':
'x', 'w': 'y', 'g': 'z', '2': ' ', 'q': '0', 'a': '1', 'l': '2', '6': '3', '7':
'4', 't': '5', 'f': '6', 'k': '7', 'o': '8', '1': '9'}
```

有了这两个字典之后，加密时以一个循环逐一取出字符到 encode 字典中查表即可，而解密时则以一个循环逐一取出字符到 decode 字典中查表。执行结果如下所示：

```
    r0b2dbep2seyb28u2qqk2c32heyb3258si2esi20b2ncpp2remb2exrc8s2er2aaqq9y2r8sc
j0r
    the real name of 007 is james bond and he will take action at 1100pm tonight
```

如果需要更复杂一点的表格，可以准备一本密码本，上面有许多不同编号的表格，每一次要加密之前可以指定使用的表格编号，这样可以增加密码的复杂度。

7.3 数据加解密练习——换位法

除了使用查表法之外，还有一种换位法也是传统的加解密方式，和前者不一样的是，在明文中所有的字符并不会被替换，只是重新排列它们的顺序而已，至于每一个字符的位置要如何替换则有各种各样的方法。因为换位可以指定不同的顺序，所以可以把这个顺序当成是一个钥匙（称为密钥），只有知道这个密钥（换位的顺序和方式）的人才能够顺利地解开密文。

在此我们利用简单的方式说明并实现换位法。这种方法在传送端和接收端要先约定以什么数字作为循环的方式对字符进行编号，在编完号码之后把所有相同号码的字符放在一起，这种加解密方式其实也算是第一种加解密方法的一种变形。假设要以 4 为循环的话，方法如下：

```
the real name of 007 is james bond and he will take action at 1100pm tonight
12341234123412341234123412341234123412341234123412341234123412341234123412341
234
```

创建上述结果的程序代码如下：

```
clear_text = "the real name of 007 is james bond and he will take action at
1100pm tonight"
index = [str(i%4+1) for i in range(len(clear_text))]
str1 = "".join(index)
print(clear_text)
print(str1)
```

与之前的程序一样，把要加密的明文放在 clear_text 中，接着以列表生成式创建一个以从 1 到 4 的索引字符为元素的列表 index，再把这个列表通过 join() 函数合并成一个字符串并存放在 str1 中，打印输出的结果即为我们想要的结果。

7.3.1　加密方法

在这个例子中，假设使用的密钥是[2, 0, 1, 3]，也就是在把字符串分成 4 个一组，按序先把每一组字符串中的第 2 个字符取出串接在一起，接下来把第 0 个字符取出串接在一起，以此类推，最后得到的结果就是密文。

在此我们先以一个简单的有序字符串作为解说的明文，一开始的程序代码如下：

```
clear_text = "0123456789abcdef"
cipher_key = [2, 0, 1, 3]
print("密钥: ", cipher_key)
print("明文")
print(clear_text)
```

注意，为了易于程序的解说，在此使用的字符串是以 4 的倍数为限。要开始加密时，第一步是把明文字符串以 4 个字符作为一组进行分组，程序代码如下：

```
seg_str = list()
for i in range(0, len(clear_text), 4):
    seg_str.append(clear_text[i:i+4])
    print(i, end="")
print("分割信息块之后的列表：")
print(seg_str)
```

在上面这个程序中使用一个循环，调用 range(0, len(clear_text), 4)生成如下所示的数字符串：

```
[0, 4, 8, 12]
```

也就是我们要分割的字符串在明文字符串中的每一组第一个字符所在的位置。意思是说，因为明文字符串共有 16 个字符，它的索引分别是 0~15，要 4 个一组取出字符串，则第 1 组字符串就要取出 clear_text[0:3]，第 2 组字符串在明文字符串中的范围则是 clear_text[4:7]，以此类推。有了这个数字列表，就可以利用 seg_str.append(clear_text[i:i+4])这个指令把取出的字符串添加到 seg_str 列表中，执行的结果如下：

```
分割信息块之后的列表：
['0123', '4567', '89ab', 'cdef']
```

得到这 4 个字符串之后，接下来的步骤就是按照 cipher_key 中的顺序（在此例为[2, 0, 1, 3]），按序到这 4 组字符串中取出它们的字符串接在一起。因此密文的第 1 个字符应该是'2'，第 2 个字符是'6'，第 3 个字符是'a'，第 4 个字符是'e'，第 5 个字符会再从第 1 组字符串中取出第 0 个，也就是'0'，以此类推。

实现此加密方法的程序代码如下：

```
cipher_list = list()
for i in cipher_key:
```

```
    for w in seg_str:
        cipher_list.append(w[i])
cipher_text = "".join(cipher_list)
print("密文: ")
print(cipher_text)
```

首先，创建一个用来存储取出字符的空列表 cipher_list，接着利用两层循环来完成加密的操作。外层循环是我们的加密密钥 cipher_key，其内容是[2, 0, 1, 3]，它用到的索引变量 i 就是在内层循环中要取出每一组字符串中特定字符的位置。

在内层循环的工作就是把在前面程序中分组好的字符串列表 seg_str 中的每一个分组字符串取出，在这个例子中分别是'0123'、'4567'、'89ab' 以及 'cdef'，每次取出的字符都被放到 cipher_list 中。在两层循环执行完之后，cipher_text 的内容是:

```
['2', '6', 'a', 'e', '0', '4', '8', 'c', '1', '5', '9', 'd', '3', '7', 'b',
'f']
```

读者可以对照一下取出的顺序，看看是否和自己想的一样。之后的这行语句"cipher_text="".join(cipher_list)"则是把列表串接成字符串，串接之后，cipher_text 中的内容就是加密的密文了。

上述程序的执行结果如下所示:

```
密钥: [2, 0, 1, 3]
明文
0123456789abcdef
0 4 8 12
切割信息块之后的列表:
['0123', '4567', '89ab', 'cdef']
密文:
26ae048c159d37bf
```

完整的范例程序代码如下。

范例程序 7-5

```
clear_text = "the real name of 007 is james bond and he will take action at
1100pm tonight"
#clear_text = "0123456789abcdef"
cipher_key = [2, 0, 1, 3]
print("密钥: ", cipher_key)
print("明文")
print(clear_text)


#encode process
seg_str = list()
```

```
for i in range(0, len(clear_text), 4):
    seg_str.append(clear_text[i:i+4])
    print(i, end=" ")
print()
print("切割信息块之后的列表: ")
print(seg_str)
cipher_list = list()
for i in cipher_key:
    for w in seg_str:
        cipher_list.append(w[i])
cipher_text = "".join(cipher_list)
print("密文: ")
print(cipher_text)
```

在这个范例程序中我们使用了比较长的明文字符串，执行结果如下所示，读者可以比较一下：

```
密钥: [2, 0, 1, 3]
明文
the real name of 007 is james bond and he will take action at 1100pm tonight
0 4 8 12 16 20 24 28 32 36 40 44 48 52 56 60 64 68 72
切割信息块之后的列表:
['the ', 'real', ' nam', 'e of', ' 007', ' is ', 'jame', 's bo', 'nd a', 'nd
h', 'e wi', 'll t', 'ake ', 'acti', 'on a', 't 11', '00pm', ' ton', 'ight']
密文:
eaao0smb  w et 1pohtr e  jsnnelaaot0 ihen 0ia dd lkcn 0tg lmf7 eoahit ia1mnt
```

也可以改变密钥的顺序，看看执行出来的结果有什么不一样。

7.3.2 解密方法

在加密之后，一定要能够顺利地解密还原到明文（原来的字符串）才有意义。接下来说明如何解开密文。

明文的内容是'0123456789abcdef'，拆成分组之后的内容如下：

```
['0123', '4567', '89ab', 'cdef']
```

把这些字符串堆叠起来，如下所示：

```
0123
4567
89ab
cdef
```

我们的加密钥匙是[2,0,1,3]，对照一下加密后的密文：

```
26ae048c159d37bf
```

可以看出，就是把第 2 列（从第 0 列开始算）从上面开始取，直到最后一个，即为 26ae，再串接第 0 列的 048c，接着是 159d，最后是 37bf。知道它的加密逻辑了吗？

依据这个逻辑，我们只要按照密钥的顺序，把加密后的字符串 4 个一组，还原成原来的字符顺序再串接在一起就可以得到原来的明文字符串了。

在解密的程序中需先创建两个变量。其中，result 是用来存储解密之后的字符，我们打算使用字典类型；index 变量从 0 开始，让提取出来的字符可以按序还原到明文字符串中：

```
result = dict()
index = 0
```

接着需要两层循环，外层循环的目的是使用原本加密密钥的顺序，因为是 4 个一组，它的顺序在此例中是[2, 0, 1, 3]，所以在取得字符串分组之后（每 4 个一组），会在每一组字符串中按密钥的顺序在 result 字典中放入按 index 顺序（cipher_text 从 0 开始逐字符增加）取出的字符。程序代码如下：

```
for k in cipher_key:
    for count in range(len(clear_text)//4):
        result[count*4+k] = cipher_text[index]
        index = index + 1
```

所有的字符按密钥顺序还原回原来的顺序，并以索引的方式放在 result 字典中之后，接下来就可以把字典按索引值的顺序排序，把它创建成列表 decoded_list：

```
decoded_list = [result[k] for k in sorted(result)]
```

之后用如下程序语句把列表变成字符串，即是解密后的结果：

```
decoded_str = "".join(decoded_list)
```

以下是完整的换位法加解密的程序代码。

范例程序 7-6

```
clear_text = "the real name of 007 is james bond and he will take action at
1100pm tonight"
#clear_text = "0123456789abcdef"
cipher_key = [2, 0, 1, 3]
print("密钥: ", cipher_key)
print("明文")
print(clear_text)

#encode process
seg_str = list()
```

```
for i in range(0, len(clear_text), 4):
    seg_str.append(clear_text[i:i+4])
    print(i, end=" ")
print()
print("分割信息块之后的列表: ")
print(seg_str)
cipher_list = list()
for i in cipher_key:
    for w in seg_str:
        cipher_list.append(w[i])
cipher_text = "".join(cipher_list)
print("密文: ")
print(cipher_text)
#decode process
result = dict()
index = 0
for k in cipher_key:
    for count in range(len(clear_text)//4):
        result[count*4+k] = cipher_text[index]
        index = index + 1
decoded_list = [result[k] for k in sorted(result)]
decoded_str = "".join(decoded_list)
print("解密后的字符串: ")
print(decoded_str)
```

这个程序的执行结果如下：

```
密钥: [2, 0, 1, 3]
明文
the real name of 007 is james bond and he will take action at 1100pm tonight
0 4 8 12 16 20 24 28 32 36 40 44 48 52 56 60 64 68 72
切割区块之后的列表:
['the ', 'real', ' nam', 'e of', ' 007', ' is ', 'jame', 's bo', 'nd a', 'nd
h', 'e wi', 'll t', 'ake ', 'acti', 'on a', 't 11', '00pm', ' ton', 'ight']
密文:
eaao0smb  w et 1pohtr e  jsnnelaaot0 ihen 0ia dd lkcn 0tg lmf7 eoahit ia1mnt
解密后的字符串:
the real name of 007 is james bond and he will take action at 1100pm tonight
```

换位法是非常传统的加解密方法，虽然有许多种变化，然而就安全性来说已经不符合时代的需求了，在本节中只是作为例子来进行字符串以及列表和字典操作的练习，实际上的加解密方法在 Python 中有许多专门的模块可供使用。

7.4　习题

1. 使用随机数创建一个具有 100 个数值元素的随机数列表 lst，再以随机的方式执行 100 次数字查找，计算出其平均查找的次数，比较二分查找法和顺序查找法的差别。

2. 用笔演算出在数列[2, 15, 19, 34, 45, 58, 66, 73, 85, 92]中查找 23 和 92 这个两数的查找过程。

3. 画出寻找数列中最大值的流程图。

4. 设计一个程序可以找出数列中的最大值和最小值。

5. 已知 1894 年为甲午年，试设计一个程序来推算任意一个公元年份的干支纪年是什么。

第 8 课

使用数据库

在程序中要存取大量的数据，只使用文件是不够的，因为直接使用文件进行数据存取除了效率不高之外，在程序中存取文件数据也缺乏查询、编辑、更新以及删除各个数据字段等高级功能，所有的数据操作都需要自己动手设计程序，把文件内的数据都读取到变量中再加以操作，非常不便。为了提供便捷的数据操作，数据库理论及其应用就应运而生。传统的数据库管理系统（包括 SQLite、MySQL等）在 Python 中都可以方便地调用，而近年来流行的 NoSQL 数据库（如MongoDB）在 Python 中也有相对应的模块予以调用，在这一堂课中将介绍如何使用 Python 模块灵活使用 SQLite 数据库的操作功能。

8.1　SQL 简介

在说明如何使用 Python 操作数据库之前，先来说明一下什么是数据库以及什么是 SQL。在前面的章节中，介绍过如何使用文件记录成绩数据，在把数据存储到文件中时，先打开文件，读取或存储数据，再关闭文件。

按照上面的过程，在进行文件操作时都是打开文件之后把所有的数据全部加载到程序的变量中，再通过变量去存取数据。这种方式在数据量不多的时候还算方便，如果数据量非常庞大（例如存储了全校学生成绩的文件），不但读取时要花上很长时间，而且还要准备许多其实用不到的内存空间（例如只想要计算其中一个班级的成绩，其他班级的成绩虽然用不到，但还是读取出来了），如果为了避免内存浪费的问题，而把不同班级的成绩分成不同的文件进行存储，那么管理文件的名称、存储的位置又变成了另外一件烦琐且烦心的事。

有些文件中的数据其实还可能和另外一个文件中的数据是相关的。例如，全校各班的成绩单中会有学生的姓名，而这些学生本身也有各自的个人资料（例如学校、家长、联系电话等）需要记录。此外，每一个学生的成绩单还包括不同科目的成绩，也会因为兴趣分组而出现在不同的班级名单中；同一个家长也有可能会有 2 个孩子在同一所学校就读。当更新数据时，如何保持该笔数据在不同的文件中都能够同步更新呢？这些都不是使用许多文件来记录数据就可以轻易处理的。

8.1.1　关系数据库概述

为了解决上述问题，关系数据库（Relational Database）就被开发出来了。它以数据表为出发点，在数据表中有许多记录数据的字段，不同的数据表之间可以通过一些关系把它们关联在一起。例如，某班级的学期成绩单中包括学生的学号以及语文、英语、数学 3 科成绩，还有一个包含学生个人信息的数据表，如学号、姓名、性别、生日、身份证号码、联系电话、所属班级编号、家长身份证号码等，这两个数据表通过学号进行关联。此外，每一个班级也会有一张包含班级信息的数据表，用来记录班级的教室、班主任、科目等信息，有关家长的信息也会有一个数据表，用来记录家长的身份证号码、联系电话、职业、住址、电话等数据，有关老师们的信息也有一个数据表。

上述这些数据表都是通过一些相关的字段互相关联而组成的一个完整数据库，其中所有存储的数据均以一份为原则，当有某一个数据表需要使用到自己这张表格中所没有的信息时，就要前往相关联的数据表中取出。如此，当数据进行更新时，所有的数据都会同步更新，因为全部都会引用到最原始的那一个数据版本。

举个简单的例子，假设我们的学生成绩数据表如表 8-1 所示。

表 8-1　学生成绩数据表（score）

学号 stuno	语文 chi	英语 eng	数学 mat	历史 his	地理 geo
A23001	89	88	98	78	90
A23002	87	25	68	48	50

（续表）

学号 stuno	语文 chi	英语 eng	数学 mat	历史 his	地理 geo
A23003	64	28	28	20	30
A23004	64	54	66	94	68
A23005	58	98	99	77	60

学生个人信息的数据表如表 8-2 所示。

表 8-2　学生个人信息的数据表（studata）

学号 stuno	姓名 name	性别 gender	班级编号 clsno	电话 tel	家长编号 pid
A23001	林小明	男	101	0923999888	A123456789
A23002	王小华	女	101	0985541254	A222457854
A23003	张大头	男	101	0952111454	C124562545
A23004	曾小美	女	102	0941784522	R245111444
A23005	许天天	女	102	0922111444	S211444552

上面两个数据表以"学号"这个字段互相关联，也就是说，虽然在"学生成绩数据表（score）"中只有学生的学号，可是在打印成绩单的时候需要把学生姓名也一并打印出来，此时学生的成绩就需要通过相同的"学号"字段从"学生个人信息的数据表（studata）"中取出。更进一步地说，假设我们在计算成绩的时候，发现某些学生的成绩太差，想要联系家长，就需要通过"学生个人信息的数据表"找出家长的身份证号码，再从同一个身份证号码到"家长信息的数据表（parent）"中找出家长的住址以及联系信息，把这些信息汇集整合成一张通知书，打印出来之后再邮寄给家长。上述这些操作总共用到了 3 张互相关联的数据表，这些数据表在 Microsoft Access 中所设置的数据关联图如图 8-1 所示。

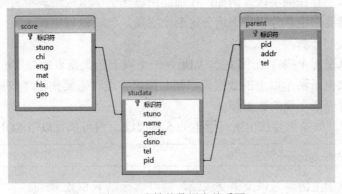

图 8-1　成绩单数据表关系图

8.1.2　SQL 语言的编写方式

有一组标准的语言可以用于数据表的操作，包括创建数据库、创建数据表、设置数据表之间的关系、查询数据、修改数据以及删除数据等，这个语言就是 SQL（Structured Query Language，即结构化查询语言。它在 1986 年成为 ANSI 的标准，1987 年纳入 ISO 标准）。几乎所有的关系数据库都支持这种语言，因此只要学会了 SQL，就可以高效地使用数据库。

通过 SQL 操作数据库必须具备以下条件：

- 首先，要有一个支持 SQL 语言的数据库管理系统。
- 使用交互式接口操作这个数据库管理系统，或是通过程序接口连接到这个数据库管理系统，创建一个数据库和需要使用到的数据表（可以使用 SQL 语句来创建，也可以使用其他图形界面的工具来完成，不同的数据库管理系统有不同的交互式图形操作界面或文字操作界面）。
- 使用 SQL 语句操作数据内容。

下一节将会介绍前两个步骤的操作过程，在本堂课的练习中，前两个步骤会在图形操作界面来完成。下面先来看看 SQL 语言的编写方式。

如前文所述，SQL 语言可以用来创建和操作数据库，但是其中最常用的还是对数据表的查询、更新以及删除。在此假设我们已经创建了一个数据库，并在数据库中也准备好了数据表，那么用于查询的 SQL 指令 SELECT 的语法格式如下：

```
SELECT 字段名 FROM 数据表名
[WHERE 条件];
```

上面这个指令可以写成一行，也可以分成多行来编写。指令中的 WHERE 用来设置限制查询数据的条件，如果省略没写就表示选择所有的数据，如果需要对查询的结果进行分组或排序，还可以根据需要加上 GROUP BY 和 ORDER BY 子句，这个指令末尾那个分号是结尾标记。

字段名可以是一个或者一个以上，也可以使用"*"表示所有的字段。字段名可以使用计算表达式，也可以引用默认的函数（如 COUNT()计算个数、SUM 计算总和等）来返回运算的结果或是产生原本不存在的字段。例如，在前面所提到的学生成绩表中只有 5 个科目的成绩，如果列出的数据需要产生总分以及平均分这两个字段，就可以直接在 SQL 语句中指定，让数据库管理程序帮我们计算。

数据表也可以是一个或者一个以上，如果是一个以上的数据表就要用逗号分隔。此外，如果查询的数据有来自于两个以上的数据表，则在指定字段时需要使用"数据表名.字段名"的形式来明确指定每一个字段的数据源。

以表 8-1 为例，如果想要找出所有学生的 5 科成绩，则可执行以下 SQL 语句：

```
SELECT * FROM score;
```

如果只想列出学生的学号以及语文成绩，则可执行以下 SQL 语句：

```
SELECT stuno, chi FROM score;
```

如果想要列出学生的学号、总分，则可执行以下 SQL 语句：

```
SELECT stuno, (chi+eng+mat+his+geo) as total FROM score;
```

如果想要列出语文成绩不及格的同学，则可执行以下 SQL 语句：

```
SELECT * FROM score WHERE chi < 60;
```

如果想要列出语文和英语成绩都不及格的同学，则可执行以下 SQL 语句：

```
SELECT * FROM score WHERE chi<60 AND eng<60;
```

如果想要列出学生的姓名、语文成绩以及英语成绩，则可执行以下 SQL 语句：

```
SELECT studata.name, score.chi, score.eng FROM score, studata
```

以上是针对现有的数据记录进行查询，那么要如何把数据添加到数据表呢？使用 INSERT INTO 指令即可。INSERT INTO 指令的语法格式如下：

```
INSERT INTO 数据表名(字段 1 , 字段 2, ...)
VALUES(字段 1 的值, 字段 2 的值, ...);
```

上面的语法很容易理解，在第一行中指出数据表中每一个数据的字段名，在 VALUES 子句的括号中再逐一设置相对应的值即可，如果在同一个数据表中的某些字段没有被指定，则会以默认值代替，记住每一个数据表中的记录值在添加的过程中是不能缺少任何一个字段的。

被加入的数据记录会放在数据表中的哪一个位置，是前面还是后面呢？其实存储的顺序在数据表中并不重要，因为在编写 SELECT 指令时可以指定想要显示的顺序，所以在使用 INSERT INTO 指令加入数据记录时，并不需要去关注它放在数据表中的哪一个位置。

有添加数据的指令就有删除数据的指令，SQL 删除数据记录的指令格式如下：

```
DELETE FROM 数据表名
WHERE 条件;
```

根据设置的条件，系统会从指定的数据表中找出符合条件的记录予以删除。由于删除数据记录的操作属于破坏性的操作，删除之后在一般的情况下是无法恢复的，因此在使用此指令之前要慎之又慎。通常在进行删除操作之前会先执行 SELECT 指令测试一下后面 WHERE 子句中所指定的条件设置是否符合我们的想法，而后才会执行 DELETE 指令进行删除操作。此外，如果明确地知道符合条件的数据记录的数量，例如正常的条件设置下应该只会有一条数据记录，为了谨慎起见还是应该在指令的后面加上 "LIMIT 1" 来限制只能删除 1 笔数据记录，以避免 "悲剧" 的发生。以下指令是要删除语文成绩和英语成绩均低于 60 分的同学的成绩记录（限制只删除一条数据记录）：

```
DELETE FROM score
WHERE chi<60 AND eng<60 LIMIT 1;
```

有时候并不打算删除数据记录，而是要更新某一条数据记录，例如在表 8-1 所示的学生成绩单中，学号为 A23003 的同学的英语成绩被错误地输入为 28，应该是 88 才对，那么该如何修改呢？可以使用 UPDATE 指令。UPDATE 指令的语法格式如下：

```
UPDATE 数据表名
SET 字段=更新的值
WHERE 条件;
```

在上面的例子中，就可以执行以下指令来进行修改：

```
UPDATE score
SET eng=88
WHERE stuno='A23003';
```

就简单的数据表数据存取而言，使用上面这几个指令基本就够用了。

8.2 SQLite 数据库操作简介

不需要安装额外的数据库管理程序或服务器、只要一个文件就可以使用的数据库系统 SQLite 是初学者和小型数据库应用程序的最佳选择，尽管严格来说它其实还不算是一个数据库管理系统。

SQLite 是一个以文件为基础的非常精简的 SQL 数据库管理系统，它的主要特色是没有外部的服务器系统或是独立执行的配套应用程序，所有的操作都内嵌在操作数据库的应用程序中（也就是我们编写的程序中），对于 Python 而言，只要导入对应的模块即可上手使用。

在开始使用 Python 存取 SQLite 之前，先来创建一个 SQLite 的数据库和在 8.1 节中所提到的学生成绩数据表以及学生个人信息的数据表，在此我们打算使用图形界面来创建它们。SQLite 的图形化工具其实不多，在这里我们使用的是 DB Browser for SQLite，它的下载网址为 https://sqlitebrowser.org/dl/，请读者直接前往该网站下载相对应的版本并安装在自己的计算机中。以 Windows 10 操作系统为例，启动 DB Browser for SQLite 之后的图形用户界面如图 8-2 所示。

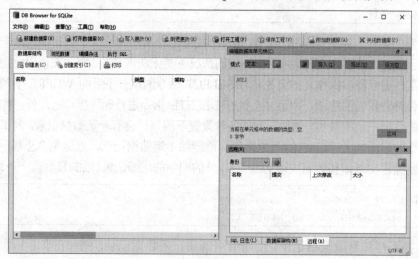

图 8-2　DB Browser for SQLite 界面

第一次启动 SQLite 时单击左上角的"新建数据库"选项即可开始创建 SQLite 数据库文件，单击之后会要求我们选择一个要创建数据库的位置以及数据库的名称，在此例中我们使用的是 school。创建完毕之后就会在指定的文件夹中多出一个名为 school.db 的文件，创建时的界面如图 8-3 所示。

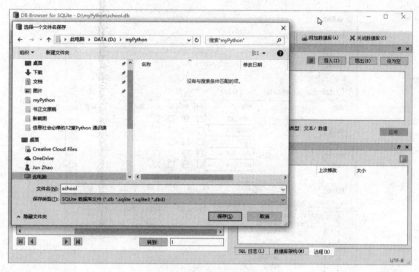

图 8-3　新建 school 数据库

　　数据库中最重要的部分就是数据表，在上一节的例子中我们设计了 2 个数据表，分别是学生成绩数据表 score 以及学生个人信息的数据表 studata，每一个数据表中都需要详细地设置每一个字段的名称以及该字段的特性（数据类型和属性）。在我们一边创建数据表的操作过程中，屏幕下方的窗格中也会跟着同步生成相对应的 SQL 脚本，这些脚本都可以直接应用到我们的 Python 程序代码中完成相同的工作，如图 8-4 所示。

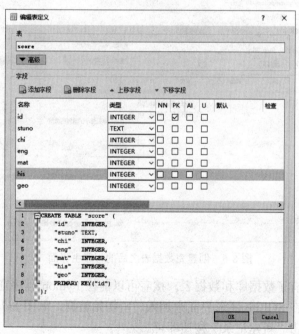

图 8-4　创建 score 数据表

　　在图 8-4 中单击"OK"按钮之后，在程序的主界面中即可看到创建的数据表。接下来继续在程序主界面单击"创建表"选项以创建第 2 个数据表 studata，如图 8-5 所示。

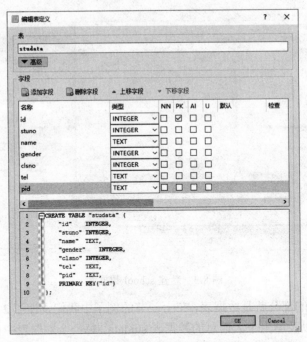

图 8-5　创建 studata 数据表

2 个数据表创建完成之后，在程序的主界面中就可以看到摘要说明，如图 8-6 所示。

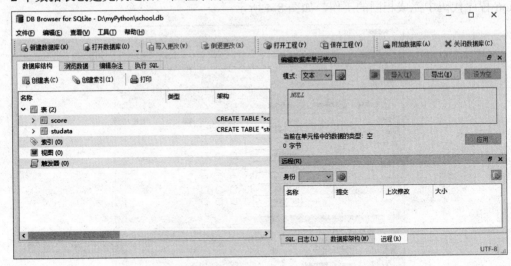

图 8-6　创建完数据表之后的程序主界面

至此，我们已经有了数据库和数据表，接着可以前往 Python 程序通过编写程序代码来添加数据，当然也可以在 SQLite 图形界面中加入一些初始数据，如图 8-7 所示。先选择"浏览数据"选项卡，再单击"新建记录"按钮即可。

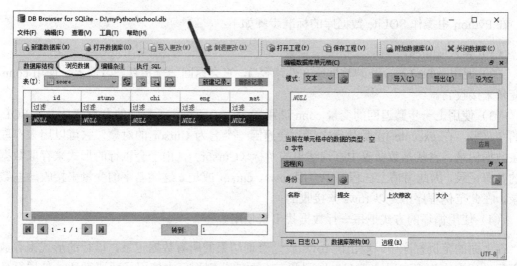

图 8-7　查看新建记录和删除记录的地方

以上步骤主要是在图形用户界面中创建一个名为 school.db 的 SQLite 数据库文件，这些操作也可以在 Python 程序中通过编写程序代码来完成。不过就初学者而言，还是使用图形用户界面更方便一些。在下一节中，就以此数据库文件为基础，开始学习如何使用 SQLite 数据库的数据表。

8.3　Python 存取 SQLite 数据库初探

上一节创建了可供 Python 使用的 SQLite 数据库。其实，在图形用户界面中可以创建数据库、添加数据表以及编辑每一条数据记录，所有的操作在保存之后会成为一个文件存放在磁盘目录中。在前面的例子中，这个文件就是名为 school.db 的文件。

有了这个数据库文件，接着可以使用 Python 程序来存取其中的数据表。第一步，先导入 sqlite3 模块，这个模块在新版的 Python 中已经是内建模块，所以在程序中直接通过 import 指令导入即可。以下是读取 school.db 的范例程序。

范例程序 8-1

```
#显示学生成绩表
1: import sqlite3
2: dbfile = "school.db"
3: conn = sqlite3.connect(dbfile)
4: rows = conn.execute("select * from score;")
5: for row in rows:
6:     for field in row:
7:         print("{}\t".format(field), end="")
8:     print()
9: conn.close()
```

在 Python 中操作 SQLite 数据库的标准步骤如下：

（1）导入 sqlite3。

（2）调用 sqlite3.connect("数据库文件路径")，它会返回一个指针，习惯上会使用 conn 这个变量来接收它。

（3）使用上一步骤返回的变量 conn 调用 execute()函数，函数中的参数就是表示 SQL 语句的字符串。在 execute()函数执行之后，会返回一个名为 Cursor 的对象，它可以用来存取每一条数据记录，也就是数据表中查询结果的游标（Cursor），由于会以行的形式来存取数据库中的数据记录，因此习惯上在程序中会用 rows、cursor 或是 c 这类名字的变量来接收这些数据记录，在此范例程序中是以 rows 来接收的。

（4）使用循环的方式把每一行数据找出来使用。

在上面的范例程序中，取出的 rows 就是查询结果的所有数据记录，以行的形式来存放，由于每一行中有许多字段（Field），因此在上面的范例程序中使用了两层循环，外层循环用来找出每一行（即数据记录），内层循环用来找出行中的每一列（或栏，即字段）。

这个范例程序的第 7 行语句负责各字段的输出，其中""{}\t""中的"\t"为制表符，用来作为不同字段数据之间显示的间隔。第 8 行语句则是在每一行的所有字段输出之后换行（输出一个空行就等于换行）。如果数据表中已有数据，那么输出结果会是如下所示的样子：

```
1    A23001   80  98  34  55  67
2    A23002   89  99  45  89  90
3    A23003   89  90  87  88  90
4    A23004   99  89  90  99  100
5    A23005   89  56  88  90  52
```

从上面的输出结果可知，总共有 7 个字段，分别是 id、学号以及 5 科的成绩。然而，如果读者的数据库文件没有输入任何数据，那么是显示不出任何结果的。要在 school.db 中输入数据，可以使用 SQL 的 INSERT INTO 语句。下面的范例程序可以用来询问用户输入各个数据内容，然后把用户输入的数据存储到数据表中：

范例程序 8-2

```
#输入学生成绩
1: import sqlite3
2: dbfile = "school.db"
3: conn = sqlite3.connect(dbfile)
4: stuno = input("学号：")
5: chi = input("语文成绩：")
6: eng = input("英语成绩：")
7: mat = input("数学成绩：")
8: his = input("历史成绩：")
9: geo = input("地理成绩：")
10: sql_str = "insert into score(stuno, chi, eng, mat, his, geo)
     values('{}',{},{},{},{},{});".format(stuno, chi, eng, mat, his, geo)
```

```
11: conn.execute(sql_str)
12: conn.commit()
13: conn.close()
```

注意，由于 SQL 语句太长和本书排版的问题，因此上面范例程序中的第 10 行 sql_str 字符串看上去总共占据了两行，读者在程序中直接把它放在同一行即可。

这个范例程序和之前显示数据库内容的范例程序 8-1 相比较，除了 SQL 语句字符串不一样之外，还多了第 12 行的调用 conn.commit() 函数。这个指令很重要，出于效率上的考虑，大部分的数据库变更都是在内存中进行的，conn.commit() 函数强制把对数据库变更的部分写入到数据库文件中以便永久生效，如果在结束运行程序之前忘了执行这个操作，一切的变更操作就会消失于无形，无法真正保存在数据库中。

之前程序操作的是学生成绩数据表，接下来要创建的是学生个人信息的数据表。和上一个范例程序不一样的地方在于，前面的范例程序一次只能够输入一条数据记录，但是接下来的范例程序我们希望能够让用户一直输入，直到用户不想要输入为止。先来看看下面的范例程序。

范 例 程 序 8-3

```
#输入学生的个人信息
1: import sqlite3
2: dbfile = "school.db"
3: conn = sqlite3.connect(dbfile)
4: stuno = input("学号：")
5: while stuno!="-1":
6:     name = input("姓名：")
7:     gender = input("性别：")
8:     clsno = input("班级编号：")
9:     tel = input("电话：")
10:    pid = input("家长身份证号码：")
11:    sql_str = "insert into studata(stuno, name, gender, clsno, tel, pid)
       values('{}','{}','{}','{}','{}','{}');".format(
       stuno, name, gender, clsno, tel, pid)
12:    conn.execute(sql_str)
13:    stuno = input("学号：")
14:conn.commit()
15:conn.close()
```

这个范例程序是在程序中使用循环给数据库中的数据表输入数据项的基本流程的模板，除了前面几行语句和之前的范例程序都一样之外，为了要能够一直执行输入的操作，在此使用了一个while循环，然而数据输入并不是无穷无尽的，而是在某一个条件成立之后才要继续输入，因此我们设置了以下这样的 while 条件：

```
stuno = input("学号：")
```

```
while stuno!="-1":
```

先输入一个学号存放在 stuno 中，如果 stuno 不等于"-1"，就执行 while 循环体中的程序语句。需特别注意的是，"-1"是字符串不是数字，因为 input()函数输入的格式就是字符串格式，所以在这里设置条件的时候使用字符串格式即可。

当用户输入完一条数据记录之后，最后还要输入一次 stuno 才能让 while 再进行下一阶段的确认。以下是执行过程（注意，下面输入的数据都是为了举例而编制的，并不是现实中真实的数据）：

```
学号：A23004
姓名：曾小美
性别：女
班级编号：102
电话：0941784522
家长身份证号码：R245111333
学号：A23005
姓名：许天天
性别：男
班级编号：102
电话：0922111444
家长身份证号码：S211444522
学号：-1
```

由于 INSERT INTO 指令是按序把数据添加到数据库中，因此这个范例程序每执行一次就会在数据库相对应的数据表（在这里是 studata）中添加更多的数据记录。在执行数据添加程序添加数据记录之后，就可以使用以下程序来显示所输入的学生个人信息：

```python
#显示学生的个人信息
import sqlite3
dbfile = "school.db"
conn = sqlite3.connect(dbfile)
rows = conn.execute("select * from studata;")
for row in rows:
    for field in row:
        print("{}\t".format(field), end="")
    print()
conn.close()
```

上面的这个范例程序使用了和显示成绩单时一样的方法，在取得 rows 这个对象之后，利用嵌套循环逐一取出每一条数据记录和每一个字段，并将它们显示出来，执行结果如下所示：

```
1   A23001  林小明   男   101 0923999888  A123456789
2   A23002  王小华   女   101 0985541254  A222457854
```

3	A23003	张大头	男	101	0952111454	C124562525
4	A23004	曾小美	女	102	0941784522	R245111333
5	A23005	许天天	男	102	0922111444	S211444522

回到成绩表显示的地方，除了显示各科成绩之外，如果还希望显示总分和平均分，那么可以使用以下的范例程序。

范例程序 8-4

```
#显示学生的完整成绩表（含总分和平均分）
import sqlite3
dbfile = "school.db"
conn = sqlite3.connect(dbfile)
rows = conn.execute("select stuno, chi, eng, mat, his, geo,
chi+eng+mat+his+geo, (chi+eng+mat+his+geo)/5 from score;")
print("学号\t 语文\t 英语\t 数学\t 历史\t 地理\t 总分\t 平均分")
for row in rows:
    for field in row:
        print("{}\t".format(field), end="")
    print()
conn.close()
```

仔细阅读这个范例程序的语句可以发现，只是修改了 SQL 指令的内容，同时为了让用户知道显示的各个字段名，在这个范例程序中还在输出成绩之前增加了一行 print 语句，以列出各个字段的名称，输出的结果如下所示：

学号	语文	英语	数学	历史	地理	总分	平均分
A23001	80	98	34	55	67	334	66
A23002	89	99	45	89	90	412	82
A23003	89	90	87	88	90	444	88
A23004	99	89	90	99	100	477	95
A23005	89	56	88	90	52	375	75

范例程序中其实没有什么与 Python 语言相关的程序设计技巧，所有的改变都是程序中下达的 SQL 语句而已。如果想要知道各科的平均成绩，程序代码修改如下：

```
#显示学生各科的平均成绩
import sqlite3
dbfile = "school.db"
conn = sqlite3.connect(dbfile)
rows = conn.execute("select stuno, avg(chi), avg(eng), avg(mat), avg(his),
avg(geo) from score;")
print("学号\t 语文\t 英语\t 数学\t 历史\t 地理")
for row in rows:
```

```
    for field in row:
        print("{}\t".format(field), end="")
    print()
conn.close()
```

以下则是执行结果：

学号	语文	英语	数学	历史	地理
A23005	89.2	86.4	68.8	84.2	79.8

在前面我们曾经说过同一条 SQL 语句中可以同时存取 2 个不同的数据表。假设想要显示的是学生姓名以及语文和英语的成绩，一开始我们可能会编写如下的程序代码：

```
#姓名显示成绩表
import sqlite3
dbfile = "school.db"
conn = sqlite3.connect(dbfile)
rows = conn.execute("select studata.name, score.chi, score.eng from score,
studata;")
    for row in rows:
        for field in row:
            print("{}\t".format(field), end="")
    print()
conn.close()
```

然而这样的程序执行之后却会出现以下的情况：

林小明	80	98
王小华	80	98
张大头	80	98
曾小美	80	98
许天天	80	98
林小明	89	99
王小华	89	99
张大头	89	99
曾小美	89	99
许天天	89	99
林小明	89	90
王小华	89	90
张大头	89	90
曾小美	89	90
许天天	89	90
林小明	99	89
王小华	99	89

张大头	99	89
曾小美	99	89
许天天	99	89
林小明	89	56
王小华	89	56
张大头	89	56
曾小美	89	56
许天天	89	56

这其实是因为两个数据表之间还没有建立好连接，在 SQL 语言中可以使用 INNER JOIN 这个指令来建立两个数据表之间在某一特定字段上的关系，sql_str 指令字符串的内容修改如下：

```
#按姓名显示成绩表——使用 INNER JOIN
import sqlite3
dbfile = "school.db"
conn = sqlite3.connect(dbfile)
rows = conn.execute("select studata.name, score.chi, score.eng from score
inner join studata on score.stuno = studata.stuno;")
for row in rows:
    for field in row:
        print("{}\t".format(field), end="")
    print()
conn.close()
```

和上一段程序代码比较一下，就是 SQL 语句后面加上了 "inner join studata on score.stuno = studata.stuno" 这一段命令子句，SQLite 就会自动地找出两个数据表之间的关系，并以交集的方式合并为一张表格，看到的内容如下所示：

林小明	80	98
王小华	89	99
张大头	89	90
曾小美	99	89
许天天	89	56

那么如何编辑数据表中的内容呢？答案是使用 UPDATE 指令。如果是以每一条数据记录为单位，在程序代码中可以先要求用户输入一个要查询的字段数据，再以此数据到数据表中查找，如果有这个数据，就列出找到的内容，并要求用户输入新的数据，再以 UPDATE 指令更新数据即可。这个范例程序的代码如下所示。

范例程序 8-5

```
#成绩修改程序
import sqlite3
dbfile = "school.db"
```

```
conn = sqlite3.connect(dbfile)
stuno = input("请输入想要修改成绩的学号：")
rows = conn.execute("select stuno, chi, eng, mat, his, geo from score where
stuno='{}'".format(stuno))
row = rows.fetchone()
if row is not None:
    print("学号\t 语文\t 英语\t 数学\t 历史\t 地理")
    for field in row:
        print("{}\t".format(field), end="")
    print()
chi = input("语文=")
eng = input("英语=")
mat = input("数学=")
his = input("历史=")
geo = input("地理=")
sql_str = "update score set stuno='{}', chi={}, eng={}, mat={}, his={}, geo={}
where stuno='{}';".format(stuno, chi, eng, mat, his, geo, stuno)
conn.execute(sql_str)
conn.commit()
conn.close()
```

在范例程序 8-5 中使用了以下程序语句来准备 SQL 语句：

```
"select    stuno,    chi,    eng,    mat,    his,    geo    from    score    where
stuno='{}'".format(stuno)
```

在这条语句中利用 where 子句找出 stuno 中符合要求的数据，执行完毕之后还需要确定是否找到了数据，判断的方式如下：

```
row = rows.fetchone()
```

取出的数据存放在 row 变量中，如果 row 不是 None，就表示找到了数据，否则就是找不到。只有找到数据才会继续往下执行，以便输入新数据并进行更新。执行过程如下：

```
请输入想要修改成绩的学号：A23001
学号    语文 英语 数学 历史 地理
A23001  89  88  98  78  90
语文=80
英语=90
数学=34
历史=55
地理=67
```

执行完毕之后，学号为 A23001 的同学的成绩就会被更新了。要特别注意的是，在 SQL

语句之后一定要设置 where 子句，也就是更新内容要限制对象，不然的话会一瞬间把所有的数据记录全部更新为我们所输入的数据。

8.4　SQLite 数据表操作

8.3 节中介绍的内容是以 SQL 语句的设计与执行为主，而在调用 execute()函数将 SQL 语句提交给 SQLite 数据库驱动程序执行之后，就以一个 for 循环取出所有的数据记录并把它们列出来。然而，在操作过程时，有时候可能只是想取出部分数据记录，有时候会不断地在记录中进行查询和计算，并不想要再一次通过执行 SQL 语句来处理。在这种情况下，可以更进一步地深入了解在执行 SQL 语句之后如何使用 Python 程序来处理取回来的数据的。

8.4.1　Python 和 SQLite 数据类型的差异

Python 和 SQLite 数据类型的比较如表 8-3 所示。

表 8-3　Python 和 SQLite 数据类型的对照表

Python 数据类型	SQLite 对应的数据类型
None	NULL
int	INTEGER
float	REAL
str	TEXT
bytes	BLOB

不能确定数据类型时，建议先调用 type()函数查询一下，并在程序中必要的地方调用 str()、int()、float()等类型转换函数进行数据类型的转换，以确保程序不会因为变量类型的问题而导致执行错误。

8.4.2　SQLite 的 Connection 对象

如同前面章节所介绍的范例程序，在使用数据库之前都要执行 conn = sqlite3.connect(dbfile) 语句，让程序和数据库建立一个连接，其中 sqlite3.connect(dbfile)函数会返回 Connection 对象，这样 conn 就是 sqlite3.Connection 这个类的实例。这个类中有几个可供调用的主要函数（也称为方法），如表 8-4 所示。

表 8-4　sqlite3.Connection 类中常用函数的摘要说明

函数名称	说　明
commit	commit 是数据库操作中的概念，即提交，主要的含义是对数据库的所有操作都会被暂存在内存中，只有下达此指令之后才会把之前所做的改变永久地更新到数据库中

（续表）

函数名称	说　明
rollback	把数据库的状态"回滚"到前一个 commit 的时点，也就是执行此指令之后，从前一次 commit 到当前对数据库所做的改变全部会被抛弃，恢复至前一个 commit 操作前的状态
close	关闭与此数据库之间的连接
cursor	取得 Cursor 对象
execute	对数据库执行 SQL 语句，执行结束之后会返回一个 Cursor 对象
executemany	对数据库一次执行多条 SQL 语句，执行结束之后会返回一个 Cursor 对象
row_factory	改变 execute 函数返回的数据记录的类型

在上面的这些函数中，execute()和 executemany()也可以由 Cursor 对象调用。

8.4.3　SQLite 的 Cursor 对象

除了执行 Connection 对象的 execute()和 executemany()函数可以返回引用执行结果的 Cursor 对象之外，也可以调用 cursor()这个函数先取得 Cursor 对象，再执行 SQL 语句来取得想要的结果。程序代码如下所示：

```
import sqlite3
dbfile = "school.db"
conn = sqlite3.connect(dbfile)
cur = conn.cursor()
cur.execute(SQL 语句)
```

cur.execute(SQL 语句)的功能基本上和 conn.execute(SQL 语句)的功能一样，即所取得的数据记录是一样的，但是前者是针对当前这个 Cursor 对象所执行的操作，在操作完毕之后，可以通过同一个对象取得执行后的结果。以下是使用 Cursor 对象操作数据库的范例程序。

范例程序 8-6

```
1: import sqlite3
2: dbfile = "school.db"
3: conn = sqlite3.connect(dbfile)
4: cur = conn.cursor()
5: cur.execute("select * from score;")
6: print(type(cur.fetchone()))
7: print(cur.fetchone())
8: conn.close()
```

这个范例程序的执行结果如下：

```
<class 'tuple'>
```

```
(2, 'A23002', 89, 99, 45, 89, 90)
```

从上面的执行结果可知，调用 Cursor 对象的 fetchone()所取得的数据类型是元组，而且第二行显示的其实是第 2 条数据记录。因为每次调用一次 fetchone()函数，就会把数据库记录的游标指向下一条数据记录，在这个范例程序中虽然第 6 行语句对 fetchone()函数的调用只是为了显示它的返回值类型，但是也算是执行了一次读取，相当于存取了第 1 条数据记录，所以在第 7 行语句的 fetchone()所取得的数据记录就是第 2 条数据记录。

一般来说，虽然 Connection 对象可以直接调用 execute()函数，但是在 Python 程序中还是以 Cursor 对象的操作为主。Cursor 对象常用的函数如表 8-5 所示。

表 8-5　Cursor 对象可调用的函数

函数名称	说　明
execute	执行一条 SQL 语句
executemany	以参数的方式一次执行多条 SQL 语句
executescript	执行用 SQL 语句所创建的脚本，也就是多条 SQL 语句所组成的程序
fetchone	在当前的数据记录游标处读取一条数据记录
fetchmany	从当前的数据记录游标处一次读取多条数据记录，我们可以指定要读取的数据记录的数量，这个函数返回的数据类型是列表类型
fetchall	从当前的数据记录游标处一次读取后续的全部数据记录
close	关闭 Cursor 对象

fetchone()函数用于读取一条数据记录，比较常用，同时 fetchmany()函数用于读取指定数量的数据记录，读取的结果会以列表类型返回，fetchall()函数用于一次读取后续的所有数据记录，得到的结果也是以列表类型返回。要注意的是，有数据记录游标的概念，每一次只要读取任何数量的数据记录，该游标就会移向后面的数据记录，也就是已经读过的数据记录就不会再被读取了。参考下面的范例程序。

范 例 程 序 8-7

```
import sqlite3
dbfile = "school.db"
conn = sqlite3.connect(dbfile)
cur = conn.cursor()
cur.execute("select * from score;")
first3_records = cur.fetchmany(3)
all_records = cur.fetchall()
print(first3_records)
print(all_records)
conn.close()
```

在这个范例程序中，调用 cur.fetchmany(3)读取 3 笔数据记录并存放到 first3_records 变量中，再调用 cur.fetchall()取得所有的记录并存放到 all_records 变量中，之后在打印出数据记录时会发现，all_records 变量中读取的并不是全部的数据记录，而是被 fetchmany(3)取完之后剩下的数据记录。

8.4.4　SQLite 的 Row 对象

先调用 type()函数和 dir()函数来查看在 Python 中返回值的类型以及可用的属性和函数：

```
import sqlite3
dbfile = "school.db"
conn = sqlite3.connect(dbfile)
rows = conn.execute("select * from score;")
print(type(rows))
print(dir(rows))
print(type(rows.fetchone()))
conn.close()
```

执行结果如下所示：

```
<class 'sqlite3.Cursor'>
['__class__', '__delattr__', '__dir__', '__doc__', '__eq__', '__format__',
'__ge__', '__getattribute__', '__gt__', '__hash__', '__init__',
'__init_subclass__', '__iter__', '__le__', '__lt__', '__ne__', '__new__',
'__next__', '__reduce__', '__reduce_ex__', '__repr__', '__setattr__',
'__sizeof__', '__str__', '__subclasshook__', 'arraysize', 'close',
'connection', 'description', 'execute', 'executemany', 'executescript',
'fetchall', 'fetchmany', 'fetchone', 'lastrowid', 'row_factory', 'rowcount',
'setinputsizes', 'setoutputsize']
<class 'tuple'>
```

在类型部分，返回的变量 rows 是 sqlite3.Cursor 这个类的实例，进一步查看 Cursor 对象调用 fetchone()函数读取一条数据记录时返回的类型，发现它是一个元组类型。使用元组类型的好处是操作方便，不利之处是读取数据之后无法知道每一个字段分别代表的意义是什么。因此，当我们在显示其中单个字段时，就必须知道在原数据表中第几个字段所代表的是什么数据。

为了在程序中更"智能地"处理数据字段，SQLite 还提供了返回值的另外一种选择，也就是 Row 对象。下面直接用范例程序来说明。

范例程序 8-8

```
1: import sqlite3
2: dbfile = "school.db"
3: conn = sqlite3.connect(dbfile)
4: conn.row_factory = sqlite3.Row
5: cur = conn.cursor()
6: cur.execute("select * from score;")
```

```
7: rows = cur.fetchall()
8: print(rows[0].keys())
9: print(type(rows))
10:print(type(rows[0]))
11:print("学号\t 语文\t 英语")
12:for row in rows:
13:    print("{}\t{}\t{}".format(row['stuno'], row['chi'], row['eng']))
```

第 4 行语句是本范例程序的关键，它利用 row_factory 这个属性把数据记录的存储方式由原有默认的元组类型改为 Row 对象类型。变为 Row 对象类型之后，第 8 行语句通过调用 keys() 函数把每一行数据记录的每一个字段名显示出来；第 9 行检查所有的数据记录的类型，从执行的结果可知它是一个列表类型；第 10 行语句则是打印输出单个数据记录的数据类型，从执行的结果可知它是一个 Row 对象类型。既然是 Row 对象类型，在第 12~13 行语句就可以利用有意义的字段名索引的方式来指定想要读取的各个字段的数据，在这里分别是 stuno、chi、eng 这 3 个字段的数据项。以下是这个范例程序的执行结果：

```
['id', 'stuno', 'chi', 'eng', 'mat', 'his', 'geo']
<class 'list'>
<class 'sqlite3.Row'>
学号     语文 英语
A23001  80  98
A23002  89  99
A23003  89  90
A23004  99  89
A23005  89  56
```

通过本堂课的学习，相信读者对于数据库的存取有了基本的概念，请多加练习，之后的 Python 程序如果需要存取永久性的大量数据，就不需要再使用效率低下的文本文件了。

8.5　习题

1. 实现一个程序：列出所有的学号，让用户输入想要删除的学号对应的数据记录，并用 SQL 的 DELETE 指令完成删除该笔数据记录的操作。

2. 实现一个程序：列出平均分不及格的学生学号以及该学生的各科成绩。

3. 实现一个程序：列出排序后的学生成绩表。

4. 实现一个程序：在现有的数据库文件中以 Python 程序新建一个数据表。

5. 实现一个程序：把数据表中的所有数据记录加载之后存放到字典变量中。

第 9 课

网络公开信息的使用

　　在公用信息越来越公开的今天，许多信息都公布在网站上供人们自行浏览和取用，网上有一类数据由相关人员专门进行整理，因此这类信息或数据就非常"干净好用"。然而，数据量庞大，对于我们感兴趣的信息，如果是用人工的方式去浏览和查询，则会花上非常多的时间，不但没有效率，而且也有可能出现谬误。这些数据如果能够利用 Python 程序来自动进行整理就太好了。在这一堂课中，我们就来探讨相关的课题。

9.1　公开信息的获得

9.2　CSV 数据格式的解析与应用

9.3　JSON 数据格式的解析与应用

9.4　公开信息应用实例

9.5　习题

9.1　公开信息的获得

如果想使用程序从网站上获得信息并加以分析，那么第一件事情就是使用爬虫程序从分析网页的结构开始，再研究如何利用程序的自动化功能去提取所需要的网页信息，而后加以解析和整理，这样才能够找到自己所需要的、整理好的信息或数据。

通过爬虫程序提取信息或数据只是在不得已的情况才做的，其实许多我们感兴趣的信息或数据可能早就有人准备好了，只要能够找到这些信息或数据的下载点，动手下载回来使用即可。这些整理过的信息或数据有些是要付费的，有些是免费的。许多网站均有公开信息或数据的专门下载点。图 9-1 所示即为中国国家统计局数据开放平台的首页（http://data.stats.gov.cn/）。

图 9-1　中国国家统计局数据开放平台的首页

从首页中可以看到许多数据分类，有按照时间的，有按照地区的，有按照部门的，等等。

对于一些可以直接下载公开信息或数据的网站，一般都提供了通用的数据格式的文件供人们下载，例如 CSV 格式、XML 格式和 JSON 格式等，我们可以根据自己的需要下载。

数据下载网址就是在程序中可以使用的下载网址，当然也可以在浏览器中直接单击看到的数据内容，该链接内容是以文件的形式存储的，因此在单击之后就会进入下载文件的界面，也就是浏览器会询问我们要把下载的文件保存到哪里。

作为初学者，建议把这些文件下载到文件夹中备用，为了方便起见，文件名应以英文和数字命名为首选。有些模块（例如 Pandas）也可以通过下载的网址由模块直接下载数据并加载到程序的变量中进行分析和处理，而不需要以人工的方式下载文件。

9.2 CSV 数据格式的解析与应用

如果是以人工的方式来下载数据,那么基本的步骤是在浏览器中下载并保存到数据文件中,然后在 Python 程序中打开该文件,再加以解析和处理。CSV(Comma-Separated Value)格式几乎是所有交换数据格式中最简单的一种格式,它把所有的数据都以标准文字格式存储在文本文件中,第一行是字段的名称,所有的名称以逗号分隔开,第二行之后即为每一个字段的数据内容。下面以一个已下载好的 CSV 数据文件为例子,该数据文件的内容如下:

```
序号,年度,总户数,总人口数,男性人数,女性人数,本地居民,外来居民
1,2002,109231,352154,185554,166600,54236,32520
2,2003,110985,351146,184682,166464,59126,32669
3,2004,112948,349149,183149,166000,53529,33105
4,2005,114220,347298,181557,165741,55256,33575
5,2006,115378,345303,180042,165261,55266,33860
6,2007,116766,343302,178376,164926,55319,34028
7,2008,118073,341433,177032,164404,55499,35199
8,2009,119916,340964,176151,164813,55977,34627
9,2010,120903,338805,174584,164221,56087,34842
10,2011,121833,336838,173205,163653,56116,34903
11,2012,122651,335190,172064,163126,55948,35028
12,2013,123440,333897,171016,162881,55963,35159
13,2014,124243,333392,170322,163068,56214,35461
14,2015,124956,331945,169335,162610,56309,35690
15,2016,125361,330911,168375,162536,56490,35989
16,2017,125901,329374,167288,162086,56629,36107
```

用 Windows 的"记事本"应用程序打开这个文件,如图 9-2 所示。

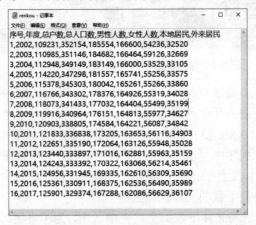

图 9-2 用"记事本"应用程序打开 CSV 文件

在打开 CSV 文件时要注意,在默认的情况下 CSV 文件是链接到 Microsoft Excel 的,因此

如果直接用鼠标双击该文件，那么该文件会被 Excel 应用程序调入并变成一个工作表，如图 9-3 所示。

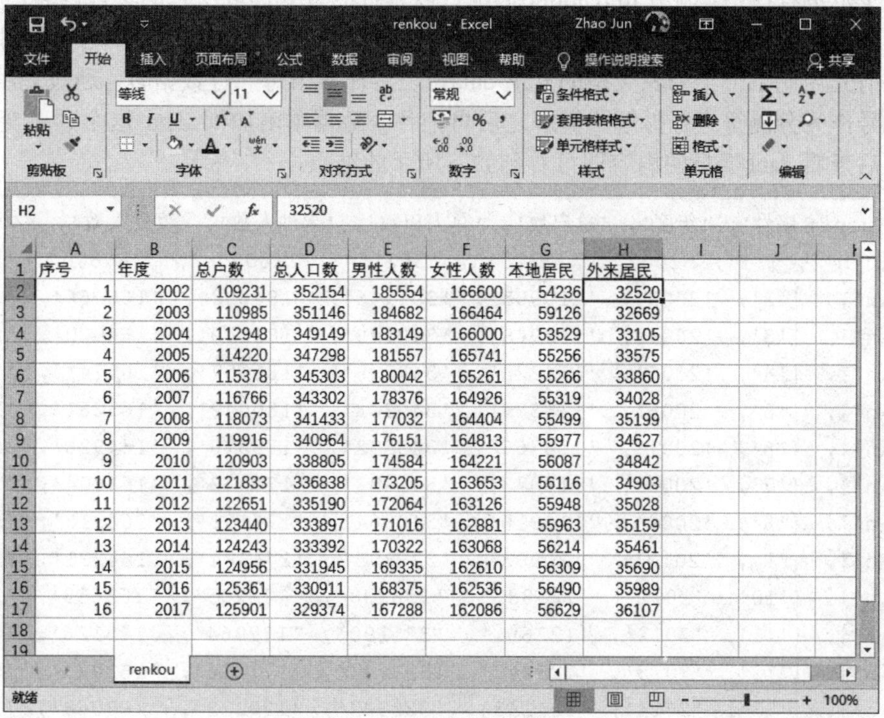

图 9-3　在 Excel 中打开 CSV 文件

使用 Python 程序打开 CSV 文件，其实就是打开一般文本文件的标准方式（在此例中该 CSV 文件为 renkou.csv）：

```
filename = "renkou.csv"
with open(filename, encoding='utf-8') as fp:
    for line in fp.readlines():
        print(line, end="")
```

上述程序片段中在打开文件时，只要文件里面有中文字就要加上 encoding='utf-8'，不然会出现编码错误。程序的执行结果就是把数据内容如实地呈现出来。

然而，如果只是如实地呈现数据文件的内容，就没有什么实用性，最重要的是要把其中的数据存放到变量中，之后就可以在程序中对这些数据进行处理与分析了。把 CSV 文件内容放到列表变量中，基本的程序代码如下（还有更简便的方法，在这里提供的是基本的用法）：

```
filename = "renkou.csv"
data = list()
with open(filename, encoding='utf-8') as fp:
    for line in fp.readlines():
        data.append(list(line.split(",")))
```

```
print(data)
```

在这个范例程序中，调用 fp.readlines()函数以分行的方式读取所有的文件内容，再通过 for 循环逐行取出每一行的数据。和前面章节中的范例程序的不同之处在于，在这个范例程序中进入循环之前先声明了一个列表类型的变量 data，之后在取出每一行数据时，通过调用 split(",") 函数把逗号作为分隔符进行拆解，拆解之后再把各个数据项附加到 data 这个列表变量中。程序执行之后查看 data 变量的内容即可看到如下所示的结果：

```
[['\ufeff序号', '年度', '总户数', '总人口数', '男性人数', '女性人数', '本地居民',
'外来居民\n'], ['1', '2002', '109231', '352154', '185554', '166600', '54236',
'32520\n'], ['2', '2003', '110985', '351146', '184682', '166464', '59126',
'32669\n'], ['3', '2004', '112948', '349149', '183149', '166000', '53529',
'33105\n'], ['4', '2005', '114220', '347298', '181557', '165741', '55256',
'33575\n'], ['5', '2006', '115378', '345303', '180042', '165261', '55266',
'33860\n'], ['6', '2007', '116766', '343302', '178376', '164926', '55319',
'34028\n'], ['7', '2008', '118073', '341433', '177032', '164404', '55499',
'35199\n'], ['8', '2009', '119916', '340964', '176151', '164813', '55977',
'34627\n'], ['9', '2010', '120903', '338805', '174584', '164221', '56087',
'34842\n'], ['10', '2011', '121833', '336838', '173205', '163653', '56116',
'34903\n'], ['11', '2012', '122651', '335190', '172064', '163126', '55948',
'35028\n'], ['12', '2013', '123440', '333897', '171016', '162881', '55963',
'35159\n'], ['13', '2014', '124243', '333392', '170322', '163068', '56214',
'35461\n'], ['14', '2015', '124956', '331945', '169335', '162610', '56309',
'35690\n'], ['15', '2016', '125361', '330911', '168375', '162536', '56490',
'35989\n'], ['16', '2017', '125901', '329374', '167288', '162086', '56629',
'36107\n']]
```

从上述结果可知，从数据表中读取的每一行数据记录作为一个列表，这些列表作为 data 列表的元素组成一个列表中的列表，也就是我们所熟悉的二维表格的形式，通过这种形式就可以使用列表索引值的方式取出任何想要的数据项。例如，以下的范例程序就可以分别取出年度和总人口数。

范例程序 9-1

```
filename = "renkou.csv"
data = list()
with open(filename, encoding='utf-8') as fp:
    for line in fp.readlines():
        data.append(list(line.split(",")))
for row in data:
    print("{}\t{}".format(row[1], row[3]))
```

这个范例程序的执行结果如下所示：

年度	总人口数
2002	352154
2003	351146
2004	349149
2005	347298
2006	345303
2007	343302
2008	341433
2009	340964
2010	338805
2011	336838
2012	335190
2013	333897
2014	333392
2015	331945
2016	330911
2017	329374

从上面的执行结果可知，使用 data[row[1]] 和 data[row[3]] 的方式可以把年度和总人口数取出来。有了这些数据，再来看看绘制图表的程序片段：

```
%matplotlib inline
import matplotlib.pyplot as plt
filename = "renkou.csv"
data = list()
with open(filename, encoding='utf-8') as fp:
    for line in fp.readlines():
        data.append(list(line.split(",")))
x = [col[1] for col in data]
y = [col[3] for col in data]
plt.figure(figsize=(8,4))
plt.ylim(0,15)
plt.xlim(0,15)
plt.gca().invert_yaxis()
plt.plot(x[1:], y[1:])
plt.show()
```

在上面这个程序片段中，由于 matplotlib.pyplot 所需使用的分别是 x 轴和 y 轴的列表值，为了把 data 中的第 1 列和第 2 列数据项取出来，在此使用列表生成式（List Comprehensive）的方式，即 x = [col[1] for col in data] 以及 y=[col[3] for col in data]。在产生了 x 和 y 列表数据之后，要特别注意的是，如同前一个例子中列出来的数据，在数据文件的第 0 行（也就是 x[0] 和 y[0]）是字段名，在这个例子中是"年度"和"总人口数"），这两个字段名是不能拿来绘制图

表的,因此在绘制时使用 x[1:]和 y[1:]来避开字段名而存取后面的数据项。绘制出的结果如图
9-4 所示。

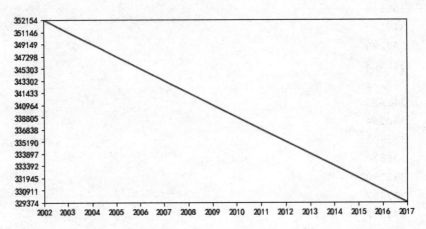

图 9-4　某地区的人口趋势图

上面程序片段中的方法基本上是可行的,但是各种操作太多了,这些操作完全可以被 csv
模块中提供的函数所取代,因此在 CSV 文件的实际应用中,只要通过 import csv 导入 csv 模
块,再调用它所提供的函数即可。请参考下面使用 csv 模块的范例程序。

范例程序 9-2

```
import csv
filename = "renkou.csv"
with open(filename, encoding='utf-8') as fp:
    data = csv.DictReader(fp)
    for item in data:
        print(item['年度'],item['总人口数'])
```

在这个范例程序中,调用 data=csv.DictReader(fp)函数把文件的内容以 CSV 格式取出,并
组合成字典类型存放到 data 变量中。转化为字典类型之后,就可以使用有含义的文字作为数
据字段的索引,在这个例子中就是字段的名称,如"年度"或是"总人口数"等。这个范例程序的
执行结果如下:

```
2002 352154
2003 351146
2004 349149
2005 347298
2006 345303
2007 343302
2008 341433
2009 340964
2010 338805
```

```
2011 336838
2012 335190
2013 333897
2014 333392
2015 331945
2016 330911
2017 329374
```

在 csv 模块中还有一个 reader()函数，它所读入的格式是以列表方式来存储的，如果把上面范例程序中的 DictReader()函数改为 reader()函数：

```
import csv
filename = "renkou.csv"
with open(filename, encoding='utf-8') as fp:
    data = csv.reader(fp)
    for item in data:
        print(item)
```

那么这个替换了函数的程序片段的执行结果将如下所示：

```
['\ufeff序号', '年度', '总户数', '总人口数', '男性人数', '女性人数', '本地居民', '外来居民']
['1', '2002', '109231', '352154', '185554', '166600', '54236', '32520']
['2', '2003', '110985', '351146', '184682', '166464', '59126', '32669']
['3', '2004', '112948', '349149', '183149', '166000', '53529', '33105']
['4', '2005', '114220', '347298', '181557', '165741', '55256', '33575']
['5', '2006', '115378', '345303', '180042', '165261', '55266', '33860']
['6', '2007', '116766', '343302', '178376', '164926', '55319', '34028']
['7', '2008', '118073', '341433', '177032', '164404', '55499', '35199']
['8', '2009', '119916', '340964', '176151', '164813', '55977', '34627']
['9', '2010', '120903', '338805', '174584', '164221', '56087', '34842']
['10', '2011', '121833', '336838', '173205', '163653', '56116', '34903']
['11', '2012', '122651', '335190', '172064', '163126', '55948', '35028']
['12', '2013', '123440', '333897', '171016', '162881', '55963', '35159']
['13', '2014', '124243', '333392', '170322', '163068', '56214', '35461']
['14', '2015', '124956', '331945', '169335', '162610', '56309', '35690']
['15', '2016', '125361', '330911', '168375', '162536', '56490', '35989']
['16', '2017', '125901', '329374', '167288', '162086', '56629', '36107']
```

不管使用何种方法把数据记录读取到变量中，只要数据存放到变量中，我们就可以通过程序对数据进行计算，例如计算居民中的男女比例以及每户平均人口数等。但是，在计算之前要先把原本的字符串数据转变为数值数据，请参考以下的范例程序。

范例程序 9-3

```
import csv
filename = "renkou.csv"
with open(filename, encoding='utf-8') as fp:
    data = csv.reader(fp)
    print("年度\t 每户平均人数")
    for item in data:
        try:
            print("{}\t{:.2f}".format(
                item[1], int(item[3])/int(item[2])))
        except:
            pass
```

同样以包含人口统计数据的文件 renkou.csv 为例，在范例程序 9-3 中取出第 3 个字段的总人口数和第 2 个字段的总户数进行相除，就可以得到每户的平均人口数。基本方式是通过循环把每一行的数据逐一取出，再取出想要计算的字段，计算之后调用 print()函数和 format()格式化函数打印输出即可。需要注意的是，在计算时要调用 int()函数先把字符串数据类型转换成整数数据类型再进行除法运算。

还记得取出的数据的第一行其实是字段名吗？这一行的数据是不能够计算的，下面使用取巧的方法，即利用 try/except 异常处理的方式，让程序在计算时如果发生错误就直接跳过，如此第一行就算是计算错误（因为中文无法进行类型转换成为数字），程序也会直接跳过错误之处而继续进行后面的计算。范例程序 9-3 的执行结果如下所示：

```
年度    每户平均人数
2002    3.22
2003    3.16
2004    3.09
2005    3.04
2006    2.99
2007    2.94
2008    2.89
2009    2.84
2010    2.80
2011    2.76
2012    2.73
2013    2.70
2014    2.68
2015    2.66
2016    2.64
2017    2.62
```

在这一节中我们使用的是易于理解但是操作起来却较为烦琐的方式，因为在操作数据时需要通过循环把每一笔数据取出来进行计算，再把计算结果显示出来。在本书的第 12 课中有更为方便的工具可以使用。

csv 模块还有其他各种各样的函数可以使用，包括如何把变量中的数据写入到 CSV 文件中的功能，以及可以识别不是由逗号分隔数据的 CSV 文件，有兴趣进一步研究的读者可以前往 https://docs.python.org/3/library/csv.html，以查阅更多的参考资料。

9.3　JSON 数据格式的解析与应用

在进行数据交换时，除了使用 CSV 格式之外，对于 Python 程序而言最容易处理的另外一种格式是 JSON。JSON 是 JavaScript Object Notation 的缩写，是 JavaScript 程序设计语言的对象表示法。JSON 是一个轻量级的数据交换语言，最主要的特色是以文字的方式以简单的格式来描述要交换的数据内容，除了易于人们阅读之外，也非常容易用程序进行解析。

在 JSON 格式中有两种结构，分别是对象（Object）和数组（Array）。对象是以大括号{}包含起来的内容，数组则是以中括号[]包含起来的内容。对象采用的格式为 "{name:value}"，数组采用的格式则为 "[value, value]"，和列表结构类似。

读者可以在网上下载需要解析和处理的 JSON 格式的数据文件。如果不想把 JSON 格式的数据文件存储在自己的计算机中，则可以直接利用网络读取的方式，因此就需要先查看 JSON 数据文件下载的链接（即 URL 网址）。随后可以使用下面的范例程序把这个 JSON 数据文件在程序中读取，直接得到 JSON 的数据内容。

范例程序 9-4

```
import urllib.request, json
url = 'https://此处填下具体的下载网址'
with urllib.request.urlopen(url) as jsonfile:
    data = json.loads(jsonfile.read().decode())
    print(data)
```

为了方便读者学习和实践，我们准备了一个简单的 JSON 格式的数据文件（data.json，用来模拟共享自行车租借点的实时信息），这样就可以通过打开文件的方式读取其中的数据，而后进行解析和应用。参考下面的范例程序。

范例程序 9-5

```
import json
with open("data.json", 'r', encoding="utf-8") as jsonfile:
    data=json.loads(jsonfile.read())
    print(data)
```

这个范例程序在 Jupyter Notebook 中的执行结果如图 9-5 所示，由于数据较多，因此在这里只呈现出部分执行结果。

图 9-5　从 JSON 文件中读取的数据并打印出来

对于 JSON 格式不熟悉的读者看到这么多密密麻麻的文字和数据内容可能会不知从何开始阅读，不过不用担心，对于计算机来说，这是非常容易解读的格式。若想要让它们排版得让人们比较容易阅读，有些网站的在线服务可以协助我们解析它的内容，其中一个网站是 JSON Editor Online，网址是 https://jsoneditoronline.org/。在进入这个网站之后把刚刚下载的 JSON 数据内容复制一下，粘贴到 JSON Editor Online 左侧的文本框中，如图 9-6 所示，再单击中间的"向右三角形"按钮，即可在屏幕的右侧看到变成树状结构的解析。

图 9-6　使用 JSON Editor Online 解析 JSON 数据的结构

在图 9-6 右侧解析的界面中可以看到，得到的 JSON 数据最上层有两个对象，分别是 retCode 和 retVal。其中，retCode 的值是 1，显然是返回值，用来表示返回的内容是否成功；另外一个对象 retVal 还有向下展开按钮（三角形符号），表示它的内容是一组，里面还有许多数据项。单击 retVal 的展开按钮，可以看到如图 9-7 所示的结果。

图 9-7 进一步展开解析的数据内容

将 retVal 的数据项展开，可以看到 2001、2002、2003 等数据项，再把其中的 2003 展开，可以看到 2003 的数据内容包括 sna、tot、sbi 等数据对象，这些对象就是我们所需要的。下面的范例程序会列出每一个地点的名称、可以租借的共享自行车的数量以及该地点自行车的最大数量。

范例程序 9-6

```
import json

with open("data.json", 'r', encoding="utf-8") as jsonfile:
    data=json.loads(jsonfile.read())
    for k in data['retVal'].keys():
        print("{:>2}/{:>2}\t{}".format(
            data['retVal'][k]['sbi'],
            data['retVal'][k]['tot'],
            data['retVal'][k]['sna']))
```

以下是范例程序 9-6 的执行结果摘要（只显示出前 12 条）：

36/60	大学图书馆
13/52	中心高中
24/54	城市公园(城中路)
29/114	中心火车站(前站)
31/82	远洋大学
17/58	银河广场
20/40	中心区写字楼
64/96	海洋公园

22/46	九曲桥
15/46	中心小学
20/30	晨光公园
50/106	中心火车站(后站)

经过以上的步骤,对于在线的 JSON 格式的数据或是下载到本地的 JSON 文件中的数据,我们都可以通过程序把它们加载到内存变量中,而后就可以对这些数据进行解析和应用了。

9.4　公开信息应用的实例

在前一节的模拟共享自行车租借点实时信息的例子中,如果共享自行车租借站的数量非常多(不希望乱停乱放),那么使用一个循环把它们都显示在 Jupyter Notebook 上并不实用,在这一节中我们来教读者如何制作一个网页,使用浏览器让信息的呈现更具有实用性。虽然我们的模拟数据文件 data.json 中只有 20 个自行车租借站点,但是现实中会有很多站点,因此要显示众多站点,制作成网页形式才具有通用性。

在 9.3 节的范例程序 9-6 中,我们只是简单地利用一个循环来显示找出来的数据,这个循环的程序代码如下:

```
for k in data['retVal'].keys():
    print("{:>2}/{:>2}\t{}".format(
        data['retVal'][k]['sbi'],
        data['retVal'][k]['tot'],
        data['retVal'][k]['sna']))
```

在这个循环中的格式化功能使用的是 format()函数,利用该函数内的"{:>2}"格式设置,让显示的内容具有 2 个字符的空间,如果数据内容不到 2 个字符,就让该字符靠右对齐。但是,这些内容只是简单地显示在 Jupyter Notebook 的窗口中,如果想要进一步格式化,就需要引入其他的功能。下面我们使用的是 HTML 语言的格式,也就是在输出时把数据先组织成一个 HTML 的网页格式文件,再通过浏览器来查看。由于使用的是 HTML 语言,因此就可以使用一些表示不同呈现格式的标签(如<h1>、<h2>、<table>、<ul>),让网页的输出格式更加美观。

标准的 HTML 格式文件的结构如下:

```
<!DOCTYPE html>
<html>
  <head>
    <title>My Title</title>
  </head>
  <body></body>
</html>
```

HTML 格式文件中的 HMTL 语句以<html>开始、以</html>结尾，中间分成两大部分，分别是<head></head>和<body></body>（前者是文件的标头信息，用于设置相关的内容；后者才是真正要显示的网页数据内容）。下面将常见的 HTML 格式标签及其说明列在表 9-1 中。

表 9-1　常见的 HTML 标签及其说明

标签名称	说　明
<p></p>	标准的文字段落
<span></span>	段落中的文字片段，通常用于动态替换
<div></div>	通用段落标签，常用于格式化设置
<h1></h1>~<h6></h6>	文字标题，<h1>最大，<h6>最小
<table></table>	表格标签，用于创建表格
<tr></tr>	产生表格的一行
<td></td>	产生表格一行中每一栏的数据（字段数据）
<form></form>	窗体标签，用于获取用户输入的数据
<ul></ul>	无序列表
<ol></ol>	有序列表
<li>	列表的表项

	换行
< a href ... >	前往其他页面的超链接
<img src ...>	图像文件的超链接格式

要生成网页最简单的方法是利用文字处理的方式把所有需要的数据格式内容内嵌到这个文件结构的适当位置，再把它们保存到文件扩展名是.html 的文本文件。请参考以字符串进行处理的范例程序。

范例程序 9-7

```
import json

with open("data.json", 'r', encoding="utf-8") as jsonfile:
    data=json.loads(jsonfile.read())
    msg = "<table>"
    for k in data['retVal'].keys():
        msg += "<tr><td>{:>2}</td><td>{:>2}</td><td>{}</td></tr>".format(
            data['retVal'][k]['sbi'],
            data['retVal'][k]['tot'],
            data['retVal'][k]['sna'])
    msg += "</table>"
```

```
html = """
<!DOCTYPE html>
<html>
  <head>
    <title>{}</title>
  </head>
  <body>
  {}
  </body>
</html>
""".format("共享自行车各站可租借的数量", msg)
with open("bike-v1.html", "wt", encoding='utf-8') as fp:
    fp.write(html)
print("Done!")
```

在范例程序 9-7 中以两个字符串变量 html 和 msg 来存放这些数据。其中，html 用来存放网页的结构格式，msg 用来存放数据的内容。之后调用 format() 函数把相应的应用数据嵌进去。所有的格式完成之后，再把它保存为 bike-v1.html 文本文件，也就是我们要的网页文件。

在 msg 变量的操作中嵌入的是 HTML 的表格标签，因此一开始的时候先设置 msg = "<table>"，再进行<tr><td>{}</td><td>{}</td><td>{}</td></td>的串接操作，每一行都是以一个<tr>开头再以</tr>结尾，中间有几对<td></td>就表示有几个数据字段，在这个例子中是 3 个字段，分别是可租借的自行车数量、全部自行车的数量以及自行车租借站的站名。最后，别忘了要使用 msg += "</table>"加入最后的表格标签。

在处理完 msg 变量之后，即表示已经取得了所有的表格内容，再使用 html 变量创建一个HTML 文件的基本结构，最后调用 format() 函数分别把网页的标题以及实际表格的内容嵌入。在这个例子中，把 html 变量的内容以文本文件的形式保存到 bike-v1.html 文件中之后就可以使用浏览器浏览这个网页了。bike-v1.html 网页文件中的源代码如图 9-8 所示。

图 9-8　bike-v1.html 网页文件中的源代码

如果使用浏览器来查看 bike-v1.html 网页文件，则可以看到如图 9-9 所示的网页。

图 9-9　使用浏览器查看 bike-v1.html 网页文件

使用字符串处理的方式来创建 HTML 文件非常简单，但是不具有结构化的特色，当数据的内容和格式变得复杂时程序就变得不易设计和维护。事实上，如果要想让程序生成的 HTML 文件更具有结构化的特色，就要使用 dominate 模块，它是一个专门用来生成 HTML 文件的结构化模块。由于它不是内建的 Python 模块，因此使用之前要执行 pip install dominate 命令进行安装。

dominate 模块在使用上非常方便，只要调用它的 document()函数就可以生成一个具有完整的 HTML 结构的文件，请看下面的范例程序片段：

```
from dominate import document
html = document("My Title")
print(html)
```

这个范例程序片段的执行结果如下：

```
<!DOCTYPE html>
<html>
  <head>
    <title>My Title</title>
```

```
    </head>
    <body></body>
</html>
```

如果想要在此 HTML 文件中加上一些标签和内容，只要执行它的 tags 类相对应的函数即可，参考下面的范例程序。

范例程序 9-8

```
from dominate import document
from dominate.tags import *
html = document("共享自行车各站可租的数量")
with html.head:
    meta(charset='utf-8')
with html.body:
    h1("这是一个示范网页")
    hr()
    p("这是一个段落")
    p("这是另外一个段落，以下示范的是列表")
    items = ul()
    items += li("第一点")
    items += li("这是第二点")
print(html)
```

范例程序 9-8 的执行结果如下：

```
<!DOCTYPE html>
<html>
  <head>
    <title>共享自行车各站可租的数量</title>
    <meta charset="utf-8">
  </head>
  <body>
    <h1>这是一个示范网页</h1>
    <hr>
    <p>这是一个段落</p>
    <p>这是另外一个段落，以下示范的是列表</p>
    <ul>
      <li>第一点</li>
      <li>这是第二点</li>
    </ul>
  </body>
</html>
```

同样可以在范例程序的最后把这些生成的网页内容保存为一个.html 的文本文件，而后即可通过浏览器来查看这个文件，完善后的范例程序如下所示。

范例程序 9-9

```
from dominate import document
from dominate.tags import *
html = document("共享自行车各站可租的数量")
with html.head:
    meta(charset='utf-8')
with html.body:
    h1("这是一个示范网页")
    hr()
    p("这是一个段落")
    p("这是另外一个段落，以下示范的是列表")
    items = ul()
    items += li("第一点")
    items += li("这是第二点")
with open("sample.html", "wt", encoding='utf-8') as fp:
    fp.write(html)
print("Done!")
```

基于上述两个范例程序，再整合读取自行车可租借数量的程序代码，最终版的范例程序如下所示。

范例程序 9-10

```
#以表格的方式呈现共享自行车租借站的信息
import dominate
from dominate.tags import
import json
with open("data.json", 'r', encoding="utf-8") as jsonfile:
    data=json.loads(jsonfile.read())
html = dominate.document(title="共享自行车各站可租的数量")
with html.head:
    meta(charset="utf-8")
with html:
    h1("共享自行车各站可租的数量")
    hr()
    with table():
        head = tr(bgcolor='#888888')
        head += td("站名")
        head += td("可租数量")
        head += td("自行车总量")
```

```
        head += td("本站位置")
        for index, k in enumerate(data['retVal'].keys()):
            if index % 2 == 0:
                row = tr(bgcolor='#ccffcc')
            else:
                row = tr(bgcolor='#ffccff')
            row += td(data['retVal'][k]['sna'])
            row += td(data['retVal'][k]['sbi'])
            row += td(data['retVal'][k]['tot'])
            row += td(data['retVal'][k]['ar'])
with open("bike-list.html", "wt", encoding='utf-8') as fp:
    fp.write(str(html))
print("Done!")
```

这个范例程序的执行结果会生成一个 bike-list.html 文件。使用浏览器查看这个文件的效果如图 9-10 所示。在这个程序中，为了让每一行产生不同的<tr>背景颜色，在循环语句中调用的是 enumerate()枚举函数，它会返回每一个数据项及其索引值，并使用 k 和 index 来分别接收，再通过“index % 2==0”来检测当前要显示的行是否为偶数行，以此来决定要设置的背景颜色。

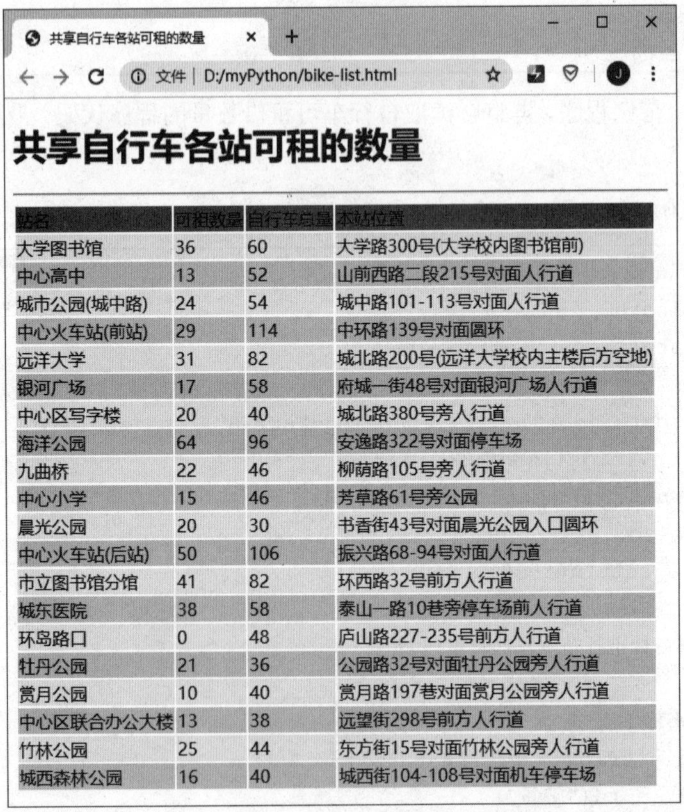

站名	可租数量	自行车总量	本站位置
大学图书馆	36	60	大学路300号(大学校内图书馆前)
中心高中	13	52	山前西路二段215号对面人行道
城市公园(城中路)	24	54	城中路101-113号对面人行道
中心火车站(前站)	29	114	中环路139号对面圆环
远洋大学	31	82	城北路200号(远洋大学校内主楼后方空地)
银河广场	17	58	府城一街48号对面银河广场人行道
中心区写字楼	20	40	城北路380号旁人行道
海洋公园	64	96	安逸路322号对面停车场
九曲桥	22	46	柳荫路105号旁人行道
中心小学	15	46	芳草路61号旁公园
晨光公园	20	30	书香街43号对面晨光公园入口圆环
中心火车站(后站)	50	106	振兴路68-94号对面人行道
市立图书馆分馆	41	82	环西路32号前方人行道
城东医院	38	58	泰山一路10巷旁停车场前人行道
环岛路口	0	48	庐山路227-235号前方人行道
牡丹公园	21	36	公园路32号对面牡丹公园旁人行道
赏月公园	10	40	赏月路197巷对面赏月公园旁人行道
中心区联合办公大楼	13	38	远望街298号前方人行道
竹林公园	25	44	东方街15号对面竹林公园旁人行道
城西森林公园	16	40	城西街104-108号对面机车停车场

图 9-10　以网页表格的方式呈现出自行车可租借的数量

除了直接把 HTML 的标签通过结构化的方式编写到 HTML 文件中之外，也可以使用同样的方式把 JavaScript 的程序代码加入网站中以增加网页的互动性。

就这个例子而言，如果自行车租借站非常多，那么使用表格显示时就非常占用版面，密密麻麻地并不容易找出想要的租借站，因此我们打算使用 jQuery 来实现互动的效果，也就是一开始出现在网页上的是一个下拉式菜单，在下拉菜单中含有各个租借站的名称，当在下拉菜单中选择某一个站名之后，才会显示出该站可租借自行车的数量是多少。由于 jQuery 并不在本书的讨论范围内，因此在这里只是示范如何把 jQuery 的功能添加到网页上，至于它的原理，请有兴趣的读者自行参阅相关的书籍或资料。

完整的范例程序如下所示。

范 例 程 序 9-11

```
import dominate
from dominate.tags import *
from dominate.util import raw
import json
with open("data.json", 'r', encoding="utf-8") as jsonfile:
    data=json.loads(jsonfile.read())
html = dominate.document(title="共享自行车各站可租的数量")
with html.head:
    meta(charset="utf-8")
    script(src="http://code.jquery.com/jquery-3.3.1.slim.js",
           integrity="sha256-fNXJFIlca05BIO2Y5zh1xrShK3ME+/1YZ0j+ChxX2DA=",
           crossorigin="anonymous")
    cmd = '''
$(document).ready(function() {
    $("#bike-station").change(function() {
        $('#target').html($("select option:selected").val())
    });
});
'''
    script(raw(cmd))

with html:
    h1("查询共享自行车各站可租的数量")
    hr()
    p("请选择自行车租借站：")
    with form(method="POST"):
        with select(id='bike-station'):
            for k in data['retVal'].keys():
                option(value="{}/{}".format(
                    data['retVal'][k]['sbi'],
```

```
                    data['retVal'][k]['tot'])).add(
                    data['retVal'][k]['sna'])
    d = div()
    d += h3("可租借数量/总数：")
    d += span(id="target")
with open("bike.html", "wt", encoding='utf-8') as fp:
    fp.write(str(html))
print("Done!")
```

范例程序 9-11 和范例程序 9-10 最主要的不同之处是，在 html.head 的段落中加上了一个 script()函数，加入 jQuery 的 CDN 连接。这样在使用 jQuery 链接库时，浏览器会自己到网站上去找，而不用在本地计算机中事先下载以备执行。

以下的这段 jQuery 程序代码是在用户选择了下拉菜单中的选项后需要执行的操作：

```
    cmd = '''
$(document).ready(function() {
    $("#bike-station").change(function() {
        $('#target').html($("select option:selected").val())
    });
});
'''
```

由于这段 jQuery 程序代码要通过调用 raw()函数才能够嵌入到 HTML 文件中，因此这段程序代码是用一个字符串变量 cmd 来存储的，之后才调用 script(raw(cmd))函数把这段程序代码加到 HTML 文件中。

为了让 jQuery 链接库可以识别出想要修改的 HTML 标签内容，在后面的 HTML 标签<span>中特别加上了一个 id="target"，让 jQuery 的 change()函数可以在被执行之后找到此目标文字的内容并加以修改。范例程序 9-11 的执行结果可以生成一个名为 bike.html 的文件，其内容如下：

```
    <!DOCTYPE html>
    <html>
      <head>
        <title>共享自行车各站可租的数量</title>
        <meta charset="utf-8">
        <script crossorigin="anonymous" integrity="sha256-
        fNXJFIlca05BIO2Y5zh1xrShK3ME+/1YZ0j+ChxX2DA="
src="http://code.jquery.com/jquery-3.3.1.slim.js"></script>
        <script>
    $(document).ready(function() {
        $("#bike-station").change(function() {
            $('#target').html($("select option:selected").val())
        });
```

```
      });
    </script>
  </head>
  <body>
    <h1>查询共享自行车各站可租的数量</h1>
    <hr>
    <p>请选择自行车租借站：</p>
    <form method="POST">
      <select id="bike-station">
        <option value="36/60">大学图书馆</option>
        <option value="13/52">中心高中</option>
        <option value="24/54">城市公园(城中路)</option>
        <option value="29/114">中心火车站(前站)</option>
        <option value="31/82">远洋大学</option>
        <option value="17/58">银河广场</option>
        <option value="20/40">中心区写字楼</option>
        <option value="64/96">海洋公园</option>
        <option value="22/46">九曲桥</option>
        <option value="15/46">中心小学</option>
        <option value="20/30">晨光公园</option>
        <option value="50/106">中心火车站(后站)</option>
        <option value="41/82">市立图书馆分馆</option>
        <option value="38/58">城东医院</option>
        <option value="0/48">环岛路口</option>
        <option value="21/36">牡丹公园</option>
        <option value="10/40">赏月公园</option>
        <option value="13/38">中心区联合办公大楼</option>
        <option value="25/44">竹林公园</option>
        <option value="16/40">城西森林公园</option>
      </select>
    </form>
    <div>
      <h3>可租借数量/总数：</h3>
      <span id="target"></span>
    </div>
  </body>
</html>
```

用浏览器打开 bike.html 文件，会看到如图 9-11 的显示界面。

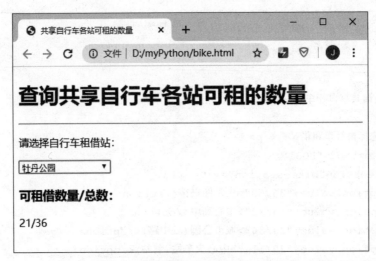

图 9-11　用浏览器打开 bike.html 文件

当我们单击下拉菜单按钮时，即可出现所有可租借自行车的站点，如图 9-12 所示。

图 9-12　使用下拉式菜单

在我们选择了一个新的共享自行车租借站时，此站点的可租借数量以及总数就被显示在此下拉菜单的下方，比如我们在图 9-11 所示的页面中看到的"21/36"。

9.5　习题

1. 参考人口统计数的那个例子，除了绘制出统计图之外，计算本地居民和外来居民的比例。
2. 比较 XML 格式和 JSON 格式的差异。
3. 参考共享自行车的例子，修改程序，使之可以显示每一个自行车租借站的地址。

第 10 课

网络信息提取基础

在前一堂课中我们从网上公开数据的网站查找并下载自己感兴趣的内容,这些公开信息网站所提供的数据都是非常容易通过程序所解析的结构化数据,通常只要知道网址以及数据格式,短短几行程序代码就可以把数据读取到程序中加以运用。然而,当感兴趣的数据以 HTML 之类的半结构化形式呈现在网站中时要如何提取并运用这些数据呢? 这就是本堂课的核心内容,即了解 HTML 文件的组织方式并学习如何解析这些数据内容。

10.1 网页提取程序的基础

10.2 使用 requests 模块下载网页数据

10.3 使用 BeautifulSoup 解析网页数据

10.4 数据存盘与数据库操作

10.5 习题

10.1　网页提取程序的基础

在所有的数据都放在网络上的时代，只要有合适的网址，就可以取得我们想要的数据，然而这些数据有些以网页的方式来显示（如气象局的气象统计数据，Google 和百度的搜索结果等），它们以各种文件格式存储，如 DOC、CSV、PDF、ODS、XLS 或是 JSON。不管是什么类型的数据，在下载之前它们都只是一个网址，即 URL。

许多网站只要有正确的网址，不通过浏览器而通过我们自己编写的程序也可以提取到网页上所呈现的数据或信息，例如搜狐网站财经新闻网址为 https://business.sohu.com/，在浏览器中输入网址之后即可看到当天的财经要闻，如图 10-1 所示。

图 10-1　搜狐网站财经新闻网页

还有中国气象局的天气预报（http://www.cma.gov.cn/2011qxfw/2011qtqyb/），在浏览器中输入网址，即可看到全国各地的当前气温。

由上可知，我们如果想要用程序提取上述公开数据，只要有网址就行了，只是不同的网页有不同的数据格式，也有不同的界面编排方式，而要提取其中特定的内容，就需要使用一些特定的模块和方法，这也是在接下来的课程内容中要介绍和讲解的部分。

网址解析

许多网站数据的数量较大，要按照结构找到不同网页中所有我们想要的数据，了解网址组合是第一步。因为可能必须通过搜索或是分页的方式才能够提取需要的所有数据。以搜狐网站的股票大盘指数网页为例，某一天的股市大盘指数的网页内容如图 10-2 所示，网址为 http://q.stock.sohu.com/cn/zs.shtml。

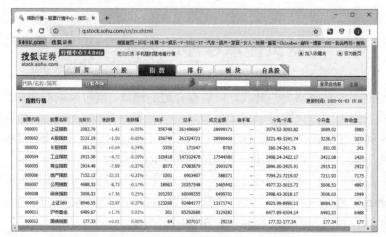

图 10-2　搜狐网站股票大盘指数的网页内容

　　当我们单击了"股票名称"下方的各种指数链接，则会进入如图 10-3 所示的页面（此例中我们单击了"上证指数"链接）。

图 10-3　搜狐网站中上证指数相关内容的网页

图 10-3 中列示的网址如下：

```
http://q.stock.sohu.com/zs/000001/index.shtml
```

　　此网址分为几个部分，其中 http 是通信协议，q.stock.sohu.com 是域名，/zs/000001/index.shtml 是网页所在的位置和网页文件名。有些网址中还有"?q=&pg=4"这样的参数，问号以后的"q=&pg=4"是查询用的参数，也是 GET 的参数。我们可以通过 Python 的 urllib 模块的 urlparse()分析函数把这些参数分开，参考如下所示的范例程序。

范例程序 10-1

```
from urllib.parse import urlparse
u = urlparse("http://q.stock.sohu.com/zs/000001/index.shtml")
```

```
print(u.netloc)
print(u.path)
print(u.query)
```

这个范例程序的执行结果如下所示：

```
q.stock.sohu.com
/zs/000001/index.shtml
```

范例程序 10-1 分别列出了该网页中的"网址（q.stock.sohu.com）"和"网页的位置
（/zs/000001/index.shtml）"。很显然，其中指数的编号"000001"被用来区分当前网页所在
的位置，网址中没有任何查询参数，因此默认就是不进行任何查询操作，也就是显示出所有的
数据。在抓取网页数据时，如果碰到有超过一页的数据或信息内容需要提取，那么只要分析网
址的特色（也就是后面的查询命令的规则和用法），抓取时再加以组合即可。在上面这个例子
中，我们看到网页的内容是通过不同指数的编号来区分的，那么用以下的程序即可轻松地制作
出前 5 页的网址：

```
url = "http://q.stock.sohu.com/zs/00000{}/index.shtml"
for i in range(1,6):
    print(url.format(i))
```

此程序的执行结果如下所示：

```
http://q.stock.sohu.com/zs/000001/index.shtml
http://q.stock.sohu.com/zs/000002/index.shtml
http://q.stock.sohu.com/zs/000003/index.shtml
http://q.stock.sohu.com/zs/000004/index.shtml
http://q.stock.sohu.com/zs/000005/index.shtml
```

10.2 　使用 requests 模块下载网页数据

有了前面的网址基础知识，我们知道大部分网站就是以这种方式在网页上呈现出信息的。
那么我们该如何使用 Python 程序来提取这些网页信息到程序中呢？只要通过模块 requests 就
可以了。

这个模块并不是 Python 系统默认的模块，所以在使用之前需要在自己的系统中先执行"pip
install requests"或是"pip3 install requests"命令安装好这个模块。如果读者已经安装过我们在
前面几堂课中提到的 Anaconda，就不需要另行安装了。在确定安装完毕之后，接下来就可以
在程序中使用 requests.get 指令读取想要处理的网页内容了。requests 的使用方法参考下面的范
例程序。

范例程序 10-2

```
import requests
url = "http://q.stock.sohu.com/zs/000001/index.shtml"
html = requests.get(url).text
print(html)
```

这个范例程序会把目标网页的内容下载回来，并把它们打印出来，而打印的内容就是我们在浏览器中看到的源代码。当我们仔细查看这些源文件时会发现，网页中都加上了许多密密麻麻的 HTML 标签，甚至是许多 JavaScript 程序代码，而这些并不是我们感兴趣的。

由于返回的内容都是一些文本文件，虽然看起来没有什么结构，基本上就是一些字符串，如果我们把它们视为字符串数据，就可以使用一些 Python 的语句来搜索和操作它们。以亚马逊（Amazon）网站的科技与计算机类图书销售排行榜为例，网址是 https://www.amazon.cn/b/ref=sv_kinc_10?ie=UTF8&node=1849660071，在浏览器上看到的网页如图 10-4 所示。

图 10-4　亚马逊网站的科技与计算机类图书销售排行 Top10

这个网页源代码的设计比较简洁，如图 10-5 所示。

图 10-5　亚马逊网站的科技与计算机类图书销售排行 Top10 的网页源代码

假设我们想要查询某一个关键词（在此以"Python"为例）在此销售排行榜中出现的次数，可以使用以下的范例程序来完成。

范例程序 10-3

```
import requests
url = "https://www.amazon.cn/b/ref=sv_kinc_10?ie=UTF8&node=1849660071"
html = requests.get(url).text
print(type(html))
print("Python 这个关键词在销售排行榜中出现了{}次".format(html.count("Python")+
html.count("python")))
```

在范例程序 10-3 中是把整个网址所对应的网页内容读取到变量 html 中，并打印出它的数据类型，从执行的结果可知它的数据类型是 str，也就是标准的字符串类型。有了 html 这个字符串变量之后，就可以通过字符串的一些函数操作得到我们感兴趣的部分，例如某一个关键词在此字符串中出现的次数，下面是范例程序 10-3 的执行结果：

```
<class 'str'>
Python 这个关键词在销售排行榜中出现了 17 次
```

简单修改一下这个程序，就可以变成可查询任意关键词在销售排行榜中出现次数的交互式应用程序。

范例程序 10-4

```
import requests
url = "https://www.amazon.cn/b/ref=sv_kinc_10?ie=UTF8&node=1849660071"
html = requests.get(url).text
keyword = input("请输入你要查询的关键词(输入"end"则退出)：")
while keyword != 'end':
    print("{} 这个关键词在销售排行榜中出现了 {} 次 ".format(keyword,
html.count(keyword)))
    keyword = input("请输入你要查询的关键词：")
```

这个程序的执行范例如下：

```
请输入你要查询的关键词(输入"end"则退出)：Java
Java 这个关键词在销售排行榜中出现了 19 次
请输入你要查询的关键词：Docker
Docker 这个关键词在销售排行榜中出现了 0 次
请输入你要查询的关键词：Python
Python 这个关键词在销售排行榜中出现了 14 次
请输入你要查询的关键词：end
```

使用字符串来处理提取回来的网页内容是比较简单，但是如果想要进一步找出这些网页内容中的特定数据或信息却十分麻烦。例如，它是一个销售排行榜，如果我们想要找出所有的图书名称以及作者名称，那么使用字符串处理就没有简单的方法了，这时需要更进一步地按照数据内容中所编排的文件结构去分析和拆解，可以使用赫赫有名的 BeautifulSoup 模块。

10.3 使用 BeautifulSoup 解析网页数据

　　网页上的数据内容主要是由 HTML（Hyper Text Markup Language）语言所构成的，当初设计 HTML 语言的目的是为了让网页上的数据或信息内容可以使用较美观的方式呈现在浏览器中，同时也加入了超链接，让不同的网页之间可以通过 URL 的形式在相互之间建立链接的关系，使浏览者可以自由地在不同网站的网页间查阅和浏览所需的内容。

　　如同在第 9 课的表 9-1 中所说明的，HTML 通过各种各样的标签来标注网页中的数据项，这些标签有些是用来描述其所包含的数据或信息内容要以什么方式呈现，或是有结构上的含义，例如<h1>~<h6>代表各层级不同重要性的标题，而<p>代表的是文字段落等，或是在存放在不同的文件或是网站上的链接网页或资源（例如<a>和<img>等）。HTML 文件的基本结构如下：

```
<html>
<head>
<meta 文件属性设置>
<title>
</title>
<script ...></script>
<link rel=stylesheet type="text/css" ...>
</head>
<body>
<h1>标题</h1>
<p class='选择器' id='标识符' style='css 格式命令'>
内文段落
</p>
<table>
<tr><td>字段 1</td><td>字段 2</td></tr>
<tr><td>字段 1</td><td>字段 2</td></tr>
</table>
<img src=...>
<a href='...'>外部链接</a>
</body>
</html>
```

　　每一个由小于号"<"和大于号">"（又被称为尖括号）所包围住的字符串叫作标签（Tag，或称为标记），大部分的标签都是成对出现的，后面出现的标签则多使用了一个除号，例如<body></body>，少部分的标签因为要呈现的信息可以通过自身的属性完成，所以只要一个右边尖括号（大于号）作为结尾即可，例如<img src = 'images/pic.png'>，它表示在当前的位置显示服务器上 images 文件夹下的 pic.png 图像文件。

　　综上所述，我们可以简单地把 HTML 文件想象成是一个充满着 HTML 标签的文件，而这些标签有些是独立的，有些是有上下层关系的结构。一个标准的 HTML 文件的树状结构如图 10-6 所示。

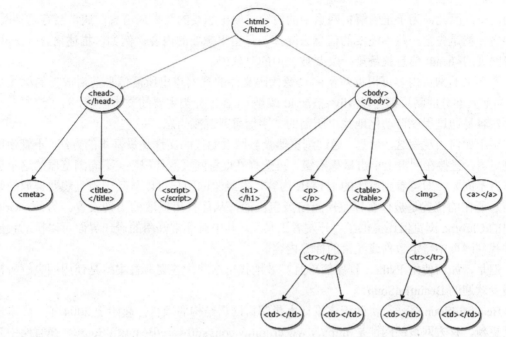

图 10-6　HTML 文件的树状结构

当我们看到一个网页源代码之后，如果对于 HTML 标签有所了解，就可以大致地了解感兴趣的数据或信息是在哪一个标签中，在程序中只要能够锁定该标签，把它从文件中找出即可。例如，想要找出这个文件中所有的图像文件链接，就可以找出所有的<img>标签，如果要找的是文件中所有的外部链接，则只要找出所有的<a>标签即可。

简单的标签如<h1>、<title>等，在大部分的情况下只有标签本身，并没有什么属性可以读取，最多就是完整的标签描述"<h1>内容</h1>"，或是取得它的 content（内容）。但是，有些标签本身还有自有的属性需要设置。例如，"<img src='images/01.jpg' title='第一张图' alt='海岛风景' width='300'>"，表明这个标签的名称是 img，src、title、alt、width 等都是这个标签的属性，可以另外处理。此外，现在越来越多的网页内容也让网页设计者为许多标签加上各种各样的自定义属性，这也是当前浏览器允许在前端外加的设置，而这些外加的属性往往就是网页分析取得特定数据或信息的关键。

如前文所述，HTML 并不在意文件内每一段文字代表的含义（是摘要、内文还是作者、商品价格等），所呈现的只有对于某些内容进行显示或编排格式上的设置。而且，因为读取和解析此文件的是浏览器，所以收到的 HTML 内容有可能变成这样：

```
    <html><head><meta 文件属性设置><title></title><script ...></script><link
rel=stylesheet type="text/css" ...></head><body><h1>标题</h1><pclass='选择器'
id=' 标 识 符 '  style='css 格 式 命 令 '> 内 文 段 落 </p><table><tr><td> 表 格 内 容
</td></tr></table><imgsrc=...><a href='...'>外部链接</a></body></html>
```

从上面的内容可知，它不仅没有按照良好阅读格式进行编排，还会遗漏部分成对的标签（并非每一个网站都被很好地维护着），这也是为什么我们把 HTML 文件分类为半结构化文件的原因之一。因此，为了正确解析网页中的内容，取出想要的数据或信息，通常会有几种做法，其中之一就是先把一些不需要的信息去除掉，只留下想要的内容。例如，描述语言<script>标签和网页的<head>信息就是第一类要被去掉的对象。

留下来的网页内容可根据对于网页源代码文件的观察找出所需信息前后放置的标签是什么。当前大部分的网页都会以<div>搭配 id 或是 class 来分类主要的文本区块，有了这些标签，就比较容易通过程序自动化地找出所需的文字信息或链接信息。

至于如何去观察这些信息，通过浏览器查看网页源代码文件是最基本的方法，不管使用什么浏览器，直接在网页上单击鼠标右键，再选择"查看网页源代码"（不同浏览器的这个选项名略有不同），即可看到原始的 HTML 内容，有经验的用户可以从其中看到想要提取的数据或信息所在的位置是被什么标签所指定或包围的，从而找出提取的类别设置。另外，Google 公司的 Chrome 浏览器还提供了"开发者工具"，其中有非常好用的操作界面可以协助我们观察并找到网页中特定数据或元素的标签内容。

但是，如何使用 Python 程序简单且高效地找出这些标签呢？答案就是使用网页解析模块中最受欢迎的 BeautifulSoup。

BeautifulSoup 是一个协助程序设计人员解析网页结构的项目，起始于 2004 年，版本还在不断更新，官方网页的网址是 http://www.crummy.com/software/BeautifulSoup/。在官网中有详细的使用说明，也有中文的版本可以浏览，不过相对来说中文版的说明文件版本比较旧一些。

这个模块不是以字符串处理的方式来解析 HTML 文件内容的，而是以如图 10-6 所示的方式，一开始先对 HTML 文件进行结构的解析，同时给用户提供一些搜索的函数，让用户以标准的方式去查询目标文件中的内容，取得所需的数据或信息。BeautifulSoup 在使用之前可能需要执行"pip install bs4"命令进行安装，安装完成之后就可以用如下所示的程序代码对目标文件进行解析，并提供查询（假设 html 包含已下载的 HTML 格式的字符串数据）：

```
soup = BeautifulSoup(html, "lxml")
```

程序语句中的 "lxml" 是其中一种解析 HTML 文件的方法，其他的方法还包括 html.parser 和 html5lib 等，不同的方法各自有其不同的特色，对于一般的 HTML 文件来说，lxml 已足够用了。以下是标准的使用 BeautifulSoup 进行网页解析的范例程序，还是以亚马逊网站的科技和计算机类图书销售排行 Top10 网页为例。

范例程序 10-5

```
import requests
from bs4 import BeautifulSoup
url = "https://www.amazon.cn/b/ref=sv_kinc_10?ie=UTF8&node=1849660071"
html = requests.get(url).text
soup = BeautifulSoup(html, "lxml")
print(type(soup))
print(dir(soup))
```

在上面的范例程序中，先调用 print(type(soup))打印出返回的 soup 变量类型（soup 就是一个 bs4.BeautifulSoup 类的实例），再调用 dir(soup)即可看到此实例变量所提供的属性以及可调用的函数（或称为方法），执行结果如下：

```
<class 'bs4.BeautifulSoup'>
['ASCII_SPACES',          'DEFAULT_BUILDER_FEATURES',          'HTML_FORMATTERS',
'NO_PARSER_SPECIFIED_WARNING', 'ROOT_TAG_NAME', 'XML_FORMATTERS', '__bool__',
'__call__',    '__class__',    '__contains__',    '__copy__',    '__delattr__',
'__delitem__', '__dict__', '__dir__', '__doc__', '__eq__', '__format__',
'__ge__', '__getattr__', '__getattribute__', '__getitem__', '__getstate__',
'__gt__', '__hash__', '__init__', '__init_subclass__', '__iter__', '__le__',
'__len__',   '__lt__',   '__module__',   '__ne__',   '__new__',   '__reduce__',
'__reduce_ex__',   '__repr__',   '__setattr__',   '__setitem__',   '__sizeof__',
'__str__', '__subclasshook__', '__unicode__', '__weakref__', '_all_strings',
'_attr_value_as_string', '_attribute_checker',    '_check_markup_is_url',
'_feed',   '_find_all',   '_find_one',   '_formatter_for_name',   '_is_xml',
'_lastRecursiveChild',    '_last_descendant',    '_most_recent_element',
'_popToTag', '_select_debug', '_selector_combinators', '_should_pretty_print',
'_tag_name_matches_and', 'append', 'attribselect_re', 'attrs', 'builder',
'can_be_empty_element', 'childGenerator', 'children', 'clear',
'contains_replacement_characters', 'contents', 'currentTag', 'current_data',
'declared_html_encoding',   'decode',   'decode_contents',   'decompose',
'descendants',   'encode',   'encode_contents',   'endData',   'extract',
'fetchNextSiblings', 'fetchParents', 'fetchPrevious', 'fetchPreviousSiblings',
'find',    'findAll',    'findAllNext',    'findAllPrevious',    'findChild',
'findChildren', 'findNext', 'findNextSibling', 'findNextSiblings',
'findParent',   'findParents',   'findPrevious',   'findPreviousSibling',
'findPreviousSiblings', 'find_all', 'find_all_next', 'find_all_previous',
'find_next', 'find_next_sibling', 'find_next_siblings', 'find_parent',
'find_parents',        'find_previous',        'find_previous_sibling',
'find_previous_siblings',    'format_string',    'get',    'getText',
'get_attribute_list',    'get_text',    'handle_data',    'handle_endtag',
'handle_starttag', 'has_attr', 'has_key', 'hidden', 'index', 'insert',
'insert_after',    'insert_before',    'isSelfClosing',    'is_empty_element',
'is_xml', 'known_xml', 'markup', 'name', 'namespace', 'new_string', 'new_tag',
'next',     'nextGenerator',     'nextSibling',     'nextSiblingGenerator',
'next_element',    'next_elements',    'next_sibling',    'next_siblings',
'object_was_parsed', 'original_encoding', 'parent', 'parentGenerator',
'parents', 'parse_only', 'parserClass', 'parser_class', 'popTag', 'prefix',
'preserve_whitespace_tag_stack',    'preserve_whitespace_tags',    'prettify',
'previous',            'previousGenerator',            'previousSibling',
'previousSiblingGenerator',   'previous_element',   'previous_elements',
'previous_sibling', 'previous_siblings', 'pushTag', 'quoted_colon',
```

```
'recursiveChildGenerator',        'renderContents',        'replaceWith',
'replaceWithChildren',  'replace_with',  'replace_with_children',  'reset',
'select', 'select_one', 'setup', 'string', 'strings', 'stripped_strings',
'tagStack', 'tag_name_re', 'text', 'unwrap', 'wrap']
```

在这么多可用的函数中，我们最常用的就是 find_all()函数，它可以协助我们找出所有指定的标签或选择器（selector，后文会介绍）。例如，有一个目标网页，我们想要把此网页中所有的图像文件都列示出来，可以编写如下所示的范例程序。

范例程序 10-6

```
import requests
from bs4 import BeautifulSoup
url = "https://www.amazon.cn/b/ref=sv_kinc_10?ie=UTF8&node=1849660071"
html = requests.get(url).text
soup = BeautifulSoup(html, "lxml")
images = soup.find_all("img")
for image in images:
    print(image["src"])
```

这个范例程序在完成网页解析之后，通过调用 soup.find_all("img")函数即可找出在网页中所有图像链接的标签（<img>），取出的 images 是一个列表格式的变量，利用 for 循环即可逐一取出每一个数据项，也就是网页中的每一个<img>标签，由于标签中的 src 通常代表的就是实际图像文件存放的位置，因此这个范例程序的执行结果就是所有图像文件所在网址的列表，如下所示：

```
https://images-cn.ssl-images-amazon.com/images/G/28/gno/sprites/global-sp
rite-32-v1._CB476259932_.png
https://images-cn.ssl-images-amazon.com/images/G/28/x-locale/common/trans
parent-pixel._CB386947693_.gif
https://images-cn.ssl-images-amazon.com/images/G/28/kindle/2019/jiangmeng
xiao/1500_100.png
https://images-cn.ssl-images-amazon.com/images/G/28/kindle/2019/hongyun/s
henrulijiejava-218x218.jpg
https://images-cn.ssl-images-amazon.com/images/G/28/x-locale/common/trans
parent-pixel._CB386947693_.gif
https://images-cn.ssl-images-amazon.com/images/I/81BTFKzzU0L._AC_SX184_.jpg
https://images-cn.ssl-images-amazon.com/images/I/81d0xbLeptL._AC_SX184_.jpg
https://images-cn.ssl-images-amazon.com/images/I/81zoCHDhvvL._AC_SX184_.jpg
https://images-cn.ssl-images-amazon.com/images/I/711-FYqw8nL._AC_SX184_.jpg
https://images-cn.ssl-images-amazon.com/images/I/71yDX8mJ2-L._AC_SX184_.jpg
https://images-cn.ssl-images-amazon.com/images/I/61dul-H8avL._AC_SX184_.jpg
https://images-cn.ssl-images-amazon.com/images/I/91NoBsYDdzL._AC_SX184_.jpg
```

```
https://images-cn.ssl-images-amazon.com/images/I/91xqb7BgF4L._AC_SX184_.jpg
https://images-cn.ssl-images-amazon.com/images/I/81RKkT+oO5L._AC_SX184_.jpg
https://images-cn.ssl-images-amazon.com/images/I/7lo6CuM5ckL._AC_SX184_.jpg
<<以下省略>>
```

在 Jupyter Notebook 界面中即可直接单击每一个链接来查看该图像文件。有了这些链接，就可以轻松使用文件操作指令把每一个图像文件都存储到自己的计算机中，以下的范例程序就是其中的一种方法。

范例程序 10-7

```python
import requests
import os
from os.path import basename
from bs4 import BeautifulSoup
import urllib.request
url = "https://www.amazon.cn/b/ref=sv_kinc_10?ie=UTF8&node=1849660071"
html = requests.get(url).text
soup = BeautifulSoup(html, "lxml")
images = soup.find_all("img")
if not os.path.exists("images"):
    os.mkdir("images")
for image in images:
    image_url = image["src"]
    if ".jpg" in image_url:
        image_filename = basename(image_url)
        with open(os.path.join("images", image_filename), "wb") as fp:
            image_data = urllib.request.urlopen(image_url).read()
            fp.write(image_data)
        print(image_url)
        print(image_filename)
```

上面这个范例程序除了使用 BeautifulSoup 模块解析网页之外，为了能够将图像文件通过链接顺利地下载到本地计算机中，还有几个工作要做。假设我们要把图像文件存储在本地计算机当前目录之下的 images 文件夹中，就需要使用以下的程序代码先检查当前目录下是否存在 images 这个文件夹，如果没有就要创建一个：

```python
if not os.path.exists("images"):
    os.mkdir("images")
```

接着，在取得每一个图像文件的链接网址之后把图像文件链接网址存放到 image_url 中，执行 image_filename = basename(image_url)语句来取出网址中的图像文件名（我们只针对 JPEG 图像文件，所以用了 if ".jpg" in image_url 这条程序语句来排除其他的图像文件格式），之后通过以下这一段程序代码下载图像文件并写入到本地计算机的 images 文件夹中：

```
with open(os.path.join("images", image_filename), "wb") as fp:
    image_data = urllib.request.urlopen(image_url).read()
    fp.write(image_data)
```

其中，os.path.join("images", image_filename)负责把图像文件存储到 images 文件夹中，打开文件的部分由 urllib.request.urlopen 的 read()函数负责，所有读取到的数据内容会存放在 image_data 中，之后再调用 fp.write(image_data)函数执行本地文件写入的操作。要特别注意的是 urllib.request 中的 request 后面并没有 s。

还是以亚马逊网站的科技与计算机类图书销售排行 Top10 为例，当我们读取到网页内容时，可以使用以下程序把所有的 jpg 和 png 图像文件都找出来。

范例程序 10-8

```
import requests
from bs4 import BeautifulSoup
url = "https://www.amazon.cn/b/ref=sv_kinc_10?ie=UTF8&node=1849660071"
html = requests.get(url).text
soup = BeautifulSoup(html, "lxml")
images = soup.find_all("img")
for image in images:
    if ".jpg" in image['src'] or ".png" in image['src']:
        print(image['src'])
```

以下这一段程序用于找出网页中所有的链接。

范例程序 10-9

```
import requests
from bs4 import BeautifulSoup
url = "https://www.amazon.cn/b/ref=sv_kinc_10?ie=UTF8&node=1849660071"
html = requests.get(url).text
soup = BeautifulSoup(html, "lxml")
links = soup.find_all("img")
for link in links:
    if "https" in link['src']:
        print(link['src'])
```

以上方法虽然简单，但是它们找出数据的方式对于所有的标签都一视同仁。在这个例子中，如果只想要找出网页中与图书销售排行榜相关的内容，就不能只找某一个特定的标签，而是需要通过所谓的 CSS 选择器 selector 来进行更精确的搜索。

CSS 选择器

在 CSS 语法中，选择器就是利用特定语法的描述来找出 HTML 文件中的特定内容，在适当的设置下，每一个网页中的元素理论上都可以通过一组唯一的选择器找出来。其中最容易使用的就是类 class 以及标识符 id，class 以句点符号作为类选择器的开始（例如 ".stitle"），而 id 则是以 "#" 作为开始（例如 "#target01"）。此外，若想要找出所有的<div>和<p>，则选择器的写法是 "div, p"；若要找出的是所有在<div>之下的<p>，则选择器的写法是 "div p"。通过选择器的运用，找出网页中的 HTML 以及 class 和 id 的编排规则，即可锁定我们感兴趣的数据或信息。有一些网站提供了在线练习选择器的应用，有兴趣深入了解的读者可以前往练习，在 Chrome 浏览器的 "开发者工具" 中也有类似的功能可以使用。

再看一个 "中国图书网" 畅销榜的例子（网址为 http://www.bookschina.com/24hour/），用 Chrome 浏览器访问这个网页，再启动 Chrome 浏览器的 "开发者工具"，使用此工具的 inspect 功能（图 10-7 中箭头指向的位置）查看有关销售榜中各个图书的数据。

图 10-7　使用 "开发者工具" 中的 Inspect 功能查看网页源代码

在鼠标停留在排行第一名的图书上时，从右上角以结构化显示出来的网页源代码中可以看出，在此畅销榜上的图书资料均放置在标签 div 且 class 为 infor 的结构下（如图 10-7 的方框内所示），逐级展开下面的各层 div 结构，里面包含了这本书的更多相关信息，如图 10-8 所示。

```
▼<li>
  ▼<div class="cover">
    ▼<a href="/7574311.htm" target="_blank" title="势利">
        <img src="http://image12.bookschina.com/2019/20191223/1/s7574311.jpg" alt="势利" data-original="http://
        image12.bookschina.com/2019/20191223/1/s7574311.jpg" class="lazyImg">
      </a>
    </div>
  ▼<div class="infor">
    ▼<h2 class="name">
        <a href="/7574311.htm" target="_blank" title="势利">势利</a>
      </h2>
    ▼<div class="author">
        <a href="/Books/allbook/allauthor.asp?stype=author&sbook=[美]约瑟夫·艾本斯坦 著,马绍博 译" target=
        "_blank">[美]约瑟夫·艾本斯坦 著,马绍博 译</a>
      </div>
    ▼<div class="publisher">
        <a href="/publish/201/" target="_blank">天津人民出版社</a>
      </div>
    ▼<div class="startWrap">
        <i></i>
        <i></i>
        <i></i>
        <i></i>
        <i></i>
        <a href="/book_review/display_book_review.aspx?book_id=7574311" target="_blank">0条评论</a>
      </div>
    ▼<div class="priceWrap">
        <span class="sellPrice">¥11.9</span>
        <span class="discount">(3.3折)</span>
        <span class="priceTit">定价:</span>
        <del class="">¥36.0</del>
      </div>
    ▼<div class="activeIcon">
        <a target="_blank" href="/Subject/191231kn.aspx" style="background:#e60000">折上85折</a>
      </div>
    ▼<div class="oparateButton">
        <a href="javascript:void(0);" onclick="shopcarAdd('7574311')" class="buyButton">加入购物车</a>
        <a href="javascript:frAdd('7574311')" class="collectBtn">收藏</a>
      </div>
    </div>
  ▼<div class="num red">
      <span>01</span>
    </div>
  </li>
```

图 10-8　畅销榜图书的网页源代码站展开后看到的内容

上述网页的源代码整理如下：

```
<div class="bookList">
 <ul>
  <li>
   <div class="cover">
    <a href="/7574311.htm" target="_blank" title="势利">
      <img src="http://image12.bookschina.com/2019/20191223/1/
s7574311.jpg" alt="势利" dataoriginal="http://image12.bookschina.com/2019/
20191223/1/s7574311.jpg" class="lazyImg">
     </a>
    </div>
    <div class="infor">
     <h2 class="name">
       <a href="/7574311.htm" target="_blank" title="势利">势利</a>
     </h2>
     <div class="author">
       <a href="/Books/allbook/allauthor.asp?stype=author&amp;sbook=[美]约瑟
夫·艾本斯坦 著,马绍博 译" target="_blank">[美]约瑟夫·艾本斯坦 著,马绍博 译</a>
```

```
        </div>
        <div class="publisher">
          <a href="/publish/201/" target="_blank">天津人民出版社</a>
        </div>
        <div class="startWrap">
          <i></i>
          <i></i>
          <i></i>
          <i></i>
          <i></i>
          <a href="/book_review/display_book_review.aspx?book_id=7574311"
target="_blank">0 条评论</a>
        </div>
        <div class="priceWrap">
          <span class="sellPrice">¥11.9</span>
          <span class="discount">(3.3 折)</span>
          <span class="priceTit">定价:</span>
          <del class="">¥36.0</del>
        </div>
      </li>
    <<后面省略>>
    ……
```

从上述的网页结构可以看出，每一本图书内容大致分为 3 个部分，分别是：

- <div>段落：负责图书页面内容的分段。
- <a>段落：负责显示图书封面、书名和图书摘要信息。
- <span>段落：负责显示售价和折扣信息。

从上面的分析可以发现，如果想要找出图书名称，最简单的方法就是找那个用来链接图书封面图像文件的<img>标签，其中使用了一个名为 infor 的 class，而且它把书名就放在 title 属性中，以下的范例程序通过 class 选择器找出相关的信息。

范例程序 10-10

```
import requests
from bs4 import BeautifulSoup
url = "http://www.bookschina.com/24hour/"
html = requests.get(url).text
soup = BeautifulSoup(html, "lxml")
books = soup.find_all("div",{"class":"infor"})
for i, book in enumerate(books):
    print("第{}名: {}".format(i+1, book.a["title"]))
```

在范例程序 10-10 中，find_all() 函数的第 1 个参数放置标签，说明我们要找的是 HTML 文件中所有的 `<div>` 标签，第 2 个参数则指出在所有的 `<div>` 标签中只要找出它的 class 内容为 infor 的那些 `<div>`。这个范例程序的执行结果可以列出前 30 名畅销书的书名：

```
第 1 名：势利
第 2 名：敬重与惜别
第 3 名：人间词话
第 4 名：朝抵抗力最大的路径走
第 5 名：卡门–梅里美中短篇小说集
<< 省略 >>
第 26 名：祸枣集
第 27 名：午夜文库 146－奇职怪业俱乐部
第 28 名：乌合之众
第 29 名：我们内心的冲突
第 30 名：雅各布的房间
```

之所以只能找出前 30 名的畅销书，主要是这个网站采用分页的方式按照排名依次列出畅销书，第一个网页列出前 30 名的畅销书，第二个网页（网址为 http://www.bookschina.com/24hour/1_0_2/）列出第 31~60 名的畅销书，第三个网页（网址为 http://www.bookschina.com/24hour/1_0_3/）列出第 61~90 名的畅销书，以此类推。如果想列出后续的畅销书，只要把范例程序 10-10 第 3 行语句的 url 赋值部分进行替换就行。如果想列出前 100 名的畅销书，则需要修改一下范例程序 10-10。至于如何修改，就交由读者自行完成了。

如果要找出的网页内容中包括作者和售价呢？程序修改如下。

范例程序 10-11

```python
import requests
from bs4 import BeautifulSoup
url = "http://www.bookschina.com/24hour/"
html = requests.get(url).text
soup = BeautifulSoup(html, "lxml")
books = soup.find_all("div",{"class":"infor"})
for i, book in enumerate(titles):
    print("第{}名: {}".format(i+1, book.a["title"]))
    author = book.find("div",{"class":"author"})
    print(author.text)
    price = book.find("span",{"class":"sellPrice"})
    print("售价: ", price.text)
    print("\n")
```

范例程序 10-11 在范例程序 10-10 的基础上，调用 find() 函数在 book 变量中分别从 div 段落和 span 段落以 class 为 author 和 sellPrice 找出作者和售价的信息，分别存放到 author 和 price 变量中，找出来的内容再以 author.text 和 price.text 取出不含标签的文字内容，分别打印输出畅销书排名、书名、作者以及售价。这个范例程序执行之后，输出的内容如下所示：

```
第 1 名：势利
[美]约瑟夫·艾本斯坦 著,马绍博 译
售价：￥11.9

第 2 名：敬重与惜别
张承志 著
售价：￥8.3

第 3 名：人间词话
王国维 著,孔庆东 主编
售价：￥17.1


<<省略>>

第 28 名：乌合之众
[法]古斯塔夫·勒庞 著,赵志卓 译
售价：￥13.0

第 29 名：我们内心的冲突
[美]卡伦·霍妮 著,倪彩 编译
售价：￥11.2

第 30 名：雅各布的房间
[英]弗吉尼亚·伍尔夫(Virginia)
售价：￥8.3
```

　　有了以上的基础，之后面对任何一个类似的网页，相信读者应该就有能力取出其中感兴趣的内容了。下面的范例程序用于从搜狐网站首页取出新闻标题。

　　范例程序 10-12

```
import requests
from bs4 import BeautifulSoup
url = "http://www.sohu.com/"
html = requests.get(url).text
soup = BeautifulSoup(html, "lxml")
news = soup.find_all("div",{"class":"list16"})
for i, subject in enumerate(news):
    for info in subject.find_all("li"):
        for title in info.find_all("a"):
            print(title.text.strip())
```

这个网站网页的源代码结构比较清晰，在下载网页的源代码后先找出段落的内容，然后分层解析，逐一取出<a>链接，链接中的文字即是我们想要提取的新闻标题。这个网站的首页如图 10-9 所示。

图 10-9　搜狐网站的实时新闻网页的一部分

执行范例程序 10-12 提取的新闻标题如下：

```
部级官员被开除党籍 遭官方痛批：无视组织一再挽救


香港疑似肺炎个案增至 7 宗 港府启动严重应变级别

伊拉克巴格达再遭美军空袭 致 6 人死亡 3 人重伤
被杀害的伊朗"关键将军" 继任者是啥来头？
美国定点清除伊朗高级将领：中东战争阀门开启？
藏身特制箱子登机？戈恩"逃亡"剧情更新下一页
<<以下省略>>
```

读者可以利用这些设计技巧，多找几个网站进行练习。

10.4　数据存盘与数据库操作

在网络上提取数据或信息后，如果能够把它们存储在本地的计算机中，就不需要每次都前往网站执行提取数据或信息的操作，这样不仅加快数据或信息的读取速度，也可以避免因为频繁前往某些网站下载数据或信息而遭到该网站的封锁，因为一旦计算机的 IP 地址被封锁了，就无法再连接到这些网站进行网页浏览了。

在前一节的范例程序中，我们除了把找到的数据或信息通过 print()函数打印出来之外，还把找到的图像文件存储到本地计算机上。在本节中，我们将介绍如何把提取的数据或信息存储在本地计算机的数据文件以及数据库中。

10.4.1　把数据存储成文本文件

先来看一个简单的例子，把所有找到的新闻标题都以文本文件的方式直接存成数据文件。

范例程序 10-13

```
1: import requests
2: from bs4 import BeautifulSoup
3: url = "http://www.sohu.com/"
4: html = requests.get(url).text
5: soup = BeautifulSoup(html, "lxml")
6: news = soup.find_all("div",{"class":"list16"})
7: headlines = list()
8: for i, subject in enumerate(news):
9:    for info in subject.find_all("li"):
10:       for title in info.find_all("a"):
11:          headlines.append(title.text.strip())
12: sohunews = "\n".join(headlines)
13: with open("sohuheadlines.txt", "wt", encoding="utf-8") as fp:
14:    fp.write(sohunews)
15: print("Done!")
```

在这个范例程序中，前面主要是提取新闻标题的部分，这和前面的范例程序 10-12 是一样的。不一样的地方在于，先定义一个 headlines 列表变量（第 7 行），当取出一个新闻标题（title.text）之后，调用 strip()函数把字符串两端的空格都删除掉，随即调用 append(title.text.strip())函数把每一个标题都附加到 headlines 列表中（第 11 行）。等全部的新闻标题都附加完毕，离开循环之后，即以 sohunews = "\n".join(headlines)指令（第 12 行）把列表变量中所有的元素（数据项）以换行字符作为分隔串接成一个完成的字符串 sohunews，最后把 sohunews 这个字符串以 utf-8 编码的方式存储为文本文件（第 13、14 行）。在 Jupyter Notebook 中查看这个完成后的文件 sohuheadlines.txt，如图 10-10 所示，它是一个标准的文本文件。

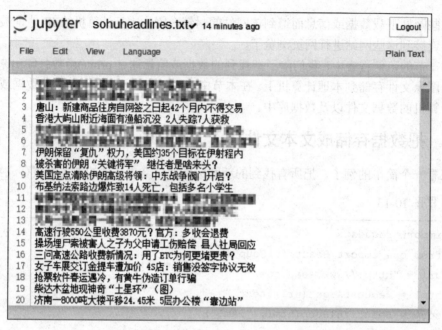

图 10-10　查看 sohuheadlines.txt 文件的内容

从如图 10-10 所示的结果看，每一个新闻标题即是文件中的一行，当需要这些新闻标题时，就可以再使用程序把它们逐行读入内存之后再加以处理。因此，在编写程序时应该是这个思路，在前往目标网页读取数据或信息之前可以先检查本地计算机中这个文件是否存在：如果不存在，就前往网页提取所需的数据或信息并存储到本地计算机中；如果存在，就直接从此文件读取内容。不过，对于新闻网页，还需要考虑网页新闻更新的时间点，要在程序中实现定期从目标新闻网页读取更新的新闻，这个功能的实现就留给读者自行练习了。

10.4.2　使用 HTML 文件制作下载图像文件的索引页面

除了直接把从目标网页提取的数据或信息存储为标准的文本文件之外，在本书的第 9 课中我们也学习了如何利用 dominate 模块创建标准的 HTML 格式的文件，结合此模块和我们下载的内容，也可以创建一个 HTML 文件用于检索。继续以前一节中下载图像文件的例子，除了把图像文件下载之外，在同一个文件夹中创建一个索引文件，以便让这些图像文件有一个方便查看的界面。参考下面的范例程序。

范例程序 10-14

```
import dominate
from dominate.tags import *
from dominate.util import raw
import urllib.request,json
import requests
import os
from os.path import basename
from bs4 import BeautifulSoup
```

```
url = "https://www.amazon.cn/b/ref=sv_kinc_10?ie=UTF8&node=1849660071"
index_html = dominate.document(title="图像文件索引")
with index_html.head:
    meta(charset="utf-8")
with index_html:
    h1("图像文件索引")
    hr()
    html = requests.get(url).text
    soup = BeautifulSoup(html, "lxml")
    images = soup.find_all("img")
    if not os.path.exists("images"):
        os.mkdir("images")
    for image in images:
        image_url = image["src"]
        if ".jpg" in image_url:
            image_filename = basename(image_url)
            image_link = a(href=image_filename)
            image_link += img(src=image_filename, width=200)
            with open(os.path.join("images", image_filename), "wb") as fp:
                image_data = urllib.request.urlopen(image_url).read()
                fp.write(image_data)
    with open(os.path.join("images", "index.html"), "wt", encoding='utf-8') as
fp:
        fp.write(str(index_html))
    print("Done!")
```

在这个范例程序中，除了原有的下载所有图像文件的程序代码之外，还加入了调用 dominate 模块中相关函数的程序代码，以便生成图像文件检索网页的相关代码。主要的程序代码如下所示：

```
if ".jpg" in image_url:
    image_filename = basename(image_url)
    image_link = a(href=image_filename)
    image_link += img(src=image_filename, width=200)
    with open(os.path.join("images", image_filename), "wb") as fp:
        image_data = urllib.request.urlopen(image_url).read()
        fp.write(image_data)
```

在 if 语句中设置了只有.jpg 格式的图像文件才会加以处理，而这个检测的操作是以在 image_url 网址栏中是否有 “.jpg” 这个字符串来作为判断的依据。接着，调用 basename()函数取出在网址栏中的文件名，并存放到 image_filename 中，再调用 a(href=image_filename)函数创建一个用来写入 HTML 文件中的链接，目的是当用户在浏览缩小显示的图像文件时，用鼠标单击该图像文件就可以直接在浏览器中查看该图像的原图。由于在链接标签<a></a>之间需要加入图像文件的内容，因此使用 image_link += img(src=image_filename, width=200)的方式来让宽度设置为 200 像素的图像文件可以作为链接的内容，以下是生成的 HMTL 网页文件片段，包含浏览图像文件及链接的代码：

```
<a href="1329322203-3003024141.jpg">
  <img src="1329322203-3003024141.jpg" width="200">
</a>
```

范例程序 10-14 执行完毕之后，会在 images 文件夹（也就是和所有下载后图像文件所在的同一个文件夹）中生成一个 index.html 文件，使用浏览器打开这个文件，就可以看到一个所有下载图像文件的索引页，单击页面上任意一个图像即可看到该图像文件的原始图像，读者可以自行试试看。

10.4.3　使用数据库存储下载的数据或信息

接下来我们将使用在本书第 8 课中曾介绍过的 SQLite 文件型数据库来存储从网页提取下来的数据或信息。我们继续以搜狐的新闻网页为例，使用程序试着将新闻的标题以及内容提取下来。不过，读者在使用前请注意著作权的问题，而且在提取网页内容时别忘了要加上适当的延迟时间，以避免对目标网站造成过多的流量负担。

以下是从新闻网站提取新闻标题的程序代码。

范例程序 10-15

```
from bs4 import BeautifulSoup
import requests
url = "http://www.sohu.com/"
html = requests.get(url).text
soup = BeautifulSoup(html, "lxml")
news = soup.find_all("div",{"class":"list16"})
for i, subject in enumerate(news):
    for info in subject.find_all("li"):
        for title in info.find_all("a"):
            print(title.text.strip())
            print(title["href"])
            print()
```

要提取某一网站的内容，第一步仍然是使用 Chrome 浏览器的"开发者工具"去查看目标数据或信息的特定 class 或 id 标签，在这个例子中我们依然找的是在<div>标签下名为 list16 的 class，因此使用这个类选择器找出该特定的<div>，在其中的所有<li>内容即为每一个新闻标题及其链接，而后通过三重 for 循环把所有的新闻标题和链接逐一取出。

在下面这个网页的 HTML 源代码中，<li>中的内容包含新闻标题和链接：

```
<li>
  <a data-param="?_f=index_news_0" href="https://www.sogou.com/a/
  364778598_114988 " target="_blank" title="唐山：新建商品住房自网签之日起 42 个月
内不得交易" data-spm-data="1">
      <span class="first-title">唐山：新建商品住房自网签之日起 42 个月内不得交易
</span>
  </a>
</li>
```

观察上面的网页源代码可以发现，在<li>中，<a>标签用来记录详细新闻内文的网页链接，根据这样的编排，只要找出<a>的链接网址 href 以及<title>的文字内容即可，这也是为什么在范例程序 10-15 中会针对 subject 和 info 进一步调用 find_all()函数分别查找 li 和 a 的原因。这个范例程序的部分执行结果如图 10-11 所示。

图 10-11　搜索新闻标题及其链接的执行结果

读者应该注意到了，新闻标题的下面就是这则新闻完整内容的链接，有了每一个新闻标题的网址，就可以根据这些网址再逐一进入，以提取完整的新闻内容（这种方式也是网络爬虫程序的基础）。用于提取新闻内容的程序代码如下。

范例程序 10-16

```
from bs4 import BeautifulSoup
import time, random
import requests
url = "http://www.sohu.com/"
html = requests.get(url).text
soup = BeautifulSoup(html, "lxml")
news = soup.find_all("div",{"class":"list16"})
for i, subject in enumerate(news):
    time.sleep(random.randint(0,2))
    for info in subject.find_all("li"):
        for title in info.find_all("a"):
            content_url = title["href"]
            print(content_url)
            content = requests.get(content_url).text
            content_soup = BeautifulSoup(content, "lxml")
            headline = content_soup.find("h1")
            print(headline.text.strip())
            article = content_soup.find("article", {"class":"article"})
            for art in article.find_all("p"):
                print(art.text)
            print()
```

要特别注意的是，标题有好多个，在读取标题之后程序会根据每一个标题开始提取具体内容，因为程序的执行速度很快，所以如果在提取具体内容时不稍等一下，在网站服务器看来，我们的计算机就是在短时间内对于该网站进行大量的数据提取，有可能会被服务器视为恶意的行为而遭到封锁。读者应该在程序代码起始之处看到了"import time, random"这条程序语句，导入这两个模块的目的就是为了在 for 循环中加上一条 time.sleep(random.randint(0,2))语句，让程序在每一次要提取新闻数据之前都先以随机的方式产生一个 0 到 2 之间的整数，产生的数字是多少就暂停程序执行多少秒（暂停 0 秒、1 秒或 2 秒），这样就可以避免在短时间内快速、大量提取网站数据的情况。

在第三层 for 循环中和之前一样先使用 content_url = title ["href"]找出内文存放网址 content_url，之后调用 requests.get(content_url)取出网页内容存放在 content 中，有了网页内容之后再调用 BeautifulSoup(content, "lxml")函数来解析，随后用 content_soup.find("h1")找出标题，最后调用 content_soup.find("article", {"class":"article"})往下找出所有<p>标签中的内容，组合在一起就是全部内容（所谓的内文）。范例程序 10-16 的部分执行结果如图 10-12 所示。

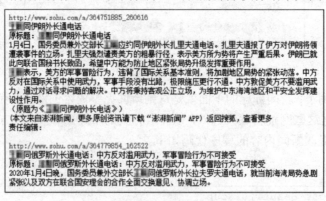

图 10-12　提取新闻内文程序的执行结果

有了这些内容之后，接下来就是把它们都存放到数据库文件中。不过，在存入数据库之前要特别注意的是，新闻内容虽说是动态的信息，但是它的更新频率也不是非常高，如果每一次在提取之后就马上写入数据库，就会不断地出现一些重复的内容在数据库中。解决的方式就是在提取到新闻内容的同时，先检查数据库中是否有这些内容，如果有，就不要进行提取的操作了。

为了把提取到的数据或信息存储到数据库中，如同在第 8 课中所学习到的，比较方便的方式是利用 DB Browser for SQLite 创建一个数据表，里面包含 id、网址、新闻标题以及新闻内容 4 个字段，如图 10-13 所示。在这里，我们把数据库文件命名为 sohunews.db，数据表命名为 news，4 这个字段名分别是 id、url、title 以及 content。在设计完数据表之后，要到"文件"菜单中单击"Write Changes"，数据表才会真正地被写入到数据库中以完成变更的操作。

有了数据库以及数据表之后，接下来就是把提取到的数据或信息存储放到这个数据表中。回想在第 8 课的内容，把数据写入到数据库的步骤如下：

（1）导入 sqlite3。
（2）调用 sqlite3.connect()连接到数据库。

（3）使用 INSERT INTO 这个 SQL 指令把数据插入到数据表中。

（4）重复第 3 步，直到所有的新闻都提取完毕为止。

（5）执行 commit()函数，把变更写入到数据库中。

（6）执行 close()函数，结束数据库的连接操作。

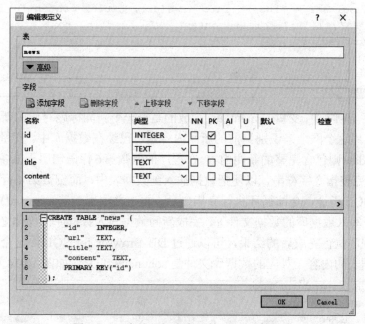

图 10-13　存储新闻内容用的 SQLite 数据表

根据上述步骤所编写的程序代码如下所示。

范例程序 10-17

```
from bs4 import BeautifulSoup
import time, random
import sqlite3
import requests
url = "http://www.sohu.com/"
dbfile = "sohunews.db"
conn = sqlite3.connect(dbfile)
html = requests.get(url).text
soup = BeautifulSoup(html, "lxml")
news = soup.find_all("div",{"class":"list16"},limit=3)
for i, subject in enumerate(news):
    time.sleep(random.randint(0,2))
    for info in subject.find_all("li"):
        for title in info.find_all("a"):
            content_url = title["href"]
            content = requests.get(content_url).text
            content_soup = BeautifulSoup(content, "lxml")
            headline = content_soup.find("h1")
```

```
          print(headline.text.strip())
          article = content_soup.find("article", {"class":"article"})
          data = ""
          for art in article.find_all("p"):
               data = data + art.text
          sql_str = "insert into news(url, title, content)
values('{}','{}','{}');".format(content_url, headline.text.strip(), data)
     conn.execute(sql_str)
     conn.commit()
     conn.close()
     print("Done!")
```

在范例程序 10-17 中，变量 content_url 存放的是每一个新闻标题对应的新闻内容的链接网址，之后就可以用这个网址来识别当前的新闻内容是否已经在数据库中。变量 headline 用来存放新闻标题，而 data 则包含完整的新闻内容。在程序的倒数第 6 行语句用于准备 SQL 的 INSERT INTO 指令用的完整指令字符串，以便把数据插入到数据表中，而倒数第 4 行语句调用的函数则是执行这条 SQL 指令，全部循环执行完毕之后，再一并调用 conn.commit()函数把变更提交给数据库（真正写入数据库的数据文件），完成新闻数据写入数据库的操作之后，最后关闭数据库的连接。程序执行完成后的结果，可以通过 DB Browser for SQLite 这个数据库管理程序来查看写入数据表的内容（对应的数据库文件是 sohunews.db），如图 10-14 所示。

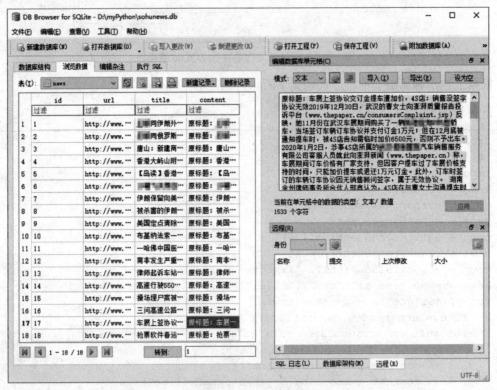

图 10-14　已把新闻内容存储到数据库的数据表中

在把新闻内容存储到数据库中的数据表中之后，可以随时使用程序把这些内容从数据库中取出,如此就不需要经常到网站上去提取同样的数据或内容,给别人的网站造成不必要的负担。参考第 8 课的内容, 从数据库中读取新闻内容的程序编写如下。

范例程序 10-18

```
import sqlite3
dbfile = "sohunews.db"
conn = sqlite3.connect(dbfile)

sql_str = "select * from news;"
rows = conn.execute(sql_str)
for row in rows:
    for field in row:
        print(field)
conn.close()
```

在范例程序 10-18 中, 只要使用 "select * from news;" 这一行 SQL 语句, 就可以找出在数据表中所有存储过的新闻内容。图 10-15 所示即为在 Jupyter Notebook 中执行结果的一部分内容。

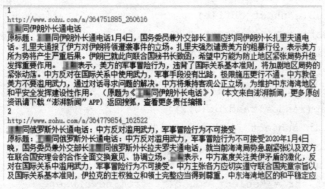

图 10-15　从数据库中直接取出之前存储的新闻内容

在了解了如何从数据库中取出数据之后, 计算当前数据库的新闻数量也很重要。下面的范例程序利用 "select count(*) from news;" SQL 指令来计算当前数据表中记录的新闻数量。

范例程序 10-19

```
import sqlite3
dbfile = "sohunews.db"
conn = sqlite3.connect(dbfile)

sql_str = "select count(*) from news;"
result = conn.execute(sql_str)
count = result.fetchone()[0]
print(count)
```

这个范例程序在执行之后会打印出当前数据表中记录的数量，也就是新闻内容的总数。为什么这个方法很重要呢？因为在执行前面介绍的提取新闻并添加数据项的程序时，如果不小心多执行了一次或更多次，我们将会发现在数据库中出现了很多重复项目（该程序在提取到新闻内容时并没有进行检查，提取到了新闻内容就立刻添加到数据库中，就算是一模一样的新闻内容也一样被添加进去）。

为了避免这种情况的发生，通过查询来验证当前要添加到数据库的新闻网址 url 是否已在数据表中，如果已有，就不去网站上重复提取新闻内容了，这样的话当然也就不会再重复存进数据库了，而是跳到下一个存储的新闻记录再进行检测。增加了查询代码的范例程序如下所示。

范例程序 10-20

```
from bs4 import BeautifulSoup
from bs4 import BeautifulSoup
import time, random
import sqlite3
import requests
url = "http://www.sohu.com/"
dbfile = "sohunews.db"
conn = sqlite3.connect(dbfile)
html = requests.get(url).text
soup = BeautifulSoup(html, "lxml")
news = soup.find_all("div",{"class":"list16"},limit=3)
for i, subject in enumerate(news):
    time.sleep(random.randint(0,2))
    for info in subject.find_all("li"):
        for title in info.find_all("a"):
            content_url = title["href"]
            sql_str = "select count(*) from news where
url='{}';".format(content_url)
            result = conn.execute(sql_str)
            count = result.fetchone()[0]
            if count == 0:
                content = requests.get(content_url).text
                content_soup = BeautifulSoup(content, "lxml")
                headline = content_soup.find("h1")
                print(headline.text.strip())
                article = content_soup.find("article", {"class":"article"})
                data = ""
                for art in article.find_all("p"):
                    data = data + art.text
                data = data.replace("'", "")
```

```
                data = data.replace('"', "")
                sql_str = "insert into news(url, title, content)
values('{}','{}','{}');".format(content_url, headline.text.strip(), data)
                conn.execute(sql_str)
    conn.commit()
    conn.close()
    print("Done!")
```

如同之前的说明，范例程序 10-20 把提取到的每一个新闻标题的网址存放在 content_url 之后，使用以下这一行 SQL 指令进行查询：

```
    sql_str = "select count(*) from news where url='{}';".format(content_url)
```

同样都是使用 select count(*) from news 的 SQL 指令，但是多加了 where 子句，把 content_url 当作是参数来进行数据库搜索的操作。这条指令执行之后，如果该网址在数据库中已可找到，则得到的数值存放在 count 中是大于 0 的数字，只有发现 count 的值是 0，才会进一步从网页提取新闻标题、新闻内容并把提取到的信息存储到数据库中。

还有另外一个问题，当我们在执行 INSERT INTO 时，如果新闻的内容中有单引号或双引号，就会造成 SQL 指令的错误，因为单引号是 SQL 指令中的字符串开始或结束符号。因此，在建立 INSERT INTO 指令之前，我们还要多做以下两项操作，即把单引号和双引号都删除：

```
        data = data.replace("'", "")
        data = data.replace('"', "")
```

读者可以在不同的时间执行这个程序，看看是否可以顺利地把新加入的新闻添加到数据库中而不会有重复的项目。如果因为程序设计出了一些小小的问题而造成数据内容重复，也可以直接进入 DB Browser for SQLite 程序对数据表的内容进行编辑。

10.5　习题

1. 任选一个网站，说明其网址的组成结构。
2. 任选一个具有新闻频道的网站，编写一个程序自动找出所有不同新闻的网址代码。
3. 找出任意一个具有排行榜列表的网站，设计一个程序可以利用该网页进行查榜的服务。
4. 设计一个程序，可以到网上书店（网站）找出某一作者的所有图书信息并列出摘要信息。
5. 说明如何在提取新闻标题时检查是否有更新的新闻内容需要下载到本地计算机的数据库中。

第 11 课

数据可视化与图表绘制

　　俗话说："一图胜过千言万语"。在数据的世界也是一样的，有些时候，一堆对数据的描述还不及一张图让人们更容易理解。在本书前面的几堂课中曾经简单介绍了如何使用 Python turtle 和 pygame 进行几何图形的绘制，也使用过 matplotlib 绘制简单的图表。turtle 的主要的目的是绘制出有趣的图形，而 matplotlib 的目的则是根据现有的数据以图表的方式呈现出来。在这一堂课中，我们将深入探讨 matplotlib 模块的功能，并根据从网络上提取到的数据绘制出分析用的图表。

11.1　matplotlib.pyplot 模块介绍

　　在前面几堂课的内容中我们曾经介绍过简单的图表绘制,这些图表简单地看就是在二维平面上的一些坐标点的集合, 每一个点都有 x 坐标和 y 坐标, 如果把这些坐标点都连接起来, 就形成了一些线图。当然, 也可以根据不同数据的特性绘制出散点图(或称为散布图)、直方图或饼图等, 只要把数据点准备好, 其他工作就交给 matplotlib 模块去完成。

　　使用 matplotlib.pyplot 模块之前, 要先确定我们的 Python 执行环境中是否已安装了这个模块, 一般来说, 只要是使用 Anaconda 安装的 Python 环境, matplotlib 这个模块就是默认的程序包之一。接下来的所有范例程序都是在 Jupyter Notebook 中执行的, 为了要让绘制出来的图表嵌在 Jupyter Notebook 的输出窗格中, 在程序代码的第一行需要使用 "%matplotlib inline" 指令, 如果读者是在其他的 Python 环境中执行本堂课的范例程序(例如 Python Shell、IPython 或是 Spider 等), 则不需要这条指令。

　　matplotlib 程序包中有许多的模块可以使用, 但是大部分初学者所需要使用的函数都在 matplotlib.pyplot 中。为了使用上的便利, 在用 import 指令导入这个模块时可以使用别名的方式 "import matplotlib.pyplot as plt", 之后在程序中使用 plt 即可调用所需的绘图函数。以下是一个绘制简单线条的范例程序。

　　范例程序 11-1

```
%matplotlib inline
import matplotlib.pyplot as plt
from matplotlib.font_manager import _rebuild
_rebuild()
plt.rcParams['font.sans-serif']=[u'SimHei']

chi = [56, 78, 87, 87, 75, 67, 90]
eng = [67, 87, 99, 89, 80, 90, 67]
mat = [98, 84, 86, 98, 98, 90, 84]

index = range(len(chi))
plt.plot(index, chi)
plt.plot(index, eng)
plt.plot(index, mat)
plt.xticks([i for i in range(len(chi))], ['平时考1','平时考2','平时考3','
平时考4', '平时考5', '期中考', '期末考'])
plt.ylim((0,120))
plt.show()
```

　　在这个范例程序中我们准备了 3 组数据, 分别用来存放 3 科成绩的列表变量 chi、eng 和 mat, 而在绘制图表时需要两个坐标轴的数据, 这 3 科成绩的数据将会被视为不同的 3 个线段所对应的 y 轴坐标值, 因此还需要 x 轴坐标值。由于分别记录了平时考 1~5 以及期中考和期末考的 3 科成绩，因此以简单索引值来代表这些考试的时段，此索引值从 0 开始，一直到考试的总次数减 1 为止（0~6 共 7 次考试成绩），因为是连续性的数字，所以就调用 index = range(len(chi)) 函数来产生这个数列。为了在 Jupyter Notebook 环境中显示出 x 轴坐标的中文刻度标签，所以用 from matplotlib.font_manager import _rebuild 语句导入了中文字体，而后执行 _rebuild() 和 plt.rcParams['font.sans-serif']=['SimHei'] 语句指定使用黑体。如果发现依然还是不能在 matplotlib 图表中显示中文，请参考本节后文中"在 Windows 操作系统中设置 matplotlib 中文显示"部分的内容。

有了 x 轴和 y 轴的列表数据，请注意，两者的列表长度必须一致，因为每一个坐标点都同时需要一对(x, y)坐标，之后调用 plt.plot(index, chi)、plt.plot(index, eng)和 plt.plot(index, mat)函数即可绘制出 7 次考试的语文、英语和数学成绩。范例程序 11-1 的执行结果如图 11-1 所示。

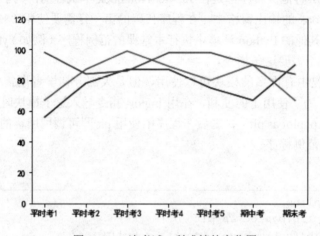

图 11-1　7 次考试 3 科成绩的变化图

在绘制图表的范例程序中除了调用 plt.plot()函数之外，还调用了 plt.ylim()、plt.xticks()以及 plt.show()函数等，其中 plt.plot()函数用于绘制每一条线段，而 plt.ylim()函数和 plt.xticks()函数用来设置图形的属性，最后 plt.show()函数则是把最终的结果真正地呈现出来。简单地说，使用 matplotlib.pyplot 绘制图表的步骤如下：

（1）准备绘制图表用的数据，放在列表中（根据图表的特性准备所需的数据项，大部分的图表至少都需要有 x 轴和 y 轴的坐标值）。

（2）调用 plt.plot()函数绘制出图表。

（3）通过一些设置属性的函数调整图表的呈现方式。

（4）调用 plt.show()把最终的结果呈现出来。

其中第 2 步和第 3 步可以交替使用并不会影响到图表的呈现结果，除非特别指定，否则每一次调用 plt.plot()函数都会在总图表中加一条线图上去，而线图的颜色由系统自行选定，也可以由编程人员自行在函数参数中进行设置。

回到之前的范例程序，成绩一般介于 0~100 分之间，系统会自动按照 y 轴的分数自行调整，并不一定能够符合我们设计的需求或想法，因此在程序中调用了 plt.ylim((0, 120))函数强

制要求 y 轴的绘图范围是 0~120，让 y 轴画起来更美观一些。当然，有 ylim()函数也就有 xlim()
函数，后者是用来设置 x 轴坐标绘图范围的。

另外，在 x 轴部分，由于这些成绩分别来自于不同的 7 次考试，而我们传进去用来绘图的
x 坐标值是 0~6 的数字，在图表呈现时希望能够以该次成绩是来自于哪一次考试来表示，于是
调用了 plt.xticks()函数，在第 1 个参数的位置指定要设置刻度标签的数值，而第 2 个参数则是
设置该数值所对应的文字内容，如此就让 x 坐标轴的刻度可以变成以文字的方式来呈现了。如
果在程序中没有调用 ylim()函数和 xticks()函数，执行结果将如图 11-2 所示，读者可以比较它
和图 11-1 之间的差异。

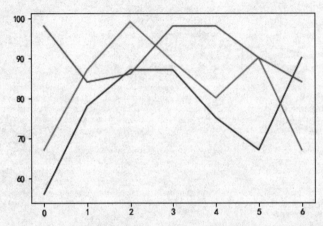

图 11-2　没有调用 ylim()函数和 xticks()函数所绘制出来的图表

要特别注意的是，matplotlib 本身一开始并不支持中文字的输出，所以如果读者没有进行
一些设置上的调整，所有的中文都会变成一个方框而看不到。以下是笔者在编写本书时，在所
使用的 matplotlib 以及操作系统版本中要让 matplotlib 可以显示中文的步骤。

11.1.1　在 Windows 操作系统中设置 matplotlib 中文显示

在 Windows 操作系统中要让 matplotlib 图表显示中文字体，需要一个 TTF 字体文件，我
们可以从 Windows 操作系统的字体文件中寻找，或是直接到网络上下载名为的 simhei.ttf 这个
字体文件。为了简化示范的过程，我们直接使用 simhei.ttf（如果读者的系统中没有这个字体
文件，可以通过搜索引擎下载一个免费的版本）。

接下来把 simhei.ttf 文件复制到 matplotlib 程序包存储字体文件的文件夹下，这个文件夹的
相对路径是\Lib\site-packages\matplotlib\mpl-data\fonts\ttf，如果使用的是 Anaconda 安装的
Python 执行环境，那么这个字体文件就在当初把 Anaconda 安装的文件夹之下，也就是在这个
相对路径的前面加上安装 Anaconda 的路径，例如把 Anaconda3 安装到 d:\anaconda3 之下，则
可以把 simhei.ttf 下载解压到 d:\anaconda3\Lib\site-packages\matplotlib\mpl-data\fonts\ttf 的文件
夹中。

接着，回到上两层文件夹，在此例中是 d:\anaconda3\Lib\site-packages\matplotlib\mpl-data。
在此目录下可以找到 matplotlibrc 这个配置文件，使用程序代码编辑器（或是普通的文本编辑

器）打开这个文件，把大约在 196 行的 font-family 以及 208 行处的 font.sans-serif 这两行前面的注释删除，并在 font.sans-serif 这行的字体设置处按照图 11-3 中箭头所指的地方加上 simhei 这个字体的文件名。

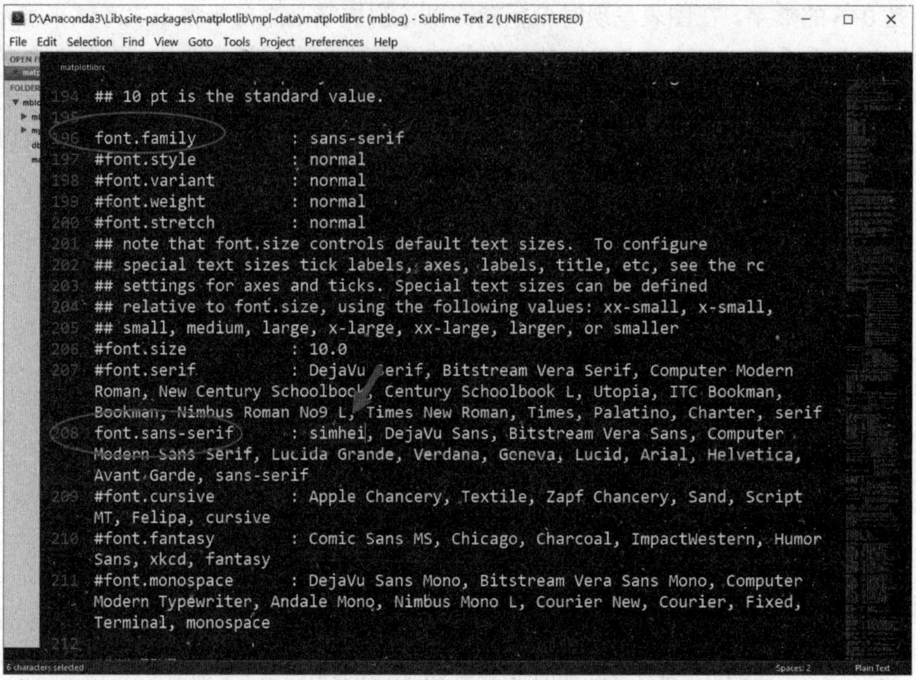

图 11-3　修改 matplotlib 的 matplotlibrc 配置文件

在完成前面的设置之后，日后在程序中只要加上以下这 3 行语句（前两行只要在 Python 环境中执行过一次即可），之后就可以在 matplotlib 图表中显示中文了：

```
from matplotlib.font_manager import _rebuild
_rebuild()
plt.rcParams['font.sans-serif'] = [u'SimHei']
```

如果在修改设置之后中文字还是不能显示,请检查字体文件是否存放在正确的文件夹中以及配置文件的名字是否拼写错了。另外，也可能需要先退出 Jupyter Notebook，再重新启动一次看看。

11.1.2　在 Mac OS 操作系统中设置 matplotlib 中文显示

在 Mac OS 操作系统的设置方式和前面介绍的在 Windows 操作系统的设置方式基本上是相同的，只是在安装的路径上可能有所差异。通常，Mac OS 的 Anaconda 一般是安装在用户个人的文件夹下，因此在前往寻找配置文件时都会在路径的前面加上一个"~"符号，代表个人文件夹下的路径；而且不同于 Windows 操作系统，在 Mac OS 操作系统下路径的名称要注意字母的大小写。

设置的文件夹的位置是"~/anaconda3/lib/python3.6/site-packages/matplotlib/mpl-data"，字

体文件要复制到此文件夹之下的"/fonts/ttf"中。配置文件也是 matplotlibrc，请使用文字编辑器打开这个配置文件，同样找到 font-family 和 font.sans_serif 进行相同的调整。此外，如果负号显示有问题，就找到 axes.unicode_minus 这一行的设置，把原有的 True 改为 False 即可。

11.1.3　在 matplotlib 中绘制函数图形

在前面小节所介绍的例子中，要绘制的图表是自行准备的列表数据，其实除了自行准备的数据之外，我们也经常使用 matplotlib 来绘制数学中的函数图形。以三角函数为例，绘制 sin 和 cos 的函数图形，参考下面的范例程序。

范例程序 11-2

```
1: %matplotlib inline
2: import matplotlib.pyplot as plt
3: import numpy as np

4: x = np.linspace(-2*np.pi, 2*np.pi, 100)
5: plt.plot(x, np.sin(x))
6: plt.plot(x, np.cos(x))
7: plt.show()
```

为了便于使用列表计算，在这个范例程序中使用了 NumPy 这个科学计算用的模块（或称为程序包），它提供了许多数学函数以及快速的列表计算功能。其中，linspace()函数的使用方法如下：

```
linspace(起始值，结束值，数量)
```

这个函数会从起始值开始一直到结束值，均匀地产生指定数量的中间值作为一个列表的元素，即生成一个列表。在这个例子中，我们就在-2π到 2π之间产生 100 个数值并存放到 x 列表变量中，之后只要调用 np.sin(x)函数，即可产生在 x 列表变量中所有数值对应的 sin 函数值，也就是形成另外一个列表以供使用。在范例程序 11-2 中的第 5 行（np.sin(x)）和第 6 行（np.cos(x)）中，x 是一个列表，而调用 NumPy 模块的函数去执行计算，因此只要一行语句就可以按序把 x 中的所有数值数据都取出来计算，再把计算结果存成一个列表返回。这些工作在传统的列表变量中是需要以循环的方式来完成的，由此可见 NumPy 模块提供的功能非常强大。参考以下程序代码，读者即可比较出其中的差异。

范例程序 11-3

```
1: import numpy as np
2: x = [1, 2, 3, 4, 5]
3: y = [2, 4, 6, 8, 10]
4: np_x = np.array([1, 2, 3, 4, 5])
5: np_y = np.array([2, 4, 6, 8, 10])
6: print(x+y)
```

```
7: # print(x*y) #执行这行会出现错误
8: print(np_x + np_y)
9: print(np_x * np_y)
```

程序的第 7 行是没有办法执行的，因为传统的列表是不能够相乘的，在这个例子中我们只是把它列出来比较而已，所以加上一个注释注明一下。x 和 y 这两个列表只是一般的 Python 列表，而 np_x 和 np_y 则是 NumPy 定义的数组。从执行的结果可以看出，传统的 Python 列表相加是把列表串接在一起，NumPy 数组则可以进行逐元素的计算（加减乘除都没有问题）。范例程序 11-3 的执行结果如下所示：

```
[1, 2, 3, 4, 5, 2, 4, 6, 8, 10]
[ 3  6  9 12 15]
[ 2  8 18 32 50]
```

有了 NumPy 模块中的这些函数，就可以轻松地计算出可以用来绘制函数图形的列表数据。范例程序 11-2 的执行结果如图 11-4 所示。

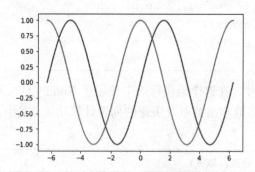

图 11-4　绘制 sin 和 cos 的函数图形

为了让图形更像函数图形的绘图惯例，在 matplotlib.pyplot 中有许多用于调整图表外观的函数可以使用，下面先来看看我们调整之后的结果（见图 11-5）。

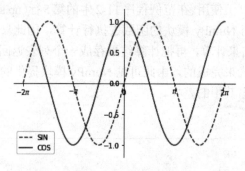

图 11-5　更符合函数图形绘制惯例的图表

调整外观的这些程序代码如下所示。

范例程序 11-4

```
1: %matplotlib inline
2: import matplotlib.pyplot as plt
3: import numpy as np

4: x = np.linspace(-2*np.pi, 2*np.pi, 100)
5: plt.ylim((-1.2, 1.2))
6: plt.plot(x, np.sin(x), label="SIN", linestyle="--")
7: plt.plot(x, np.cos(x), label="COS", color="red")
8: plt.xticks([-2*np.pi, -np.pi, 0, np.pi, 2*np.pi], [r'$-2\pi$', r'$-\pi$',
   r'$0$', r'$\pi$', r'$2\pi$'])
9: plt.legend()
10:ax = plt.gca()
11:ax.spines['right'].set_color('none')
12:ax.spines['top'].set_color('none')
13:ax.spines['left'].set_position(('data', 0))
14:ax.spines['bottom'].set_position(('data', 0))
15:plt.show()
```

在这个范例程序中额外使用了调整图表属性的部分，先是在 plot() 函数中使用 label 参数来设置每一个线条的标签，之后调用 plt.legend() 函数绘制出图例。此外，除了实心线条之外，也可以利用 linestyle 参数来设置虚线或其他的线条类型，color 就是用来指定线条颜色的参数。

在 xticks() 函数中，为了让希腊字母可以显示出来，在后面的参数列表中使用了"r'-2π'"的设置字符串，前后的两个货币符号代表这个字符串要以数学公式表示法的方式来解读（详细的设置方式请参考网址 https://matplotlib.org/users/mathtext.html），如此就可以在图表中的刻度标签中顺利地显示出"π"这个符号。

在 plt.show() 函数前面的 5 行语句（第 10~14 行）的目的是为了要把坐标轴放在图表的正中央。调用 plt.gca() 函数取得这张图表的 Axes 对象存放在 ax 变量中，之后使用 ax.spines['right'] 取得这张图表的右侧外框线（其他的 top、left、bottom 则分别是上、左以及下侧外框线），通过 set_color() 函数设置颜色，在此我们把它设置为 'none'，表示不需要这条外框线；而 set_position() 则是用来设置框线位置的函数，在此例中指定了要设置在数据为 0 的位置处，在这个例子中正好是整个图形正中央的位置。

在上面的例子中，每次加上一个 plot() 函数就会在同一张图表中多加上一条线段，如果想要让不同的线段放在相同的图表上，只要在每一个新的绘图指令之前加上一个 plt.figure() 函数，就会产生一个新的图表以绘制接下来的图形，请参考以下的程序代码。

范例程序 11-5

```
import matplotlib.pyplot as plt
import numpy as np

x = np.linspace(-2*np.pi, 2*np.pi, 100)
plt.figure()
plt.xticks([-2*np.pi, -np.pi, 0, np.pi, 2*np.pi], [r'$-2\pi$', r'$-\pi$',
r'$0$', r'$\pi$', r'$2\pi$'])
plt.plot(x, np.sin(x))
```

```
plt.figure()
plt.xticks([-2*np.pi, -np.pi, 0, np.pi, 2*np.pi], [r'$-2\pi$', r'$-\pi$',
r'$0$', r'$\pi$', r'$2\pi$'])
plt.plot(x, np.cos(x))
plt.show()
```

在这个范例程序中调用了 2 个 plt.figure()函数，因此产生了 2 张图表，如图 11-6 所示。

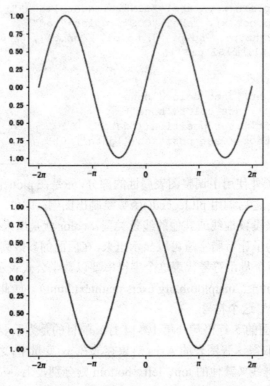

图 11-6　调用 plt.figure()产生新的图表

如果想要建立的是在一张大图中的几张小图，则可以搭配 plt.subplot()函数，每次在绘图之前，先调用 subplot()函数指定要绘制的是以网格划分单位的哪一个小图，例如：

```
plt.subplot(2, 2, 1)
```

这条语句的含义是把大图分割成 2 行乘以 2 列的子图网格，当前要画的是第 1 张小图，等第 1 张小图的内容绘制完毕之后，再调用 plt.subplot(2, 2, 2)绘制第 2 张小图，以此类推。下面的程序代码是把 3 张小图绘制在同一张大图中的例子。

范例程序 11-6

```
%matplotlib inline
import matplotlib.pyplot as plt
import numpy as np

x = np.linspace(0, 2*np.pi, 100)
```

```
plt.subplot(2, 2, 1)
plt.plot(np.cos(2*x), np.sin(3*x))

plt.subplot(2, 2, 2)
plt.xticks([0, np.pi, 2*np.pi], [r'$0$', r'$\pi$', r'$2\pi$'])
plt.plot(x, np.sin(3*x))

plt.subplot(2, 2, 3)
plt.xticks([0, np.pi, 2*np.pi], [r'$0$', r'$\pi$', r'$2\pi$'])
plt.plot(x, np.cos(2*x))
plt.show()
```

范例程序 11-6 的输出结果如图 11-7 所示,是否和你想象的一样呢?

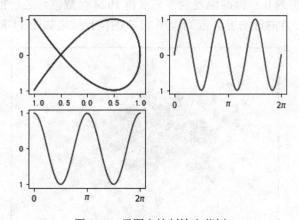

图 11-7 子图表绘制输出范例

在了解了 matplotlib 基本绘制图表的方式后,在下一节中我们将介绍其他常见的统计图表的绘制方法。

11.2 各种图表的绘制

11.2.1 散点图

除了线条图之外,matplotlib.pyplot 还支持许多不同类型图表的绘制功能,其中之一就是散点图(或称为散布图),范例程序如下。

范例程序 11-7

```
#散点图范例一
%matplotlib inline
import matplotlib.pyplot as plt
import numpy as np
```

```
plt.xlim(-3, 3)
plt.ylim(-3, 3)
x1 = np.random.normal(0, 1, 1024)
y1 = np.random.normal(0, 1, 1024)
plt.scatter(x1, y1, alpha=0.3)
plt.show()
```

与前面绘制线条图调用的 plot()函数不同，散点图调用的是 scatter()函数，在简单的应用中，它会把传进去的列表数据按(x, y)坐标直接"点"在图表上而不会把它们连接在一起。为了准备要绘制的数据，在这里我们调用的是 np.random.normal(0, 1, 1024)这个函数，按正态分布的随机取数方式，以均值为 0 和标准偏差为 1 来取得 1024 个数值，之后把它们绘制在图表上，而 alpha 指的是每一个点的透明度。范例程序 11-7 的执行结果如图 11-8 所示。

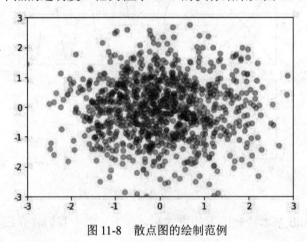

图 11-8　散点图的绘制范例

scatter()函数有许多参数可以使用，详细的使用说明可以参考网址 https://matplotlib.org/api/_as_gen/matplotlib.pyplot.scatter.html。散点图经常用于比较具有两个不同属性的数据之间的关联关系。例如，在某一次程序设计在线考试中，把每一名同学实际获得的成绩和他上机完成考试的时间作为数据拿来绘制散点图，如范例程序 11-8 所示。

范例程序 11-8

```
%matplotlib inline
import matplotlib.pyplot as plt
import numpy as np

plt.rcParams['font.sans-serif'] = [u'SimHei']

minutes = [45, 34, 56, 77, 90, 90, 90, 34, 45, 44, 80, 15, 10, 12]
scores =  [90, 80, 100, 65, 5, 30, 55, 100, 90, 80, 60, 5, 0, 10]
plt.xlabel('答题时间')
plt.ylabel('分数')
```

```
plt.scatter(minutes, scores)
plt.show()
```

在这个范例程序中，我们准备了两组列表数据，分别是用来记录答题时间的 minutes 列表以及用来记录最终成绩的 scores 列表变量，把这两个列表变量作为参数传递到 scatter()函数中即可绘制散点图，范例程序 11-8 的执行结果如图 11-9 所示。

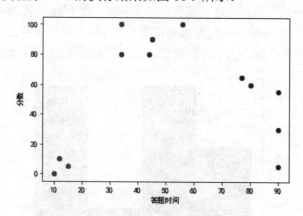

图 11-9　以散点图来呈现答题时间和分数的关系

从散点图所呈现出来的结果可知，在这次的考试中，20 分钟之内就离开的同学成绩都非常低，显然是放弃了此次考试；在合理的时间内完成的同学属于高分群体；至于撑到最后的同学，有些是做不出来，有些则可能花了许多时间在解一些不太会的题目，成绩分布范围较广。

11.2.2　直方图

另外一个常见的图表是直方图（Histogram），是用于在同一个数据集（Dataset）中估计某些近似内容个数差异的一种图形。例如，我们有一组学生的成绩，想知道学生成绩的分布情况，就需要去计算 0~10 分、10 到 20 分等各个分数段内学生的人数，用直方图可以非常方便地呈现这种分布情况。下面还是以前面的学生答题时间和分数的数据为例，用直方图来呈现学生在两个数据中的分布情况。

范例程序 11-9

```
#直方图
%matplotlib inline
import matplotlib.pyplot as plt
minutes = [45, 34, 56, 77, 90, 90, 90, 34, 45, 44, 80, 15, 10, 12]
scores = [90, 80, 100, 65, 5, 30, 55, 100, 90, 80, 60, 5, 0, 10]

plt.rcParams['font.sans-serif'] = [u'SimHei']

plt.figure()
plt.xlabel('答题时间(分)')
plt.ylabel('人数')
plt.hist(minutes, bins=4, edgecolor='white', linewidth=1.2)
```

```
plt.figure()
plt.xlabel('分数')
plt.ylabel('人数')
plt.hist(scores, bins=4, color='red', edgecolor='white', linewidth=1.2)
plt.show()
```

除了给直方图 hist()函数传递颜色参数之外，还传递了 bins 参数，告诉 matplotlib 在这个直方图中打算把数据分成几组。在这个范例程序中，我们把 bins 设置为 4，表示绘制出来的图形会有 4 个直方的柱子，分别表示在把数据的范围分成 4 组之后属于各组中数据的个数是多少。图 11-10 即为执行后的直方图，为了方便对照，在这里调用 plt.figure()函数建立了两张图表。

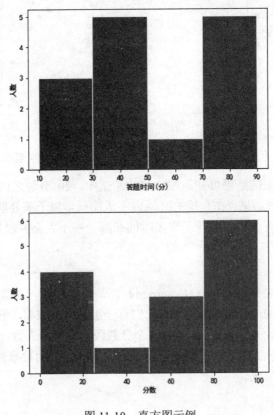

图 11-10　直方图示例

读者可以自行修改 bins 中的数值来观察绘制出来的图表差异。另外，为了更详细地比较，也可以提供更多的数据进行绘制后再观察。

11.2.3　饼图

在有些情况下我们比较喜欢了解各数据之间所呈现的比例，最佳图表非饼图莫属。下面我们以一个汽车厂商所销售的车型价格比例为例绘制图表。我们选用 Toyota、Lexus、Mazda 以及 Subaru 这 4 个品牌，根据 3 个不同售价的车型数量来进行统计，分别是少于 20 万、介于 20 万到 30 万以及 30 万以上的车型号的数目，接着调用 subplot()函数建立一个 2×2 的图表，分别绘制出饼图来进行比较，其程序代码如下所示。

范 例 程 序 11-10

```
#饼图
%matplotlib inline
import matplotlib.pyplot as plt
import numpy as np
toyota = [8, 4, 3]
lexus = [0, 2, 10]
mazda = [5, 4, 1]
subaru = [3, 6, 0]
labels = ['<20', '20~30', '>=30']
plt.subplot(2,2,1)
plt.pie(toyota, radius=1.2, labels=labels, shadow=True)
plt.title('Toyota')
plt.subplot(2,2,2)
plt.pie(lexus, radius=1.2, labels=labels, shadow=True)
plt.title('Lexus')
plt.subplot(2,2,3)
plt.pie(mazda, radius=1.2, labels=labels, shadow=True)
plt.title('Mazda')
plt.subplot(2,2,4)
plt.pie(subaru, radius=1.2, labels=labels, shadow=True)
plt.title('Subaru')
plt.show()
```

这个范例程序的执行结果如图 11-11 所示，通过比较这组图，大致就可以了解各个厂商在不同价位中车型所占比重的情况。

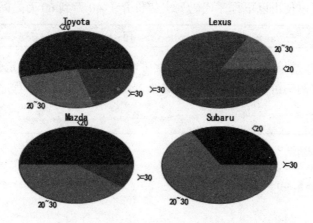

图 11-11　4 个厂商在不同价位车款数量比例的比较图

关于每一个厂商不同售价的车型比例，在这个例子中我们是以人工的方式使用数据源计算而来的，也就是说，要前往该汽车售价的网站中找出某一特定的品牌，列出所有车型的售价之后来计算各个车型在不同价格段的数量。这种方式有一个很大的缺点，就是当我们打算切换不同价格段时，就需要重新计算一次，而这样的工作其实是可以交由 NumPy 所提供的通用函数（ufuncs）来完成的。下面以 Lexus 为例来看看如何使用这个功能，该车厂在 2019 年上半年各车型的最低售价（非真实数据，作为例子而已）如下：

```
lexus_models = {
    'CT-200h': 35,
    'ES': 42,
    'GS': 55,
    'IS': 43,
    'LC': 135,
    'LS': 67,
    'LX': 29,
    'NX': 39,
    'RC': 61,
    'RX': 56,
    'RX L': 65,
    'UX': 35
           }
```

如上所示，lexus_models 是一个字典类型，因为我们感兴趣的是它们的售价，也就是这个字典中所有的数值，所以通过以下程序代码把它的售价转换成一个 NumPy 数组，其中.values()是用来取出字典类型中所有值的函数，但取出来的值并无法创建成 NumPy 数组，还要调用 list()函数把这些数值转换成列表类型：

```
lexus_prices = np.array(list(lexus_models.values()), dtype=np.int64)
```

这么转换后就可以使用以下程序代码列出售价介于 40 万到 60 万之间车型的数量：

```
print(np.count_nonzero((lexus_prices>=40)&(lexus_prices<=60)))
```

答案是 4 种型号。学会了此种方法，我们就可以在程序中自由地设定价格段以绘制出这些价格段中车型数量比例的饼图。以下是利用这个方法绘制饼图的范例程序。

范例程序 11-11

```
%matplotlib inline
import matplotlib.pyplot as plt
import numpy as np

lexus_models = {
    'CT-200h': 35,
    'ES': 42,
    'GS': 55,
```

```
    'IS': 43,
    'LC': 135,
    'LS': 67,
    'LX': 29,
    'NX': 39,
    'RC': 61,
    'RX': 56,
    'RX L': 65,
    'UX': 35
        }

lexus_prices = np.array(list(lexus_models.values()), dtype=np.int64)
lexus = list()
lexus.append(np.count_nonzero(lexus_prices<=40))
lexus.append(np.count_nonzero((lexus_prices>40)&(lexus_prices<=60)))
lexus.append(np.count_nonzero((lexus_prices>60)&(lexus_prices<=80)))
lexus.append(np.count_nonzero(lexus_prices>80))
labels = ['<=40', '41~60', '61~80', '>80']
explode = [0.2, 0, 0, 0]
plt.pie(lexus, explode=explode, autopct='%1.0f%%', radius=2.0,
labels=labels, shadow=True)
    plt.title('Lexus Models Prices')
    plt.show()
```

在范例程序 11-11 中我们分了 4 个价格段，并在 pie()函数中使用 explode 参数设置要绘制出切片的效果，同时也使用 autopct 参数把每一个价格段比例的百分比数显示在图表中。范例程序 11-11 绘制出的图表如图 11-12 所示。

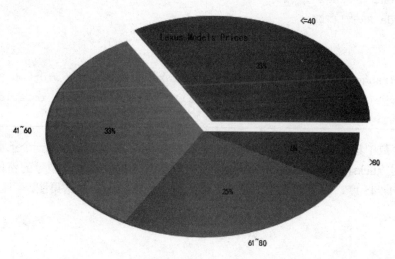

图 11-12　重新设置价格段后绘制的饼图范例

从上面这张图可以看出，Lexus 这个品牌的汽车所有销售的车型中，在 80 万以下的各个价格段内型号的数量比较平均，低于 40 万的型号数占了 33%，41~60 万的型号数占了 33%，61~80 万的型号占了 25%，以此类推。

11.2.4　条形图

条形图是除了折线图之外在统计分析上最常见的图表之一，通过条形图的绘制，可以明确地比较各数据的多寡（注意条形图和直方图很像，但是并不一样，条形图是用条形的高度表示统计值的大小，而直方图实际上是用长方形的面积表示统计值的大小）。以 2019 年某月份的汽车销售前 10 名的排行榜为例，可以通过以下程序绘制条形图来比较这 10 款汽车的销售数量。

范例程序 11-12

```
#条形图范例
%matplotlib inline
import matplotlib.pyplot as plt

ranking = {
    'Toyota RAV4': 2958,
    'CMC Veryca': 1312,
    'Nissan Kicks': 1267,
    'Honda CRV': 1209,
    'Toyota Sienta': 1163,
    'Toyota Yaris': 936,
    'Toyota': 911,
    'Ford Focus': 873,
    'M-Benz C-Class': 749,
    'Honda HR-V':704
}

plt.bar(range(len(ranking.values())),ranking.values(), width=0.8)
plt.xticks(range(len(ranking.values())), ranking.keys(), rotation=45)
plt.show()
```

在 bar() 函数中也是从字典类型中取出所有的值（Value），并设置每一个条形图的宽度为 0.8，另外调用 xticks() 从字典类型中取出所有的键（Key，也就是汽车型号的整体名称），并把这些车名转向 45 度，以避免文字的重叠。图 11-13 是绘制出来的结果图。

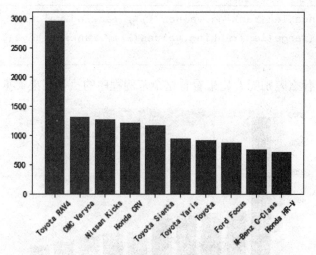

图 11-13　条形图绘制范例

11.3　图表显示技巧

　　在介绍了一些简易的统计图表绘制功能以及几种常见的图表之后,在本节中将介绍图表数据的准备以及对图表外观进行调整的技巧,让读者在绘制属于自己的图表时能够更得心应手。由于图表的绘制在数据分析领域非常重要,因此许多数据分析模块也内建了图表显示的功能和设置,下面先来看一个例子。

范例程序 11-13

```
1: %matplotlib inline
2: import matplotlib.pyplot as plt
3: import seaborn as sns

4: sns.set()
5: ranking = {
   'Toyota RAV4': 2958,
   'CMC Veryca': 1312,
   'Nissan Kicks': 1267,
   'Honda CRV': 1209,
   'Toyota Sienta': 1163,
   'Toyota Yaris': 936,
   'Toyota': 911,
   'Ford Focus': 873,
   'M-Benz C-Class': 749,
   'Honda HR-V':704
   }
```

```
6: plt.bar(range(len(ranking.values())), ranking.values(), width=0.8)
7: plt.xticks(range(len(ranking.values())), ranking.keys(), rotation=45)
8: plt.show()
```

和前面的程序有什么差别呢？先来看看这个范例程序的执行结果（见图 11-14）。

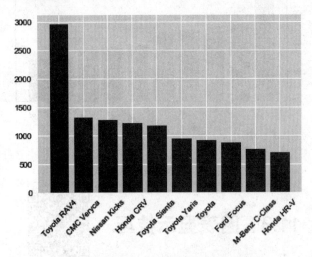

图 11-14　加上 seaborn 设置的条形图

答案就在第 3 行和第 4 行，这个范例程序中导入了 seaborn 这个模块并调用了此模块中的 set()函数。seaborn（网址为 https://seaborn.pydata.org/）是一套基于 Matplotlib 的统计图表数据可视化模块，它提供了许多高级的图表绘制 API，让用户可以利用它的 API 快速绘制出美观、常用的统计图表，其中 set()函数就是用来快速设置图表外观的函数，即使没有加上任何参数，只要调用一次 set()函数就可以立刻看到图表外观的改变（如果读者观察细致，图中的字体也就不一样了）。

在深入探讨 seaborn 所提供的图表之前，此模块还提供了一个有趣的功能，就是内建了许多的数据集可以使用，所提供的数据集都在这个网址中（https://github.com/mwaskom/seaborn-data）。在程序中调用 get_dataset_names()函数可以返回所有这些数据集的名称，这个函数返回的结果如下所示：

```
['anscombe',
 'attention',
 'brain_networks',
 'car_crashes',
 'diamonds',
 'dots',
 'exercise',
 'flights',
 'fmri',
 'gammas',
```

```
'iris',
'mpg',
'planets',
'tips',
'titanic']
```

这些数据集其实就是一些.csv 格式的数据文件，非常适合初学者用来练习图表的绘制。以 tips.csv 数据文件为例，用下面这段程序代码可以列出 tips.csv 中前面 5 行的数据内容（0 到 4 行）：

范例程序 11-14

```
%matplotlib inline
import seaborn as sns

tips = sns.load_dataset("tips")
print(tips.shape)
print(tips.head())
```

在这个范例程序中使用 load_dataset()函数加载 tips 数据库（注意，在这里不需要加上.csv 的文件扩展名），执行的结果如下所示：

```
(244, 7)
   total_bill   tip     sex smoker  day    time  size
0       16.99  1.01  Female     No  Sun  Dinner     2
1       10.34  1.66    Male     No  Sun  Dinner     3
2       21.01  3.50    Male     No  Sun  Dinner     3
3       23.68  3.31    Male     No  Sun  Dinner     2
4       24.59  3.61  Female     No  Sun  Dinner     4
```

先不管 tips 这个变量是什么类型，从输出的结果可知这个数据表共有 244 行，每一行有 7 个字段，这 7 个字段除了第 0 个字段的索引之外，其他的字段分别代表了账单总金额、小费、性别、是否抽烟、日期类型、用餐时段以及用餐人数。假设我们想要知道账单总金额和小费数量多寡之间的关系，可以使用如下所示的散点图绘制程序。

范例程序 11-15

```
%matplotlib inline
import seaborn as sns
import matplotlib.pyplot as plt
sns.set()
tips = sns.load_dataset("tips")
plt.scatter(tips.total_bill, tips.tip)
plt.xlabel("Total Bill")
```

```
plt.ylabel("Tip")
plt.show()
```

这个范例程序使用 tips.total_bill 和 tips.tip 分别取出 2 个字段的数据，然后传入 scatter()函数以绘制散点图。这个范例程序的执行结果如图 11-15 所示。

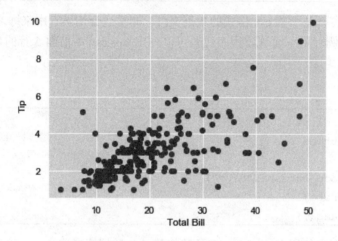

图 11-15 账单总金额和小费数量之间的关系图

如果我们想要了解男性和女性所给的小费是否有显著的差异,可以使用以下方式筛选出男性和女性给小费的账单（以下方法用到了 Pandas 模块的 DataFrame 功能，那个 tips 变量在调用 sns.load_dataset()函数加载之后就已经是 DataFrame 类型了，也只有这个类型的变量才可以进行以下操作）：

```
male_tips = tips[tips.sex=='Male']
female_tips = tips[tips.sex=='Female']
```

之后再分别把这两组数据画在同一张散点图上，程序代码如下所示。

范例程序 11-16

```
%matplotlib inline
import seaborn as sns
import matplotlib.pyplot as plt
sns.set(style="whitegrid")
tips = sns.load_dataset("tips")
male_tips = tips[tips.sex=='Male']
female_tips = tips[tips.sex=='Female']
plt.scatter(male_tips.total_bill, male_tips.tip, label="Male tips")
plt.scatter(female_tips.total_bill, female_tips.tip, label="Female tips")
plt.xlabel("Total Bill")
plt.ylabel("Tip")
plt.legend()
```

```
plt.show()
```

这个范例程序的执行结果如图 11-16 所示。

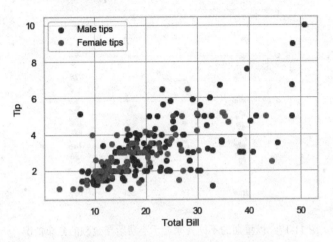

图 11-16　按性别分组对比给小费的金额

从图 11-16 可知，虽然在中间值的部分看不出显著的差异，但是似乎大笔的小费多出自男性之手，而那几笔小额的小费则是由较务实的女性所给予的。

如果只是加载数据集和调整图表的外观而已，那么 seaborn 模块也不会那么受欢迎了，因为更重要的是，seaborn 模块本身就支持一些用来进行数据分析的高级图表，以下是其中一个例子。

范例程序 11-17

```
%matplotlib inline
import seaborn as sns

tips = sns.load_dataset("tips")
sns.catplot(x='day', y='tip', data=tips)
```

这是一个以类别来区分数值分布形态的图表，在 x 轴显示的是一星期的哪一天，在这个数据集中包括了周四、周五、周六以及周日，而 y 轴显示的则是实际给的小费金额，图 11-17 是范例程序 11-17 的执行结果。注意，如果发现执行环境报出这个错误信息"AttributeError: module 'seaborn' has no attribute 'catplot'"，那么记得用如下命令之一升级 seaborn 模块：

```
pip3 install seaborn==0.9.0 或者 conda install seaborn==0.9.0
```

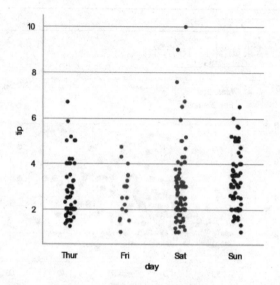

图 11-17　以星期的不同天来显示小费给予金额的分布情况

从图 11-17 中可以看出，在周六的时候有较多的大额小费，而周五的时候不仅用餐人数较少，而且给的小费也很少。

再来看看可怜的泰坦尼克号的数据分析。首先，调用 load_dataset("titanic")加载泰坦尼克号的数据集。

范例程序 11-18

```
%matplotlib inline
import seaborn as sns

titanic = sns.load_dataset("titanic")
print(titanic.head())
```

这个范例程序显示的结果如下：

	survived	pclass	sex	age	sibsp	parch	fare	embarked	class	\
0	0	3	male	22.0	1	0	7.2500	S	Third	
1	1	1	female	38.0	1	0	71.2833	C	First	
2	1	3	female	26.0	0	0	7.9250	S	Third	
3	1	1	female	35.0	1	0	53.1000	S	First	
4	0	3	male	35.0	0	0	8.0500	S	Third	

	who	adult_male	deck	embark_town	alive	alone
0	man	True	NaN	Southampton	no	False
1	woman	False	C	Cherbourg	yes	False
2	woman	False	NaN	Southampton	yes	True
3	woman	False	C	Southampton	yes	False
4	man	True	NaN	Southampton	no	True

这些字段包括是否存活、舱等、性别等，假设我们想要知道不同舱等存活人数是否有差异，可以使用以下程序来绘制。

范例程序 11-19

```
%matplotlib inline
import seaborn as sns

titanic = sns.load_dataset("titanic")
sns.countplot(x = 'class', hue = 'survived', data = titanic)
```

在 seaborn 中，可以调用 countplot() 函数来绘制各种类型的条形图。范例程序 11-19 的执行结果如图 11-18 所示。

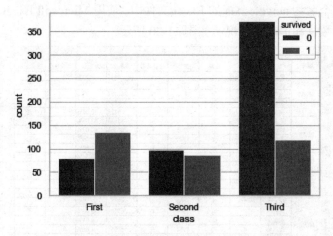

图 11-18　以舱等来查看泰坦尼克号上存活人数的差异

从图 11-18 中可知，三等舱的人数最多（因为人比较多的关系），但是罹难的比例也是最高的。如果把舱等 class 换成性别 sex，就可以看出在泰坦尼克号上的男性是多么勇敢与壮烈了，如图 11-19 所示。

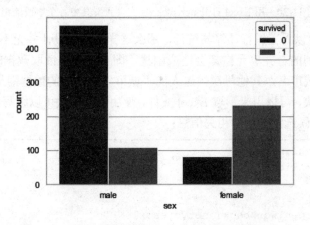

图 11-19　以性别来查看泰坦尼克号上存活人数的差异

本书介绍的 seaborn 图表只是冰山一角，如果读者想知道 seaborn 这个高级图表链接库具体有多强大的功能，请参考网页 https://gist.github.com/mwaskom/8224591。这个网页中使用 seaborn 对泰坦尼克号数据集绘制了数十张专业的图表。

11.4　数据提取与图表显示

在前面几节的内容中介绍了许多简易图表的绘制方法，图表虽然简单，但是只要用对地方，就可以让图表呈现出数据集在某些特征上的显著差异。如何对数据进行分析将在下一堂课中再进行讲解。在本节中，将先就搜集到的数据举几个绘制图表技巧应用的实际例子。

下面制作图表来比较分析一个网络投票的得票数（所用数据均为模拟数据，不是现实数据），统计数据存储在一个名为 netvotes.xls 的 Excel 文件中。使用 Microsoft Excel 打开这个文件，可以看到各个字段中数据和信息的情况，如图 11-20 所示。

城市	姓名	号次	性别	出生年份	推荐与否	得票数	得票率	本次当选	曾获奖否
	赵无忌	1	男	1992	无	8443	0.56%		否
	钱苏杭	2	男	1999	有	598600	39.70%		否
城市A	孙守仁	3	男	1998	有	247130	16.39%		否
	李世聪	4	男	2002	无	638256	42.33%	*	是
	周家驹	5	男	2000	无	5228	0.36%		否
	吴子敬	1	男	1996	有	881838	52.85%	*	否
城市B	郑宇航	2	男	1995	有	751356	45.03%		否
	王佳玉	3	女	1999	无	7675	0.46%		否
	冯申义	4	男	1996	无	14349	0.86%		否
城市C	陈永立	1	男	1993	有	800838	43.36%		否
	褚世通	2	男	1992	有	1037433	56.17%	*	否
城市D	卫致远	1	男	1996	无	16627	1.12%		否
	蒋卓然	2	男	1995	有	643270	43.33%		是
	沈雅芳	3	女	2001	有	820232	55.25%	*	否
	韩长风	1	男	2000	有	397547	37.25%	*	否
	杨鹤然	2	男	1999	有	352509	33.03%		否
城市E	朱凯义	3	男	1997	无	94023	8.81%		否
	秦普和	4	男	1994	无	50053	4.69%		否
	尤其佳	5	男	1993	无	128175	12.01%		否
	许福林	6	男	1991	无	43864	4.11%		否
	何文宇	1	男	1996	无	24724	2.32%		否
	吕子逸	2	男	1994	有	407200	38.21%		否
城市F	施文通	3	女	1996	无	53391	5.01%		否
	张北航	4	男	1998	无	6927	0.65%		否
	孔恒丰	5	男	1993	有	563430	52.87%	*	是

图 11-20　用 Excel 打开 netvotes.xls 文件查看其中各个字段的组成

如果在 Excel 中以人工进行计算与统计，那么这样的表格设计并无不妥；然而，要让程序来处理的话，第一列的合并单元格却会造成困扰，即在程序中读取数据时只有每个城市的 1 号候选人会被冠上城市名，其他号次候选人的"城市"这一项的数据则是空白的。Python 有一个名为 xlrd 的模块，可以用来读取 Excel 文件，使用这个模块可以编写如下的程序来显示出电子表格中前 10 行候选人得票的相关信息：

```
%matplotlib inline
import matplotlib.pyplot as plt
import xlrd

book = xlrd.open_workbook('netvotes.xls')
sheet = book.sheet_by_index(0)
```

```
for row in range(10):
    print(sheet.row_values(row))
```

在这个程序中，以 open_workbook()函数打开 Excel 文件，并把它的对象放入 book 变量中，之后即可调用 book.sheet_by_index(0)读取在 Excel 文件中的第一张工作表，并把工作表对象放在 sheet 变量中。那么如何取得每一笔数据呢？执行 sheet.row_values(n)，其中 n 就是我们要取得的每一行数据的编号，取出的结果会以列表的类型来存放，在此程序中就以 range(10)列出前 10 行数据。结果如下所示：

```
['城市', '姓名', '号次', '性别', '出生年份', '推荐与否', '得票数', '得票率', '本次
当选', '曾获奖否']
['城市A', '赵无忌', 1.0, '男', 1992.0, '无', 8443.0, 0.0056, ' ', '否']
['', '钱苏杭', 2.0, '男', 1999.0, '有', 598600.0, 0.397, ' ', '否']
['', '孙守仁', 3.0, '男', 1998.0, '有', 247130.0, 0.1639, ' ', '否']
['', '李世聪', 4.0, '男', 2002.0, '无', 638256.0, 0.4233, '*', '是']
['', '周家驹', 5.0, '男', 2000.0, '无', 5228.0, 0.0036, ' ', '否']
['城市B', '吴子敬', 1.0, '男', 1996.0, '有', 881838.0, 0.5285, '*', '否']
['', '郑宇航', 2.0, '男', 1995.0, '有', 751356.0, 0.4503, ' ', '否']
['', '王佳玉', 3.0, '女', 1999.0, '无', 7675.0, 0.0046, ' ', '否']
['', '冯申义', 4.0, '男', 1996.0, '无', 14349.0, 0.0086, ' ', '否']
```

从上面输出的数据可以看出，每一行都是一个列表类型，这是没有问题的，因为列表类型可以使用索引的方式取出每一个字段。问题在于第一列的数据（索引值是 0 的字段），只有每一个城市的 1 号候选人的这个字段具有值，即城市名，其他候选人的第一个字段全部都是空值。为了解决这个问题，下面的程序采用比较 "笨" 但是更好理解的方法来处理。首先，创建一个列表变量 table，以行为单位，使用一个循环把每一行数据都附加到 table 列表中：

```
rows = sheet.nrows
table = list()
for row in range(rows):
    table.append(sheet.row_values(row))
```

有了列表 table 之后，再用一个循环对 table 每一行的第一个字段（索引值是 0）进行检查，如果发现它是空字符串，则把前一行的那个字符串填到这个字段中，程序代码如下：

```
for row in range(rows):
    if table[row][0] == '':
        table[row][0] = table[row-1][0]
```

上面的程序执行完毕之后，在列表 table 中的所有行的第一个字段就都不会有空字符串了。接着，假设我们只对城市 E 的选票感兴趣，就可以通过以下循环找出城市 E 的所有候选人，并存放到 citye 这个字典变量中：

```
citye = dict()
```

```
for row in range(rows):
    if table[row][0] == '城市 E':
        citye[table[row][1]] = table[row][6]
print(citye)
```

执行这个程序片段，输出结果如下：

```
{'韩长风': 397547.0, '杨鹤然': 352509.0, '朱凯义': 94023.0, '秦晋和': 50053.0,
'尤其佳': 128175.0, '许福林': 43864.0}
```

之后，我们绘制各个候选人的得票数，程序代码如下：

```
1: plt.bar(range(len(citye)), citye.values(), facecolor="#99ccff")
2: plt.xticks(range(len(citye)), citye.keys())
3: plt.ylim((0, 400000))
4: for x, y in zip(range(len(citye)), citye.values()):
5:     plt.text(x-0.05, y+5000, "{:>8,.0f}".format(y), ha='center')
6: plt.rcParams['font.sans-serif'] = [u'SimHei']
7: plt.show()
```

上面程序片段的第一行使用条形图来绘制，它的值通过调用 citye.values() 函数从字典中取出。由于 x 轴需要有候选人的姓名，因此需要第二行调用 xticks() 函数来进行设置，而这次则是调用 citye.keys() 函数取出字典中的键（Key）。此外，在绘制出的条形图中我们希望能够在每一个条形图上端打印出得票数，这个就要调用 plt.text() 函数（一个在图表中输出文字的函数）了，先指定（x, y）坐标，再设置字符串，最后指定对齐的方式即可。

在程序中比较特别的是"zip(range(len(citye)), citye.values())"这一条语句，它把用来绘图的 x 和 y 值两两打包成一个列表，再通过 for 循环逐一拆解，所以在循环中就可以取出绘图时所使用的每一个条形图的绘制坐标，按照这个坐标进行一些位置上的调整即可在图上正确的位置显示出得票数了。这个范例程序的完整程序代码如下所示。

范例程序 11-20

```
%matplotlib inline
import matplotlib.pyplot as plt
import xlrd

book = xlrd.open_workbook('netvotes.xls')
sheet = book.sheet_by_index(0)
rows = sheet.nrows
table = list()
for row in range(rows):
    table.append(sheet.row_values(row))
for row in range(rows):
    if table[row][0] == '':
```

```
        table[row][0] = table[row-1][0]
citye = dict()
for row in range(rows):
    if table[row][0] == '城市E':
        citye[table[row][1]] = table[row][6]
print(citye)
plt.bar(range(len(citye)), citye.values(), facecolor="#99ccff")
plt.xticks(range(len(citye)), citye.keys())
plt.ylim((0, 400000))
for x, y in zip(range(len(citye)), citye.values()):
    plt.text(x-0.05, y+5000, "{:>8,.0f}".format(y), ha='center')
plt.rcParams['font.sans-serif'] = [u'SimHei']
plt.show()
```

这个范例程序的执行结果如图 11-21 所示。

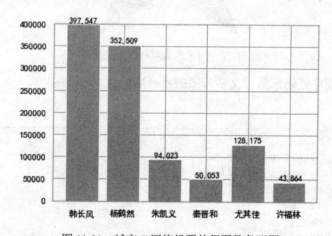

图 11-21　城市 E 网络投票的得票数条形图

除了传统的统计图表之外,有些人也使用 matplotlib 建立各种各样有趣的图表。其中的一个例子是文字云(也称为词云图、文字云图),以颜色和字体的大小来展现某一些字词在某些文本中出现的频率。此种图表不需要自行设计,直接导入现成的模块再加上正确的函数调用即可。经常使用的是 wordcloud 模块(官方说明文件网址为 https://github.com/amueller/word_cloud),由于它不是默认的 Python 模块,因此使用之前一定要先安装。wordcloud 模块的安装方式有两种。第一种是使用 pip install 命令来进行安装:

```
pip install wordcloud
```

如果这种方式在安装时发生错误,就使用下面的第二种方式:

```
conda install -c conda-forge wordcloud
```

顺利安装完成之后,还要准备好需要拿来分析的文章(在下面的例子中就用在本书前面章节中使用过的 sohuheadlines.txt）。如果要建立文字云图的文章内容是中文的，那么还需要一个中文字体文件，在这里可以使用在前面章节中下载的 simhei.ttf。最后，如果打算显示成特殊的形状，还需要准备一张白底的屏蔽图像文件。

在这个例子中，我们利用 Windows 操作系统的"画图"应用程序创建了一个星星符号的文件，如图 11-22 所示，并把它存成 star.jpg。

图 11-22　用来作为屏蔽的图像文件

接着使用以下程序代码来执行文字云图的绘制功能。

范例程序 11-21

```
%matplotlib inline
import matplotlib.pyplot as plt
from wordcloud import WordCloud
from PIL import Image
import numpy as np

f = open('sohuheadlines.txt','r', encoding='utf-8').read()
mask = np.array(Image.open('star.jpg'))
wordcloud = WordCloud(background_color="white", width=1000, height=860,
margin=2, font_path="simhei.ttf", mask=mask).generate(f)
plt.figure(figsize=(10,10))
plt.imshow(wordcloud)
plt.axis("off")
plt.show()
```

和前面的范例程序不一样的地方在于，范例程序 11-21 使用 from wordcloud import WordCloud 导入制作文字云图所需要的模块，之后把 sohuheadlines.txt 这个在前面章节中下载并存盘的新闻文件打开，读取并存放到 f 这个对象变量中，而用来屏蔽的图像文件 star.jpg 则是使用图像处理模块 PIL 中的 Image 来打开的，也就是把打开并读取的内容存放在变量 mask 中。最后的重点就是执行 WordCloud 这个初始化函数，这个函数有许多参数可以使用，详细的说明请参考官方的网页（https://pypi.org/project/wordcloud/）。

WordCloud 函数负责创建一个文字云图的对象，之后要通过 matplotlib.pyplot 的对象 plt

来完成显示的工作。在显示之前，可以调用 figure()设置图像的大小，并调用 axis("off")把坐标轴的标线先隐去。范例程序 11-21 的执行结果如图 11-23 所示。

图 11-23　WordCloud 所生成的文字云图

还记得之前我们使用数据库存储的新闻网站提取的信息吗？下一个范例程序的目的就是把之前存储的新闻内容取出来，并制成与图 11-23 类似的文字云图。不过，这一次我们要使用的是云的形状。读者可以自行绘制一个想要呈现的文字云图，或是直接使用本书所提供的 cloud.jpg。这个范例程序的代码如下。

范例程序 11-22

```
%matplotlib inline
import sqlite3
import matplotlib.pyplot as plt
from wordcloud import WordCloud
from PIL import Image
import numpy as np

dbfile = "sohunews.db"
conn = sqlite3.connect(dbfile)

sql_str = "select * from news;"
rows = conn.execute(sql_str)
all_news = ""
for row in rows:
    all_news += row[3]

mask = np.array(Image.open('cloud.jpg'))
wordcloud = WordCloud(background_color="white", width=1000, height=860,
margin=2, font_path="simhei.ttf", mask=mask).generate(all_news)
plt.figure(figsize=(10,10))
```

```
plt.imshow(wordcloud)
plt.axis("off")
plt.show()
```

由于之前把提取的新闻放在 sohunews.db 这个 SQLite 数据库文件中，因此调用 sqlite.connect(dbfile)函数连接这个数据库，再执行"select * from news"这条 SQL 指令以读取出所有的数据表内容，新闻内容的部分保存在数据表的第三个字段中，因此使用一个循环把所有行（数据记录）的第三个字段中的数据都存放到 all_news 这个字符串变量中。最后，与之前的范例程序 11-21 一样，把所有新闻内容作为参数都传入 WordCloud()函数中，调用后即可产生我们感兴趣的新闻数据文字云图了。范例程序 11-22 的执行结果如图 11-24 所示。

图 11-24　整理新闻内容所制作的文字云图

看了图 11-24 的执行结果之后可能不太满意，因为 WordCloud 在中文分词方面做得不够好，导致显示出来的不都是真正重要的词汇，而是一些固定会出现在新闻报导文章中的词汇。

为了解决这个问题，需要在将文字数据传递给 WordCloud 之前先自行进行整理，此时第 6 课所介绍的中文分词模块 jieba 可以再次派上用场。在下面的范例程序中，先使用 jieba 进行分词的工作，之后把一些显然不重要的新闻词汇和符号过滤掉，经过过滤整理的文句再交给 WordCloud 绘制文字云图。

范例程序 11-23

```
# stopWords.txt is from https://github.com/tomlinNTUB/Python-in-5-days
%matplotlib inline
import sqlite3
import matplotlib.pyplot as plt
from wordcloud import WordCloud
from PIL import Image
import numpy as np
import jieba
from collections import Counter

dbfile = "sohunews.db"
```

```
conn = sqlite3.connect(dbfile)

sql_str = "select * from news;"
rows = conn.execute(sql_str)
all_news = ""
for row in rows:
    all_news += row[3]

stopwords = list()
with open('stopWords.txt', 'rt', encoding='utf-8') as fp:
    stopwords = [word.strip() for word in fp.readlines()]

keyterms = [keyterm for keyterm in jieba.cut(all_news) if keyterm not in
stopwords]
text = ",".join(keyterms)
mask = np.array(Image.open('cloud.jpg'))
wordcloud = WordCloud(background_color="white", width=1000, height=860,
margin=2, font_path="simhei.ttf", mask=mask).generate(text)
plt.figure(figsize=(10,10))
plt.imshow(wordcloud)
plt.axis("off")
plt.show()
```

要被过滤处理掉的字词叫作停用词 stopword，它没有一定的版本，只要是在分析中不需要的词都可以列在这个列表中，之后在程序中可以用来执行检查过滤的操作。在这个例子中，把每一个停用词作为一行的方式存储到文本文件 stopWords.txt 中。这个文件可以自行创建，也可以在网络中搜索一个现成的再拿来修改，内容如图 11-25 所示。

图 11-25　停用词 stopWords.txt 文件在 Jupyter Notebook 中查看到的部分内容

在范例程序 11-23 中通过循环把 stopWords.txt 这个文件中的内容（停用词）以行的方式读入 stopwords 列表变量中，并调用 strip()函数逐一去除每一行后面的换行符。接着，执行下面这行程序语句过滤这些停用词：

```
keyterms = [keyterm for keyterm in jieba.cut(all_news) if keyterm not in
stopwords]
```

这行语句是一个列表生成语句，先调用 jieba.cut(all_news)函数对所有的新闻内容进行分词的工作，再通过循环取出每一个词放在 keyterm 中，当 keyterm 不属于停用词中的任何一个时才会把它放到 keyterms 列表变量中。在这行语句执行完毕之后，keyterms 列表变量就包含了所有新闻内容被分词并经过停用词过滤后所留下来的、比较有意义的关键词群了。

WordCloud 只能接受字符串来产生文字云图，它自己也有分词的功能，在这里我们使用以下语句把所有的 keyterms 列表中的元素连接成字符串：

```
text = ",".join(keyterms)
```

上面这行语句要求列表中所有的元素以逗号作为连接符号，对于 WordCloud 来说，标点符号就是最天然的分词符号，因此它会按照我们的分词结果来制作文字云图，结果如图 11-26 所示。

图 11-26　经过自行分词之后重新制作的文字云图

在经过我们的分词和过滤停用词的处理之后，很显然这个文字云图上的文字看起来有意义多了。

11.5　习题

1. 在范例程序 11-13 中（对应图 11-14），加上销售排行榜中各种车型的平均车价，再和销售量相对比，绘制出散点图。
2. 在 seaborn 提供的数据集中，任选其中 2 个数据集并说明其代表的含义。
3. 同第 2 题，根据所找到的数据集绘制出最适合的图表，并说明其意义。
4. 使用程序计算泰坦尼克号上不同等级舱室中乘客的存活率比较。
5. 自定义任意一个图形，以自己下载的新闻内容绘制出文字云图。

第 12 课

Python 数据分析入门

在前一堂课的图表绘制中，我们其实已经在使用 Pandas 进行数据分析工作了。数据分析并没有非常明确地界定什么才是以及什么才不是，对初学者而言，只要是能够善用一些程序工具，对一堆原始的数据内容进行整理、计算和统计之后，就能够帮助我们更了解这些数据所代表的含义，广义上来说这都可以算是数据分析。在这一堂课中，我们将带领读者学习 Python 中被用来进行数据分析的有趣模块和使用技巧。

12.1　Pandas 介绍与使用

在 Python 中，谈到数据分析，大家第一个想到的模块就是 Pandas。Pandas 链接库源于 2008 年，它的名字来自于 Panel Data。Pandas 提供了 3 种主要的数据结构（Series、DataFrame、Panel）供用户存储数据，并给用户提供了一套完整的操作逻辑用于对这些数据进行操作和分析。

在 Python 中，使用 Pandas 之前要先安装此模块。和之前一样，如果是使用 Anaconda 安装的 Python 环境，Pandas 应该可以直接使用。要使用 Pandas 模块，在程序中会以如下方式先导入此模块，并设置别名 pd：

```
import pandas as pd
```

之后，无论是要存储数据或是对数据进行操作，都是使用 pd 作为开头。如前所述，Pandas 支持 3 种存储数据的方法，常用的是 Series 和 DataFrame。Series 其实就是一维的数据结构，DataFrame 则是表格式的二维数据结构。

12.1.1　认识 Series

先来看看 Series 的样子。以下方式可以创建一个 Series（在 Jupyter Notebook 中输入以下程序代码并执行）：

```
import pandas as pd
data = pd.Series([45, 67, 85, 66, 98, 78, 69])
data
```

上面的程序片段在 Jupyter Notebook 中的执行结果如下：

```
0    45
1    67
2    85
3    66
4    98
5    78
6    69
dtype: int64
```

乍看之下很像是传统的 Python 列表，实际上可以把列表看成是 Series 的简化版。在 Series 数据中，每一个数据项都会使用同样的类型（在此例中为 int64）来存储，以加快操作的速度，而且每一个属性都有一个索引值与之对应，没有特别指定的话，默认以数字作为这些数据项的索引值。当然，索引值是可以在程序中定义的，假设上面程序片段中的数值是武当七侠某一次武术科目的成绩，那么在此可以加上一个姓名的列表 names，以这个列表的元素（数据项）作为 Series 的索引，请参考以下例子：

```
import pandas as pd
```

```
names = ['宋远桥', '俞莲舟', '俞岱岩', '张松溪', '张翠山', '殷梨亭', '莫声谷']
scores = pd.Series([45, 67, 85, 66, 98, 78, 69], index=names)
scores
```

这个程序片段的执行结果如下：

```
宋远桥    45
俞莲舟    67
俞岱岩    85
张松溪    66
张翠山    98
殷梨亭    78
莫声谷    69
dtype: int64
```

从输出的结果可知，原来和列表很像的数字索引现在已经变成武当七侠的姓名了，这样就很容易理解每一个数据项的含义了，看起来又很像是字典类型变量的特性。如果 Pandas 的功能只有这些，那么就没什么了不起了。下面来试试一个名为 describe() 的函数：

```
scores.describe()
```

输出的结果如下：

```
count     7.000000
mean     72.571429
std      16.721814
min      45.000000
25%      66.500000
50%      69.000000
75%      81.500000
max      98.000000
dtype: float64
```

这是对上述数据项的一个快速统计，count 代表数据个数，在此例中为 7；mean 代表平均值，也就是说武当七侠此次的武术科目成绩平均分数是 72.57 分；std 是标准偏差；min 是最低分；max 是最高分；其他的则分别是 25%、50% 以及 75% 的百分位数值（注：百分位数值是统计学上的概念，是指样本总体中，在此样本值以下的样本数占总样本数的百分比）。数据量少的时候看不出这类函数的重要性，当数据量非常大的时候，describe() 函数就相当于给我们提供了一个快速了解数据特性的强大工具。

对于数据的处理、筛选、计算等各种工作，Pandas 模块都可以协助我们以简单明了的方式完成。例如，下面的指令可以列出某一个人的数据项：

```
scores['张翠山']
```

执行结果如下：

```
98
```

下面的指令可以列出某个范围的成绩：

```
scores['俞莲舟':'张翠山']
```

执行结果是列出俞莲舟到张翠山之间所有人的成绩：

```
俞莲舟    67
俞岱岩    85
张松溪    66
张翠山    98
dtype: int64
```

下面的指令用于列出哪些人的成绩超过 80 分（超过 80 分的人会设置为 True，反之则是 False）：

```
scores>80
```

执行结果为：

```
宋远桥    False
俞莲舟    False
俞岱岩    True
张松溪    False
张翠山    True
殷梨亭    False
莫声谷    False
dtype: bool
```

下面的指令用于显示超过 80 分的名单（把上面的 True/False 列表应用进去，得到该项为 True 的人的数据项）：

```
scores[scores>80]
```

执行结果如下：

```
俞岱岩    85
张翠山    98
dtype: int64
```

帮每一个人都加 2 分，只要直接对 Series 变量执行加法运算即可，如下所示：

```
scores+2
```

执行结果和我们预期的一样，所有的数据项分别被加上 2 分，如下所示：

```
宋远桥       47
俞莲舟       69
俞岱岩       87
张松溪       68
张翠山      100
殷梨亭       80
莫声谷       71
dtype: int64
```

对于老师们经常使用的加分公式"开根号乘 10",也可以轻松完成。

范例程序 12-1

```
import pandas as pd
import numpy as np
names = ['宋远桥', '俞莲舟', '俞岱岩', '张松溪', '张翠山', '殷梨亭', '莫声谷']
scores = pd.Series([45, 67, 85, 66, 98, 78, 69], index=names)
np.round(np.sqrt(scores)*10)
```

由于 Pandas 是以数值处理模块 NumPy 为基础的,因此数学函数计算都是调用 NumPy 的函数,这也是为什么在程序中要先导入 NumPy 模块以及在函数前面都要加上 np.的原因。范例程序 12-1 的执行结果如下:

```
宋远桥       67.0
俞莲舟       82.0
俞岱岩       92.0
张松溪       81.0
张翠山       99.0
殷梨亭       88.0
莫声谷       83.0
dtype: float64
```

通过前面的这些介绍和实际应用,相信读者注意到,在把数据存放到 Pandas 的 Series 结构中之后,所有的计算都好像是在操作普通变量一样(在上面的例子中是 scores),这是由于 Pandas 在"幕后"完成了诸多工作,它会自动把所有的计算或操作应用到 scores 中的每一个数据项中,因此为我们省去了传统列表变量必须通过循环来逐项进行计算或操作的烦琐工作。

我们也可以自由地增删 scores 中的数据项,就像是字典类型的操作一样。假如,张无忌、宋青书以及周芷若后来也加入了这次武术科目的测验,我们可以利用下面的指令把他们的成绩也加入到 scores 中:

```
scores['张无忌'] = 99
scores['宋青书'] = 45
scores['周芷若'] = 100
```

删除数据项可以调用 drop() 函数。例如，想要找出武术科目成绩大于 80 分的人代表武当派到华山参加武林盟主挑战赛，不符合资格的人（也就是武术科目成绩低于 80 分的）可通过 scores[scores<80] 找出来，再利用找出的结果取出对应的索引值（在这个例子中是他们的姓名），以姓名为索引从 scores 中删除他们的数据项，留下来的就是可以参加武林盟主挑战赛的候选人，具体的指令如下：

```
candidates = scores.drop(labels=scores[scores<80].index)
```

这条指令的执行结果和我们预期的一样，候选者的名单如下：

```
俞岱岩      85
张翠山      98
张无忌      99
周芷若      100
dtype: int64
```

从上面的数据中我们只看得到每一位武林高手的一次武术科目成绩，如果要由一个数据表格维护每一次的成绩甚至是一些个人的相关信息（例如使用的武功招式、拿手技能或是属于哪一个门派等），就需要使用到 Pandas 的 DataFrame 了。

12.1.2 认识 DataFrame

其实，DataFrame 就是 Series 的二维版，也就是说 Series 是 DataFrame 的一维版。DataFrame 是一张在 Pandas 中的二维数据表，可以想象成是由许多 Series 所组成的表格。以前面 Series 的例子来看，假设我们有 3 次的武术科目成绩需要记录，则可以利用以下程序代码来创建这样的表格。

范例程序 12-2

```
import pandas as pd
names = ['宋远桥', '俞莲舟', '俞岱岩', '张松溪', '张翠山', '殷梨亭', '莫声谷']
score1 = [45, 67, 85, 66, 98, 78, 69]
score2 = [72, 85, 84, 68, 87, 90, 99]
score3 = [65, 84, 74, 65, 84, 88, 80]
data = pd.DataFrame([names, score1, score2, score3])
data
```

创建表格有多种方式，范例程序 12-2 使用的是一组列表变量（names, score1, score2, score3），之后通过调用 pd.DataFrame([name, score1, score2, score3]) 函数的方式创建一个新的 DataFrame，并赋值给 data，这其实就是把一个二维的列表转换成 DataFrame 的方法，范例程序 12-2 的执行结果如图 12-1 所示。

	0	1	2	3	4	5	6
0	宋远桥	俞莲舟	俞岱岩	张松溪	张翠山	殷梨亭	莫声谷
1	45	67	85	66	98	78	69
2	72	85	84	68	87	90	99
3	65	84	74	65	84	88	80

图 12-1　DataFrame 表现为二维列表的形式

　　当我们把这些列表数据放进去之后，它就会直接进行转换，而在 Jupyter Notebook 环境中输出时，系统还会自动输出成比较美观的表格形式。查看图 12-1 的内容，虽然所有的数据都放在 DataFrame 中了，可是排列的方式似乎和我们习惯的成绩单不太一样。没关系，使用下面这一行指令就可以轻松对这个表格执行转置操作（类似于矩阵的转置操作）：

```
data = data.T
```

　　新的执行结果如图 12-2 所示。

	0	1	2	3
0	宋远桥	45	72	65
1	俞莲舟	67	85	84
2	俞岱岩	85	84	74
3	张松溪	66	68	65
4	张翠山	98	87	84
5	殷梨亭	78	90	88
6	莫声谷	69	99	80

图 12-2　把表格转置后的结果

　　不过这张表格仍然不符合我们的需求，因为它的字段名（列）以及行索引名都是数字，这和列表没有什么两样，在 DataFrame 中很重要的一个特色就是索引名可以自定义成有意义的文字，下面的程序为 data 加入了字段名，并以其中的姓名字段作为每一行的索引名。

范例程序 12-3

```
import pandas as pd
names = ['宋远桥', '俞莲舟', '俞岱岩', '张松溪', '张翠山', '殷梨亭', '莫声谷']
score1 = [45, 67, 85, 66, 98, 78, 69]
score2 = [72, 85, 84, 68, 87, 90, 99]
score3 = [65, 84, 74, 65, 84, 88, 80]
columns = ['姓名', '内功', '拳术', '兵器']
data = pd.DataFrame([names, score1, score2, score3])
data = data.T
data.columns = columns
```

```
data = data.set_index('姓名')
data
```

加上以上这两行粗体语句之后，data 的内容就会变成如图 12-3 所示的样子。

	内功	拳术	兵器
姓名			
宋远桥	45	72	65
俞莲舟	67	85	84
俞岱岩	85	84	74
张松溪	66	68	65
张翠山	98	87	84
殷梨亭	78	90	88
莫声谷	69	99	80

图 12-3　以文字名称作为表格的索引

有了这些有含义的文字作为索引，我们对数据的理解就会更清楚了。和 Series 一样，也可以使用这些索引来选取想要呈现的数据，例如：

```
data['俞莲舟':'张翠山'][['内功','拳术']]
```

执行的结果如图 12-4 所示。

	内功	拳术
姓名		
俞莲舟	67	85
俞岱岩	85	84
张松溪	66	68
张翠山	98	87

图 12-4　使用索引找出特定范围的数据

当然，要进行计算也难不倒 Pandas。下面的程序语句可以计算出武当七侠在这一次比赛中的总分和平均分：

```
data['总分'] = data.sum(axis=1)
data['平均分'] = data[['内功','拳术','兵器']].mean(axis=1)
```

执行的结果如图 12-5 所示。

姓名	内功	拳术	兵器	总分	平均分
宋远桥	45	72	65	182.0	60.666667
俞莲舟	67	85	84	236.0	78.666667
俞岱岩	85	84	74	243.0	81.000000
张松溪	66	68	65	199.0	66.333333
张翠山	98	87	84	269.0	89.666667
殷梨亭	78	90	88	256.0	85.333333
莫声谷	69	99	80	248.0	82.666667

图 12-5　调用 Pandas 内建的函数计算总分及平均分

因为是以行为计算对象，所以在函数中要加上 axis=1，这样才能够针对行进行加总和计算平均成绩。有了这个成绩单，也就可以找出平均分大于 80 分的候选人了，筛选的程序语句如下：

```
candidates = data.drop(labels=data[data['平均分']<80].index)
```

执行的结果如图 12-6 所示。

姓名	内功	拳术	兵器	总分	平均分
俞岱岩	85	84	74	243.0	81.000000
张翠山	98	87	84	269.0	89.666667
殷梨亭	78	90	88	256.0	85.333333
莫声谷	69	99	80	248.0	82.666667

图 12-6　根据平均分来找出候选人

如果要计算的是每一科的平均分，则使用如下的程序语句：

```
data.mean()
```

执行的结果如下所示。由此可见，在这一系列的测验中，大家的拳脚工夫还是比其他的项目好：

```
内功    72.571429
拳术    83.571429
兵器    77.142857
dtype: float64
```

当然，调用 data.describe()函数可以得到更多说明，但是在调用 describe()之前，需要先把所有的内容转换成数值形式（在此例中转换为 np.int64，也就是整数类型，调用 applymap()函数来进行转换）。

范例程序 12-4

```
import pandas as pd
import numpy as np
names = ['宋远桥', '俞莲舟', '俞岱岩', '张松溪', '张翠山', '殷梨亭', '莫声谷']
score1 = [45, 67, 85, 66, 98, 78, 69]
score2 = [72, 85, 84, 68, 87, 90, 99]
score3 = [65, 84, 74, 65, 84, 88, 80]
columns = ['姓名', '内功', '拳术', '兵器']
data = pd.DataFrame([names, score1, score2, score3])
data = data.T
data.columns = columns
data = data.set_index('姓名')
data = data.applymap(np.int64)
data.describe()
```

这个范例程序的执行结果如图 12-7 所示。

	内功	拳术	兵器
count	7.000000	7.000000	7.000000
mean	72.571429	83.571429	77.142857
std	16.721814	10.564992	9.352871
min	45.000000	68.000000	65.000000
25%	66.500000	78.000000	69.500000
50%	69.000000	85.000000	80.000000
75%	81.500000	88.500000	84.000000
max	98.000000	99.000000	88.000000

图 12-7　data.describe()函数的执行结果

在图 12-7 中不只可以看到每一科的平均分，还多了标准偏差、最大值、最小值以及百分位 25%、50% 和 75% 相关的数值。

DataFrame 还有许多功能，我们将在接下来的内容中以实例的方式加以说明。

12.2　人口趋势分析实例

在熟悉了 Pandas DataFrame 的基本特性与操作技巧之后，接下来通过一些实例来练习简易的数据分析步骤与方法。在这一节中，将以前面章节中使用的人口数据来进行练习，在此例中我们还是使用 renkou.csv 数据文件（本书提供的范例程序压缩包中包含了这个范例数据文件）。Pandas 具有从网络直接下载数据集的功能，因此我们可以通过网站上所需 CSV 文件的网址，直接调用 read_csv()函数加载数据来使用，请参考如下的范例程序。

范例程序 12-5

```
1: import matplotlib.pyplot as plt
2: import pandas as pd
3: import seaborn as sns

4: sns.set()
5: # data = pd.read_csv('http://***/renkou.csv')  # ***此处替换成实际下载数据
   文件所在的网址即可
6: data = pd.read_csv('renkou.csv')
7: data
```

在范例程序 12-5 中，第 5、6 行语句只要任选其中一行即可。第 5 行语句是到网站上实时读取数据并创建一个 DataFrame 返回到 data 变量中（目前这一行语句注释掉了，读者可以根据自己的需要，将***处改成实际下载数据文件所在的网址）；第 6 行语句则是从本地计算机载入文件。这个范例程序的执行结果如图 12-8 所示。

	序号	年度	总户数	总人口数	男性人数	女性人数	本地居民	外来居民
0	1	2002	109231	352154	185554	166600	54236	32520
1	2	2003	110985	351146	184682	166464	59126	32669
2	3	2004	112948	349149	183149	166000	53529	33105
3	4	2005	114220	347298	181557	165741	55256	33575
4	5	2006	115378	345303	180042	165261	55266	33860
5	6	2007	116766	343302	178376	164926	55319	34028
6	7	2008	118073	341433	177032	164404	55499	35199
7	8	2009	119916	340964	176151	164813	55977	34627
8	9	2010	120903	338805	174584	164221	56087	34842
9	10	2011	121833	336838	173205	163653	56116	34903
10	11	2012	122651	335190	172064	163126	55948	35028
11	12	2013	123440	333897	171016	162881	55963	35159
12	13	2014	124243	333392	170322	163068	56214	35461
13	14	2015	124956	331945	169335	162610	56309	35690
14	15	2016	125361	330911	168375	162536	56490	35989
15	16	2017	125901	329374	167288	162086	56629	36107

图 12-8　加载人口趋势数据后的 DataFrame 表格

图 12-8 中的数据以表格的方式呈现了所有的数据，在字段中包含序号、年度、总户数、总人口数、男性人数、女性人数、本地居民以及外来居民等，行索引则是以原来的数字方式呈现，如果我们想以年度作为行索引，而且只对总人口数、本地居民以及外来居民这几项数据感兴趣，那么可以编写如下的程序代码。

范例程序 12-6

```
1: import pandas as pd

2: data = pd.read_csv('renkou.csv')
3: target = data[['年度','总人口数','本地居民','外来居民']]
4: target = target.set_index(target['年度'])
5: target = target.drop(['年度'], axis=1)
6: target
```

在这个范例程序的第 2 行加载了所有的数据；第 3 行则是通过 "data[['年度','总人口数',' 本地居民','外来居民']]" 这条语句取得所需要的字段，注意在 data[]中使用列表的形式通过字段名来取得想要的数据，最后把取得的结果存放在变量 target 中。范例程序 12-6 的执行结果如图 12-9 所示。

年度	总人口数	本地居民	外来居民
2002	352154	54236	32520
2003	351146	59126	32669
2004	349149	53529	33105
2005	347298	55256	33575
2006	345303	55266	33860
2007	343302	55319	34028
2008	341433	55499	35199
2009	340964	55977	34627
2010	338805	56087	34842
2011	336838	56116	34903
2012	335190	55948	35028
2013	333897	55963	35159
2014	333392	56214	35461
2015	331945	56309	35690
2016	330911	56490	35989
2017	329374	56629	36107

图 12-9　变更索引名和字段名之后的执行结果

在前一堂课中，如果对数据的内容感兴趣，就可以绘制出用于对比的图表，需要通过一个循环把某些字段的数据内容取出来，再送到 matplotlib.pyplot 中进行绘制。在 Pandas 的 DataFrame 数据类型中已经具备图表绘制的功能，以下是使用 DataFrame 直接绘制图表的范例程序。

范例程序 12-7

```
1: %matplotlib inline
2: import matplotlib.pyplot as plt
3: import pandas as pd
4: import seaborn as sns
```

```
5: from matplotlib.font_manager import _rebuild
6: _rebuild()
7: plt.rcParams['font.sans-serif'] = [u'SimHei']
8: sns.set_style("darkgrid",{"font.sans-serif":[u'SimHei', 'Arial']})

9: data = pd.read_csv('renkou.csv')
10:target = pd.DataFrame(data[['年度','总人口数','本地居民','外来居民']])
11:target = target.set_index(target['年度'])
12:fig1 = target.drop(['年度'], axis=1)
13:fig2 = target.drop(['年度', '总人口数'], axis=1)
14:fig1.plot(ylim=(0,400000))
15:fig2.plot.bar(ylim=(0,80000))
```

　　这个范例程序中的第 5~8 行是为了让绘制图表可以显示出中文所做的设置，详细的说明请参考第 11 课的相关内容。第 12 行程序语句准备了要绘制折线图的第一个图表所需的数据 fig1，第 13 行语句准备了绘制条形图所需的数据 fig2。绘制折线图调用的是 fig1.plot()函数，绘制条形图调用的是 fig2.plot.bar()函数。范例程序 12-7 绘制的图表如图 12-10 和图 12-11 所示。

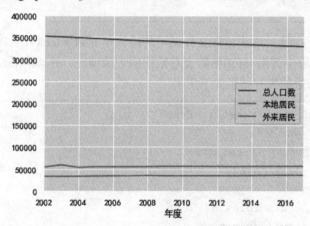

图 12-10　绘制总人口数、本地居民以及外来居民的比较图

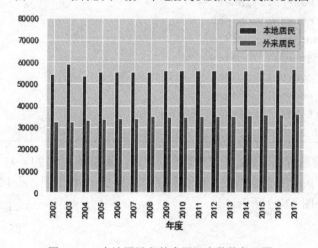

图 12-11　本地居民和外来居民人数的条形图

从范例程序中指令的使用即可看出，只要把绘制图表需要的数据准备好，并存放到 DataFrame 中，Pandas 就会自动帮我们画出适合的图表。在接下来的内容中再看一个数据分析的例子。

12.3　网络投票结果分析实例

进入网络时代后，不少活动也热衷于网上投票。在这个例子中，我们还是使用之前章节中网络投票的模拟数据，这些数据存储在名为 netvotes.xls 的一个 Excel 文件（本书提供的范例程序压缩包中包含了这个范例数据文件）中。

先通过以下程序片段加载数据，并观察数据的内容以及呈现的形式：

```
import pandas as pd
data = pd.read_excel('netvotes.xls')
data.info()
data.head(10)
```

由于是 Excel 文件，因此这次读取文件调用的函数是 read_excel()。同时由于数据量较多，因此在上面的程序片段中调用 info()函数查看数据的大致情况，并调用 head(10)函数查看前 10 笔数据记录。info()函数的执行结果如下所示：

```
<class 'pandas.core.frame.DataFrame'>
RangeIndex: 25 entries, 0 to 24
Data columns (total 10 columns):
城市        6 non-null object
姓名        25 non-null object
号次        25 non-null int64
性别        25 non-null object
出生年份      25 non-null int64
推荐与否      25 non-null object
得票数       25 non-null int64
得票率       25 non-null float64
本次当选      25 non-null object
曾获奖否      25 non-null object
dtypes: float64(1), int64(3), object(6)
memory usage: 2.1+ KB
```

从上面的输出信息可以看出，有 25 笔数据记录（索引从 0 到 24）共 10 个字段；在各个字段中，"城市"字段有 6 个数据项，其他字段则都有 25 个数据项。前 10 笔数据记录（索引从 0 到 9）的内容如图 12-12 所示。

	城市	姓名	号次	性别	出生年份	推荐与否	得票数	得票率	本次当选	曾获奖否
0	城市A	赵无忌	1	男	1992	无	8443	0.0056		否
1	NaN	钱苏杭	2	男	1999	有	598600	0.3970		否
2	NaN	孙守仁	3	男	1998	有	247130	0.1639		否
3	NaN	李世聪	4	男	2002	无	638256	0.4233	*	是
4	NaN	周家驹	5	男	2000	无	5228	0.0036		否
5	城市B	吴子敬	1	男	1996	有	881838	0.5285	*	否
6	NaN	郑宇航	2	男	1995	有	751356	0.4503		否
7	NaN	王佳玉	3	女	1999	无	7675	0.0046		否
8	NaN	冯申义	4	男	1996	无	14349	0.0086		否
9	城市C	陈永立	1	男	1993	有	800838	0.4336		否

图 12-12　网络投票得票数前 10 笔数据记录的内容

如我们在前一堂课所述，这份 Excel 表格在"城市"这个字段有缺漏值（在表格中显示为 NaN 就是指该字段没有值），之前使用的方式是使用循环去检查并填补数据，不过在 Pandas 的表格中可以调用 fillna()函数给有缺漏值的字段填补数据，这个函数可以设置许多填补的方法，在这个例子中使用 ffill 方法，也就是把现有的数据内容往后填补。下面的程序代码就是用于执行填补操作的，并调用 describe()函数对数值内容进行大致的统计，以便更好地观察。注意，下面所有范例以当前年份是 2018 年为例来计算年龄。

范例程序 12-8

```
1: import pandas as pd
2: data = pd.read_excel('netvotes.xls')
3: target = data.fillna(method='ffill')
4: target = target[['城市','姓名','出生年份','推荐与否','得票数']]
5: target['年龄'] = 2018-target['出生年份']
6: target = target.drop('出生年份', axis=1)
7: target = target.set_index('城市')
8: target.describe()
```

在范例程序 12-8 中只选择了城市、姓名、出生年份、推荐与否以及得票数字段，并在第 5 行使用计算的方式添加一个候选人年龄的字段，计算完年龄后就在第 6 行程序语句中把出生年份这一列删除。图 12-13 是得票数和年龄这两个字段的一些统计数值。

	得票数	年龄
count	2.500000e+01	25.000000
mean	3.437247e+05	21.800000
std	3.427145e+05	3.041381
min	5.228000e+03	16.000000
25%	2.472400e+04	19.000000
50%	2.471300e+05	22.000000
75%	6.382560e+05	24.000000
max	1.037433e+06	27.000000

图 12-13　候选人得票数和年龄的统计分析

从表格中可以看出，在所有的 25 位候选人中，平均年龄是 21.8 岁，最大的为 27 岁，最年轻的候选人为 16 岁。如果要以图表的方式观察年龄的分布情况，可以使用下面这条语句：

```
target.hist(bins=3)
```

这条语句的参数 bins 表示要把数据分成几组进行统计，在这里指定要分成 3 组，即把所有的数据分成 3 个数量级来统计直方图，执行的结果如图 12-14 所示。

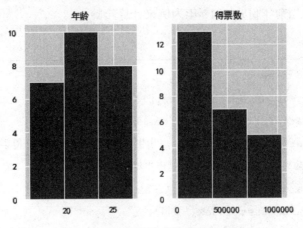

图 12-14　分析候选人数据的直方图

从输出的结果可知，候选人的年龄还是以 20 岁到 25 岁之间占了多数。如图 12-15 所示是填补缺漏值之后的前 10 笔数据记录。

	姓名	推荐与否	得票数	年龄
城市				
城市A	赵无忌	无	8443	26
城市A	钱苏杭	有	598600	19
城市A	孙守仁	有	247130	20
城市A	李世聪	无	638256	16
城市A	周家驹	无	5228	18
城市B	吴子敬	有	881838	22
城市B	郑宇航	有	751356	23
城市B	王佳玉	无	7675	19
城市B	冯申义	无	14349	22
城市C	陈永立	有	800838	25

图 12-15　填补缺漏值之后的前 10 笔数据记录

在图 12-15 中，除了"城市"字段的缺漏值被前项值向后填补完成之外，在范例程序 12-8 的第 6 行调用 drop() 函数把"出生年份"字段删除。在 drop() 函数中的 axis=1 参数值指定要操作的是列而不是行，axis 这个参数在许多函数中都会出现。第 7 行语句把"城市"字段设置成为行索引。经过这几行程序语句的设置，就准备好了我们接下来要分析的数据。

通常在观察投票结果的时候都会以"城市"来分组，同时对候选人"推荐与否"感兴趣。Pandas 的 DataFrame 表格支持多层索引的呈现方式，只要在 set_index() 函数中采用列表的形式再加上想要进行索引的字段名即可，请参考以下程序代码。

范例程序 12-9

```
import pandas as pd
data = pd.read_excel('netvotes.xls')
target = data.fillna(method='ffill')
target = target[['城市','姓名','出生年份','推荐与否','得票数']]
target['年龄'] = 2018-target['出生年份']
target = target.drop('出生年份', axis=1)
target = target.set_index(['城市', '推荐与否'])
target
```

范例程序 12-9 的倒数第 2 行语句指定了"城市"和"推荐与否"，可以看到如图 12-16 所示的结果。从输出的结果可知，虽然我们在数据表中已经把"城市"字段的所有数据值都补上了，但是只要使用多层索引的方式，仍然可以像在 Excel 原始数据表中呈现的方式一样，清楚地列出哪一个城市有哪些候选人、他们被推荐与否。

同样一个数据表，如果我们想要从"推荐与否"的角度来看到底在此次网络投票中的所有候选人当中有哪些人是推荐的，那么该如何处理呢？请看下面的程序代码。

		姓名	得票数	年龄
城市	推荐与否			
城市A	无	赵无忌	8443	26
	有	钱苏杭	598600	19
	有	孙守仁	247130	20
	无	李世聪	638256	16
	无	周家驹	5228	18
城市B	有	吴子敬	881838	22
	有	郑宇航	751356	23
	无	王佳玉	7675	19
	无	冯申义	14349	22
城市C	有	陈永立	800838	25
	有	褚世通	1037433	26
城市D	无	卫致远	16627	22
	有	蒋卓然	643270	23
	有	沈雅芳	820232	17
城市E	有	韩长风	397547	18
	有	杨鹤然	352509	19
	无	朱凯义	94023	21
	无	秦晋和	50053	24
	无	尤其佳	128175	25
	无	许福林	43864	27
城市F	无	何文宇	24724	22
	有	吕子逸	407200	24
	无	施文通	53391	22
	无	张北航	6927	20
	有	孔恒丰	563430	25

图 12-16 使用多层索引来列出候选人的得票数

范例程序 12-10

```
1: import pandas as pd
2: data = pd.read_excel('netvotes.xls')
3: target = data.fillna(method='ffill')
4: target = target[['城市','姓名','出生年份','推荐与否','得票数']]
5: target['年龄'] = 2018-target['出生年份']
6: target = target.drop('出生年份', axis=1)
7: target = target.set_index(['推荐与否', '城市']).sort_index()
8: target
```

这个范例程序和范例程序 12-9 不一样的地方在于第 7 行，我们把"推荐与否"这个字段放到了列表的前面，最后又加上 sort_index() 函数对索引进行排序，得到了如图 12-17 所示的结果。

		姓名	得票数	年龄
推荐与否	城市			
无	城市A	赵无忌	8443	26
	城市A	李世聪	638256	16
	城市A	周家驹	5228	18
	城市B	王佳玉	7675	19
	城市B	冯申义	14349	22
	城市D	卫致远	16627	22
	城市E	朱凯义	94023	21
	城市E	秦晋和	50053	24
	城市E	尤其佳	128175	25
	城市E	许福林	43864	27
	城市F	何文宇	24724	22
	城市F	施文通	53391	22
	城市F	张北航	6927	20
有	城市A	钱苏杭	598600	19
	城市A	孙守仁	247130	20
	城市B	吴子敬	881838	22
	城市B	郑宇航	751356	23
	城市C	陈永立	800838	25
	城市C	褚世通	1037433	26
	城市D	蒋卓然	643270	23
	城市D	沈雅芳	820232	17
	城市E	韩长风	397547	18
	城市E	杨鹤然	352509	19
	城市F	吕子逸	407200	24
	城市F	孔恒丰	563430	25

图 12-17　以"推荐与否"进行索引排序的结果

回到我们在上一堂课中针对城市 E 候选人的分析，当时针对原始数据花了一些额外的循环才取出所需要的数据，这种情况在 Pandas 中只要短短的一行语句即可完成，而绘制图表也只是一行语句而已，请参考以下的范例程序。

范例程序 12-11

```
1: %matplotlib inline
2: import matplotlib.pyplot as plt
3: import pandas as pd
4: import seaborn as sns
5: from matplotlib.font_manager import _rebuild
6: _rebuild()
7: plt.rcParams['font.sans-serif'] = [u'SimHei']
8: sns.set_style("darkgrid",{"font.sans-serif":[u'SimHei', 'Arial']})
```

```
 9: data = pd.read_excel('netvotes.xls')
10:target = data.fillna(method='ffill')
11:target = target[['城市','姓名','出生年份','推荐与否','得票数']]
12:target['年龄'] = 2018-target['出生年份']
13:target = target.drop('出生年份', axis=1)
14:target = target.set_index(['城市'])
15:citye = target.loc['城市E'][['姓名','得票数']]
16:citye = citye.set_index(['姓名'])
17:citye.plot.pie(y='得票数')
18:citye.plot.bar()
```

这个范例程序看起来有 18 行语句，但是第 1~5 行都是导入模块的语句，第 6~9 行是用于设置中文字体的语句，而实际上执行选用数据以及绘制图表的语句不到 10 行。第 14 行语句把"城市"设置为索引，第 15 行语句通过 loc 直接把城市 E 的所有候选人的姓名及得票数取出并存放到 citye 这个变量中，第 16 行语句调用 set_index() 函数把姓名作为索引，第 17 行语句用于绘制饼图，第 18 行语句以条形图的方式绘制出各个候选人得票数的相对情况。图 12-18 即为城市 E 各候选人得票数比例的饼图，图 12-19 则为得票数的条形图。

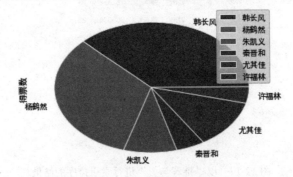

图 12-18　城市 E 各候选人得票数比例的饼图

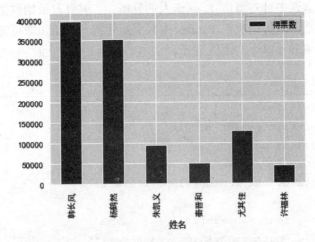

图 12-19　城市 E 各候选人得票数的条形图

Pandas DataFrame 的数据分析方法还有非常多的技巧，通过这些技巧可以让读者在数据中抽丝剥茧，找出感兴趣的数据并绘制各种各样的表格和图表，从而更清楚地认识这些数据所代表的含义。限于本书的内容范围和篇幅，有关 Pandas DataFrame 的内容就只能介绍到这里了，有兴趣进一步研究的读者，可以前往 http://pandas.pydata.org/pandas-docs/stable/网址，以参考更详细的信息。

12.4　面向对象程序设计方法简介

本书章节设计的主要目标是让初学者能够以实例练习的方式快速学习和掌握 Python 程序设计的技巧，因此在练习范例程序的过程中，有一些程序设计的细节被有意忽略了，面向对象程序设计的概念是其中之一，尽管在本书许多的范例程序中都已经使用了许多面向对象的程序设计技巧，但是并没有在这些方面多加说明。在本节中，我们一起来回顾和整理一下 Python 语言中最重要的面向对象程序设计的概念与特性。

传统的程序设计流程在把数据抽象化成程序中的变量之后，就会根据算法来设计如何处理这些数据的函数（Function），这类函数就是我们自定义的函数（也称为子程序）。下面是在定义函数时使用的程序代码：

```
def func1(arg1, arg2):
    语句一
    语句二
    ...
    return 结果
```

其中，func1 是函数的名称，arg1 和 arg2 是 func1()函数的参数，也就是要被处理的数据内容，当然这些参数的类型以及个数是可以根据需要增加的。在函数中使用程序语句来处理传进来的数据变量，最终可能会使用输出语句（如 print）直接把结果显示出来，或是使用 return 语句将结果返回给调用它的程序。以下程序即为自定义函数（或子程序）的具体实例：

```
1: def func1(arg1, arg2):
2:     print(arg1)
3:     print(arg2)
4:     return arg1+arg2

5: if __name__ == '__main__':
6:     print(func1(12, 34))
```

在自定义函数 func1()中通过调用 print()函数把 arg1 和 arg2 分别打印出来（显示出来），同时把两个参数相加之后的结果返回（第 4 行）给调用它的调用者（第 6 行），而第 6 行先执行 print 括号里的自定义函数 func1(12，34)——12 和 34 是调用 func1()函数传入的参数值，再把 func1()函数的返回值用 print 打印出来。上面这个程序片段的执行结果如下所示：

```
12
34
46
```

在面向过程的传统程序设计方法中，使用函数处理数据，其中的数据与自定义函数之间并没有强制的关联，也就是要把什么数据交给什么函数处理完全由程序设计者根据自己的想法来定，如果通过参数传进来的数据是函数无法处理的，程序设计者就必须在函数中编写必要的程序代码来避免与预防。

面向对象程序设计的方法要以被处理的数据为中心，首先要考虑的是为了处理这些数据需要有哪些运算方法，把这些处理的方法编写成只属于这些数据才可调用的函数，并和数据封装在一起，也就是说想要处理这些数据，只能通过属于它的处理函数，其他外部的程序语句是无法接触到这些数据的。这样的设计方法可以确保这些数据不会被错误使用或越权访问，从而提高程序的数据完整性、代码可重用性和可维护性。

12.4.1　类的定义

实现面向对象程序设计的最基本方式是通过定义类（class）。先来看看以下的类定义方式：

```python
class shape:
    def __init__(self, x, y):
        self.x = x
        self.y = y

    def info(self):
        return (self.x, self.y)
```

上面的程序片段定义了一个名为 shape 的类，这个类中包括了 2 个变量（self.x 和 self.y，它们被称为这个类的属性）以及 2 个函数（__init__ 和 info，在面向对象程序设计中习惯将它们称为方法）。使用 self 的意思是强调两个变量是专属于这个类的变量。

__init__(self, x, y) 函数是一个特殊的函数，称为构造函数或是初始化函数。它会在这个类创建实例时被执行，也就是当使用这个类创建新的实例时，__init__ 函数会被调用。所以在创建类的实例时需要进行的初始化操作都会被放在这个函数中。另外，info 函数是这个类的普通函数，遵循普通函数的定义方式，不同之处在于，在类中的函数（当然包括__init__函数）都需要至少传入一个名为 self 的参数，用来作为访问自身的属性变量（自己的数据）或函数。

上面定义的这个 shape 类有两个属性变量，分别是 x 和 y，这两个属性变量需要在一开始创建 shape 实例时进行赋值。此外，专属于这个类的函数 info 不需要传递任何参数，调用它时，它会把当前内部的 x、y 属性变量值以元组的方式返回。

12.4.2　创建类的实例

类（class）经过定义之后，真正要使用时还需要在内存中创建一个实例（Instance），而后才可以通过该实例来操作这个类中定义的内容。例如，shape 类的使用方法如下：

```
1:     a = shape(100, 200)
2:     b = shape(200, 300)
3:     print(a.info())
4:     print(b.info())
```

第一行语句用 shape 类创建一个实例 a，由于在 __init__ 中定义时需要 2 个参数（前面的 self 不需要由我们传入，那是系统内定的参数），于是在此传入 100 和 200。第二行用同样的方式创建另外一个实例 b，传入的参数是 200 和 300。创建好了实例 a 和 b 之后，即可用第 3、4 行的方式分别调用它们的 info() 函数，并使用 print 把返回来的值打印出来。完整的范例程序如下所示。

范例程序 12-12

```
class shape:
    def __init__(self, x, y):
        self.x = x
        self.y = y

    def info(self):
        return (self.x, self.y)
if __name__ == '__main__':
    a = shape(100, 200)
    b = shape(200, 300)
    print(a.info())
    print(b.info())
```

这个范例程序的执行结果如下所示：

```
(100, 200)
(200, 300)
```

从这个结果可知，a 和 b 都是 shape 类的实例，它们在创建时分别设置了自己的 x、y 坐标值，当分别调用 info() 函数时并不需要再给 info() 函数传递任何参数，它们都是把自己内部的属性值返回给 print()。

12.4.3　类的继承

在类的定义中，把属性变量和用于处理的函数放在同一个类中，是面向对象程序设计重要的特色之一，也就是所谓的"封装（Encapsulation）"。面向对象程序设计的另一个重要概念则是"继承（Inheritance）"。

以用来描述画布上的绘图对象为例，用 shape 类定义画布上的一个形状。不管什么形状都会有一个坐标（x, y），这是所有形状都具有的属性。但是，当要明确地指定某一个形状是圆或者矩形时，就需要再定义一些额外的参数。如果是圆，还需要的参数是圆的半径；如果是矩形，还需要的参数则是长和宽。

既然圆和矩形都具有属性（x, y）坐标，就不需要另外定义了，我们只要继承形状再加上自己的特色就可以了。以下的程序代码是关于 circle（圆）这种类的定义：

```
1: class circle(shape):
2:    def __init__(self, x, y, r):
3:        super().__init__(x, y)
4:        self.r = r

5:    def info(self):
6:        return ("圆", self.x, self.y, self.r)
```

Python 类继承的方式就是在类名后面加上父类的名称。在这个例子中，我们定义的是 circle 类，通过在括号中指定 shape，它就继承了 shape 类中的所有定义，包括 shape 类原有的（x, y）坐标以及 info()函数，也就是说，在 circle 类中不需要再定义（x, y）坐标和 info()函数，可以直接沿用。但是，如果在 circle 类中定义了和父类 shape 中一样的属性或函数，则以在子类 circle 中的定义为主（如上面 circle 类定义中的 info()函数）。

在 circle 类定义的第 2 行定义了 circle 用的 __init__ 构造函数，给它传递进来的参数分别是 self、x、y 以及 r，其中 self 为系统参数、x 和 y 用来设置圆心的坐标、r 是圆的半径。在这几个属性变量中，因为 x 和 y 是在父类 shape 中就有的定义，所以在第 3 行使用 super().__init__(x, y)去调用父类（super 代表的是上一层的类）的构造函数来设置这个坐标值，在第 4 行才是利用 self.r=r 来设置属于自己的半径变量。第 5、6 行语句定义了子类 circle 自己的 info()函数，显示了自己的特征（"圆"）以及 3 个参数的值。要特别注意的是，尽管在构造函数中是以调用父类的方式设置 x 和 y 坐标，但是在使用时 x、y、r 都可以看成是子类自己的属性。

以同样的方式定义一个矩形的子类 rectangle：

```
class rectangle(shape):
    def __init__(self, x, y, w, h):
        super().__init__(x, y)
        self.w = w
        self.h = h

    def info(self):
        return ("矩形", self.x, self.y, self.w, self.h)
```

读者可以比较 rectangle 类定义和 circle 类定义之间的差异点。定义完这两个类之后，使用方式如何呢？请参考下面的程序片段：

```
c = circle(100, 200, 50)
d = rectangle(100, 200, 50, 50)
print(c.info())
print(d.info())
```

　　除了在创建实例时所需提供的参数个数不同之外，这两个类实例的调用以及执行方式是一样的，都是执行.info()函数。以下是完整的范例程序。

范例程序 12-13

```
class shape:
    def __init__(self, x, y):
        self.x = x
        self.y = y

    def info(self):
        return (self.x, self.y)

class circle(shape):
    def __init__(self, x, y, r):
        super().__init__(x, y)
        self.r = r

    def info(self):
        return ("圆", self.x, self.y, self.r)

class rectangle(shape):
    def __init__(self, x, y, w, h):
        super().__init__(x, y)
        self.w = w
        self.h = h

    def info(self):
        return ("矩形", self.x, self.y, self.w, self.h)

if __name__ == '__main__':
    a = shape(100, 200)
    b = shape(200, 300)
    c = circle(100, 200, 50)
    d = rectangle(100, 200, 50, 50)
    shapes = [a, b, c, d]
    for s in shapes:
        print(s.info())
```

这个范例程序的执行结果如下：

```
(100, 200)
(200, 300)
```

```
('圆', 100, 200, 50)
('矩形', 100, 200, 50, 50)
```

读者要特别注意范例程序 12-13 倒数 3 行语句中使用的技巧，在主程序中虽然创建了 4 个不同的形状实例 a、b、c、d，但是通过 shapes = [a, b, c, d] 把这些实例（可以看成是画布上 4 个图形）存放在同一个列表中，之后就可以通过一个循环以同样的方式调用它们的 info() 函数了。如果在画布中有 100 个甚至更多的图形组件，使用这样的处理方式是不是非常方便呢？

由于 circle 类和 rectangle 类都是继承自 shape 类，因此它们共用的函数可以直接在 shape 类中定义，并且在 circle 类和 rectangle 类中创建的实例可以直接调用在 shape 类中定义的共用函数，请参考下面的程序片段。

```
class shape:
    def __init__(self, x, y):
        self.x = x
        self.y = y

    def info(self):
        return (self.x, self.y)

    def move(self, dx, dy):
        self.x += dx
        self.y += dy
```

在这个修改过的 shape 类定义中，为了让图形可以改变自己的坐标位置而在 shape 类中定义了 move() 函数，它接受一个 (x,y) 的增量（dx, dy）对自己的坐标位置进行调整。很神奇的是，在 circle 类和 rectangle 类中并不需要进行任何修改，就可以在它们的实例中调用 move() 函数，请参考下面的程序片段。

```
if __name__ == '__main__':
    d = rectangle(100, 200, 50, 50)
    print(d.info())
    print("在 x 轴向前进 50 点，在 y 轴向后退 20 点")
    d.move(50, -20)
    print(d.info())
```

这个程序片段的执行结果如下：

```
('矩形', 100, 200, 50, 50)
在 x 轴向前进 50 点，在 y 轴向后退 20 点
('矩形', 150, 180, 50, 50)
```

面向对象程序设计还有许多的设计方法和技巧，但是限于本书的篇幅就介绍到这里了，有兴趣继续深入学习的读者，可以参考相关的书籍或者前往相关的网站，以获得更全面、更丰富的内容。

12.4.4　面向对象程序设计的实例——发牌程序

现在,让我们以面向对象程序设计的方法来实现一个类似于本书第 3 课中介绍的扑克牌发牌程序,让读者能够通过更多的练习体会面向对象程序设计的实用之处。首先是 __init__()构造函数的设计,它保存一副牌并负责洗牌(打乱牌的顺序):

```
1: class poker():
2:   def __init__(self):
3:      self.deck = [i for i in range(52)]
4:      random.shuffle(self.deck)
5:      self.card_type = ['黑桃', '红心', '梅花', '方块']
6:      self.index = 0
```

第 3 行语句以列表生成方式产生一个 0 到 51 的数字数列并存放到 self.deck 列表中;在第 4 行调用 random.shuffle(self.deck)函数把这个列表的内容打乱,也就是洗牌;第 5 行定义了牌的花色顺序,以 0~51 为例,数字 0~12 是黑桃,13~25 是红心,以此类推;第 6 行语句则定义了一个决定现在要发哪一张牌的索引值 index,不用说,一开始当然是指向第 0 张牌。

为了把数字 0~51 转换成对应的花色和牌面数字,还需要一个解码用的函数 decode(),定义如下:

```
1:   def decode(self, card):
2:      suit = self.card_type[card // 13]
3:      no = card % 13 + 1
4:      if no == 1:
5:         no = 'A'
6:      elif no > 10:
7:         no = chr((no - 11) + ord('J'))
8:      return (suit, str(no))
```

这个函数的功能是传入一个 0~51 的数字,随后返回该数字所代表的花色和牌面数字,第 2 行负责转换花色,用 13 来整除传入的数字,根据整除的结果到 card_type 列表中取出对应的花色,例如传入 0,属于第 0 组,所以是黑桃,若传入 14 则属于第 1 组,它的花色会是红心,以此类推。

程序的第 3 行以取余数的方式算出这个号码是在每一种花色 13 张牌中的第几张。要特别注意的是,牌面的数字是从 1 开始算,所以在取余数运算之后要加上 1。

由于扑克牌的牌面编号是 A、2、3、4、5、6、7、8、9、10、J、Q、K,因此在转换为牌面数字之后,还要再针对 1 以及 11~13 这几个编号修改它的内容,这些工作由第 4~7 行程序语句完成。第 7 行使用的是 ASCII 字符的转换技巧,先把 'J' 转换成 ASCII 编码,再把牌面数字和 11 的差值加起来,算出来的和再转换回 ASCII 字符,因为 ASCII 表格中的字母编码值是连续的,所以可以进行这样的操作。

全部工作处理完毕之后,再以元组的方式把花色和牌面数值返回。编写好 decode()函数,

下面的 showAll()函数就可以使用(花色, 牌面数字)的元组类型把当前类中所有的牌都显示出来:

```
def showAll(self):
    for card in self.deck:
        print(self.decode(card), end='')
    print()
```

从上面的 showAll()函数定义中可知，只用一个循环就可以了。既然可以显示整副牌，当然可以制作一个发 5 张牌的函数以及发 1 张牌的函数，如下所示:

```
def dealFive(self):
    for i in range(5):
        print(self.decode(self.deck[self.index]), end='')
        self.index += 1
    print()


def oneMore(self):
    print(self.decode(self.deck[self.index]), end='')
    self.index += 1
    print()
```

上面的程序片段中最重要的概念是 self.index 的应用，它是记录着当前该发哪张牌的指针，一开始是 0，每次只要发一张牌出去就加 1。在 poker 类定义的最后再加一个洗牌的函数就大功告成了:

```
def shuffle(self):
    random.shuffle(self.deck)
    self.index = 0
```

shuffle()函数把存放一副牌的列表 self.deck 再打乱一次，当然 self.index 指针要归零才行。以下是 poker 类的定义与这个发牌应用程序的完整程序代码。

范例程序 12-14

```
import random
class poker():
    def __init__(self):
        self.deck = [i for i in range(52)]
        random.shuffle(self.deck)
        self.card_type = ['黑桃', '红心', '梅花', '方块']
        self.index = 0

    def decode(self, card):
        suit = self.card_type[card // 13]
```

```python
        no = card % 13 + 1
        if no == 1:
            no = 'A'
        elif no > 10:
            no = chr((no - 11) + ord('J'))
        return (suit, str(no))

    def showAll(self):
        for card in self.deck:
            print(self.decode(card), end='')
        print()

    def dealFive(self):
        for i in range(5):
            print(self.decode(self.deck[self.index]), end='')
            self.index += 1
        print()

    def oneMore(self):
        print(self.decode(self.deck[self.index]), end='')
        self.index += 1
        print()

    def shuffle(self):
        random.shuffle(self.deck)
        self.index = 0

if __name__ == '__main__':
    p = poker()
    p.showAll()
    print("------")
    p.dealFive()
    for i in range(3):
        p.oneMore()
    print("------")
    p.shuffle()
    p.showAll()
    print("------")
    p.dealFive()
```

以下是这个范例程序的执行结果(因为随机数的关系,所以每次的执行结果都会不一样):

```
('梅花', '7')('梅花', '2')('梅花', '6')('方块', '2')('黑桃', '3')('红心', 'A')('
黑桃', '2')('方块', '6')('梅花', '3')('黑桃', 'K')('黑桃', 'L')('红心', 'L')('红心
', 'J')('方块', 'K')('方块', '8')('红心', '8')('梅花', '4')('方块', 'A')('方块',
'3')('方块', '4')('红心', '5')('方块', 'L')('黑桃', '5')('红心', '10')('梅花',
'K')('梅花', '8')('方块', '5')('红心', '6')('方块', 'J')('黑桃', '8')('梅花', 'A')('
方块', '10')('黑桃', '4')('梅花', '9')('梅花', '10')('方块', '9')('方块', '7')('
黑桃', '10')('黑桃', '6')('梅花', '5')('红心', '4')('红心', '7')('红心', '2')('黑
桃', 'J')('红心', '9')('红心', '3')('梅花', 'J')('黑桃', 'A')('黑桃', '7')('黑桃
', '9')('红心', 'K')('梅花', 'L')
------
('梅花', '7')('梅花', '2')('梅花', '6')('方块', '2')('黑桃', '3')
('红心', 'A')
('黑桃', '2')
('方块', '6')
------
('黑桃', '9')('红心', '3')('黑桃', 'K')('红心', '9')('黑桃', 'J')('方块', '8')('
方块', '5')('方块', '10')('梅花', 'K')('方块', '4')('方块', 'L')('黑桃', 'A')('梅
花', '8')('黑桃', '3')('梅花', '10')('方块', '9')('梅花', '7')('梅花', 'A')('红心
', '8')('红心', '2')('方块', '7')('红心', 'K')('黑桃', 'L')('黑桃', '7')('红心',
'4')('黑桃', '5')('梅花', '5')('方块', '2')('方块', 'A')('红心', '7')('梅花', '3')('
方块', 'J')('梅花', '4')('梅花', '9')('梅花', '6')('红心', '10')('方块', '6')('红
心', '6')('红心', '5')('黑桃', '2')('黑桃', '4')('方块', 'K')('梅花', 'J')('梅花
', 'L')('红心', 'J')('黑桃', '6')('方块', '3')('黑桃', '10')('红心', 'L')('梅花',
'2')('红心', 'A')('黑桃', '8')
------
('黑桃', '9')('红心', '3')('黑桃', 'K')('红心', '9')('黑桃', 'J')
```

从执行结果可以对照在 poker 类实例 p 中的整副牌的顺序以及发牌时(发 5 张牌的 dealFive() 和发 1 张牌的 oneMore())所发出来的牌,还可以发现 self.index 指针是能够顺利运行的,因而 poker 类可用于实际的扑克牌游戏设计中。

经过以上的介绍和说明,相信读者应该对 Python 语言中面向对象程序设计方法的应用有了基本的了解,日后再遇到类似编写的模块就不会陌生了。

12.5 习题

1. 说明 Pandas 的 Series 和列表类型的不同之处。
2. 在本堂课中曾提到过在 DataFrame 中执行 describe()函数之前要先把数据内容转换为数值类型,如果不是数值类型,会出现什么不同的结果呢?
3. 在使用 Pandas 内建的绘制图表功能时,如何设置图表的标题?
4. 使用存储了模拟网络投票数据的 netvotes.xls 文件,练习绘制不同城市候选人得票率的数据分析图表。
5. 参考 poker 类中的 decode()函数,使用列表对应的方式把牌面数字 1~13 转换为 A~K。